말라리아의
씨앗

크로마뇽 시리즈 02

말라리아의 씨앗

열대 의학의 거장 로버트 데소비츠가 들려주는

인간과 기생충 이야기

1판1쇄 | 2014년 11월 17일

1판2쇄 | 2015년 4월 20일

지은이 | 로버트 데소비츠

옮긴이 | 정준호

펴낸이 | 박상훈

주간 | 정민용

편집장 | 안중철

책임편집 | 정민용

편집 | 윤상훈, 이진실, 최미정, 장윤미(영업 담당)

펴낸 곳 | 후마니타스(주)

등록 | 2002년 2월 19일 제300-2003-108호

주소 | 서울 마포구 양화로6길 19(서교동) 3층 (121-893)

전화 | 편집_02.739.9929/9930 제작·영업_02.722.9960 팩스_0505.333.9960

홈페이지 | www.humanitasbook.co.kr

인쇄 | 천일_031.955.8083 제본 | 일진_031-908-1407

값 15,000원

ISBN 978-89-6437-219-7 04400

978-89-6437-220-3 (세트)

이 도서의 국립중앙도서관 출판시도서목록(CIP)은 e-CIP홈페이지(http://www.nl.go.kr/ecip)와 국가자료공동목록시스템(http://www.nl.go.kr/kolisnet)에서 이용하실 수 있습니다.

(CIP제어번호: CIP2014032313)

열대 의학의 거장 로버트 데소비츠가 들려주는

인간과 기생충 이야기

말라리아의 씨앗

로버트 데소비츠 지음 | 정준호 옮김

후마니타스

일러두기

1. 학술 용어 및 학명은 『기생충학 학술 용어』(대한기생충학회, 1998)를 참고했다.
2. 과거 사용된 지명과 현재 지명이 다른 경우(예: 버마 → 미얀마, 캘커타 → 콜카타 등), 가능한 한 지은이의 표현을 그대로 사용하고 현 지명을 병기했다.
3. 원저에는 인용한 논문의 출처가 명시되어 있지 않으나, 원 출처를 찾아 참고문헌에 정리해 첨부했다.
4. 독자의 이해를 돕고자 역주를 더했고, 간단한 첨언은 본문에 대괄호([ ])로 넣었다.
5. 본문 내 한화로 환산된 가격은 1990년 당시의 구매력으로 고정해 재환산한 가치다.

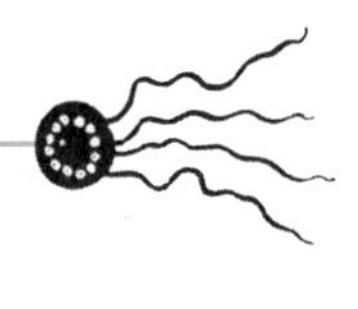

차례

먼저 내 아내 캐롤리, 그리고 초고를 읽어 주고 소중한 비판과 조언을 해준
파푸아뉴기니 의학연구소의 캐롤 젠킨스 박사에게 큰 빚을 졌다.
파푸아뉴기니 의학연구소 소장인 마이클 알퍼스 박사가 보여 준 우정·조언·도움,
그리고 파푸아뉴기니 방문 당시 보여 준 환대에 감사를 전한다.
또한 이탈리아 벨라조에 위치한 교육 센터, 빌라 세르벨로니에서
이 책을 쓸 수 있게 해준 록펠러 재단으로부터 큰 도움을 받았다.

들어가며

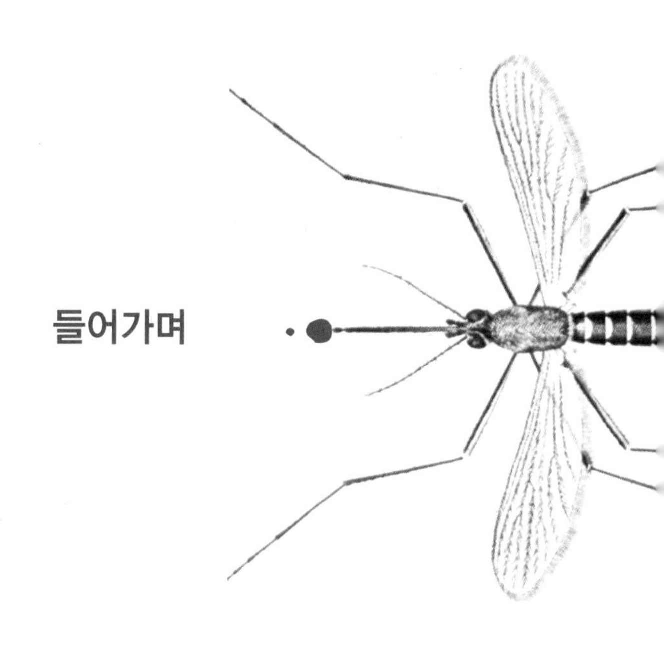

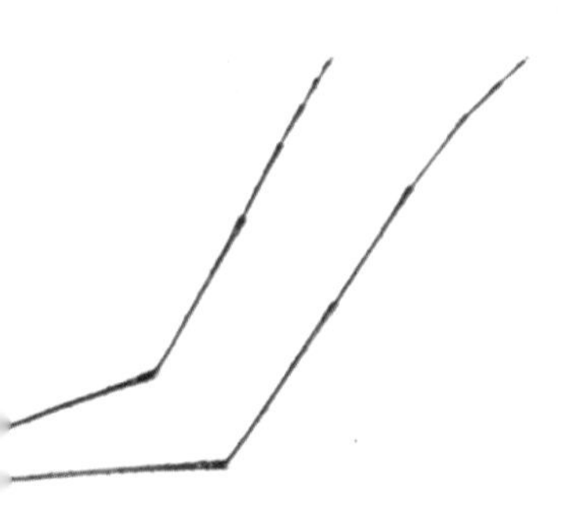

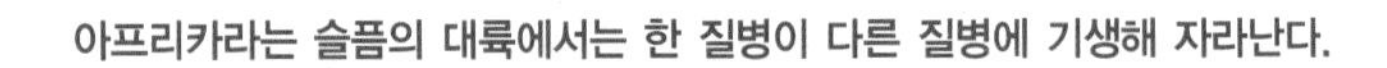

아프리카라는 슬픔의 대륙에서는 한 질병이 다른 질병에 기생해 자라난다.

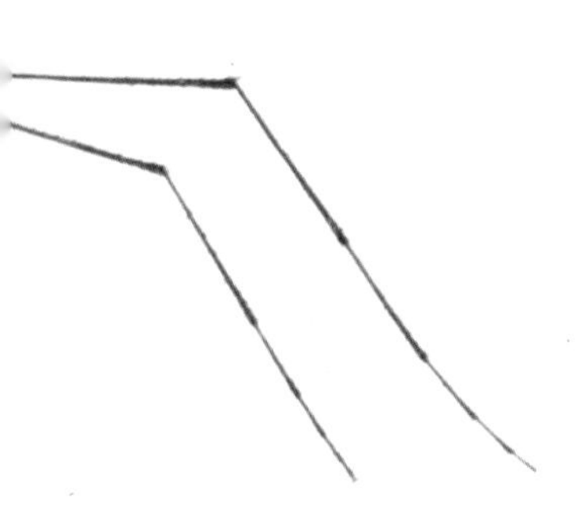

1
살라타에는 변한 것이 없었다

우리가 다시 살라타Salata에 돌아왔을 무렵에는 마을에서 불과 1.6킬로미터 떨어진 곳까지 사륜 구동차가 들어갈 수 있는 길이 생겨 있었다. 20년 전에 비하면 엄청나게 나아진 편이었다. 그때는 일주일간 말라리아를 연구하기 위해 일군의 짐꾼들과 함께 10킬로미터 넘는 길을 걸어서 들어가야 했다.[1] 마을 촌장은 20년 전의 촌장과는 달리 전통 의상 '싱싱'을 입지도, 화려한 화장을 하고 있지도 않았고, 손을 내밀어 고환을 비틀어 쥐는 토리첼리 산악 부족식 전통 인사를 하지도 않았다.

세월은 다른 변화도 불러왔다. 높이 치솟아 있던 신사神祀들, '정령의 집'들이 사라져 있었다. 기독교 근본주의 선교사들의 영향력이 날로 강해지고 있는 데다 신사를 없애도록 꾸준히 압력을 넣어 왔기 때문이다. 마을 사람들은 같은 이교도인 나를 정글 깊숙이 자리 잡은 하우스 탐바란[신사,

1 데소비츠의 다른 저작 『뉴기니 촌충과 유대인 할머니』, 14장 "적절치 못한 행동"을 참고.
[역주] 데소비츠는 말라리아 연구를 위해 1960년대 이 마을을 찾았다가 의사소통 문제로 마을 사람들의 손에 죽을 뻔한 위기를 넘긴 바 있다. 첫 번째 저작인 『뉴기니 촌충과 유대인 할머니』의 주요 무대가 되는 마을이기도 하다.

정령의 집으로 조용히 데려갔다. 선교사와 유일신에게서 숨겨 둔 장소였다. 신사는 덤불로 얼기설기 엮어 민망할 정도로 작았다. 전통과 신앙의 장소인 이곳에 있던, 높은 예술적 가치를 가진 조각상과 예술품 들도 이제 얼마 남아 있지 않았다. 한 노인이 나를 슬쩍 보더니 20년 전에 내가 마을을 방문했던 것을 기억한다고 했다. 헌데 그는 내가 '릭-릭'[현지어로 '조금'이라는 뜻]만 바뀌었다고 생각하고 있었다. 분명히 다른 사람과 나를 착각했으리라. 다른 노인들은 나를 기억하지 못했다. 이제 노인들도 얼마 남아 있지 않았다. 뉴기니 동부 세픽Sepik 지방의 삶은 그리 길지 않았다.

살라타에 도착한 첫날, 우리는 찌는 듯한 날씨 속에 기나긴 하루를 보냈다. 사냥 모자를 뒤집어 쓴 레이 스파크Ray Spark는 옆구리에 잠자리채를 낀 채 마을 사람들의 혈액 도말을 채취하고 흠 잡을 데 없는 피진어[2]로 이야기를 나누었다. 조지 아니언George Anian은 파푸아뉴기니의 연구 동료였다. 피 뽑는 데는 도사인 이 친구는 사람들의 혈청 샘플을 채취했다. 나는 복부를 만져 보며 말라리아로 비장 비대증이 있는 사람들을 가려냈다. 아이들의 경우에는 별 문제가 없었지만, 복부가 근육질인 어른들은 가려내기가 더 어려웠다.

"숨 들이마셔요." 간지러운지 아이들이 키득키득 웃었다.

하루를 마무리하면서 우리는 살라타에 변한 건 아무것도 없다는 사실

---

2 [역주] 문법이 간략화되고 어휘가 극도로 제한된 영어로, 공용어가 없는 곳에서 발달한 언어다. 주로 남태평양의 미크로네시아 인근에서 많이 사용된다.

을 깨달았다. 말라리아는 20년 전 그대로였다. 이후 채취한 혈액 도말을 염색해서 좀 더 자세히 검사해 보았다. 그 결과 비장 검사를 통해 추정한 환자 비율이 맞았을 뿐만 아니라, 1962년에 비해 말라리아가 더 널리 유행하고 있으며 치료와 관리도 힘들어졌다는 사실을 알 수 있었다. 게다가 임상적 면역을 가지고 있던 성인들도, 힘들게 획득한 방어력을 잃어버린 채 잦은 고열에 시달리고 있었다. 살라타와 함께 비교 실험 지역으로 선정되었던 범비타Bumbita도 상황은 마찬가지였다. 1964년 집중적인 디디티DDT 살포와 항말라리아제 투여로 말라리아가 거의 사라졌던 지역이지만, 지금은 살라타와 마찬가지로 말라리아가 창궐하는 지역이 되었다. 불쾌할 정도로 변하지 않은 것은 말라리아만이 아니었다. 이제 마을에는 감기로 고생하는 코흘리개 아이들 세대가 있었다. 피부가 멀쩡한 사람들도 찾아보기 어려웠다. 백선 같은 진균 감염으로 피부는 두껍고 딱딱한 뿔이나 악어가죽처럼 변해 있었다.

열대 지역 곳곳에는 지난 25년간 건강과 보건 시스템이 무너져 내려 또 다른 '살라타'로 변해 버린 마을들이 산재해 있다. 서방세계 자선단체들의 지원으로부터 혜택을 받지 못한 저소득 국가의 마을들이다. 이 살라타들은 서방세계의 믿음직스러운 지식의 총아, 생물공학 연구소들이 이뤄 낸 의학 연구의 혜택을 입지 못했다. 열대 아프리카는 이제 '거대한 살라타'이다. 이 지역은 항말라리아제나 공중 보건 사업의 손길이 아예 닿은 적이 없거나 손쓸 수 없는 지경에 이르렀다. 1984년, 우리가 살라타에서 재조사를 실시할 무렵, 나이지리아에서 애절한 보고서 하나가 발간되었다. "보건 사업에도 불구하고 나이지리아의 기생충[말라리아] 유병률은 1934년 수

준 그대로다. 불과 인구의 1퍼센트만이 매개체[모기] 관리 사업으로 보호받고 있다." 수면병, 말라리아, 그리고 말라리아 관련 질환으로 40퍼센트까지 치솟은 영아 사망률, 주혈흡충, 결핵, 여러 종류의 뇌수막염, 다양한 설사병 등에도 불구하고 1934~54년 사이의 열대 아프리카는 비교적 건강한 편이었다. 여기서 '비교적'이라는 표현을 쓴 것은 이제 아프리카에는 에이즈AIDS도 퍼지고 있기 때문이다. 이 바이러스는 수많은 아프리카 사람들을 죽음으로 몰아넣고 있다.

아프리카라는 슬픔의 대륙에서는 한 질병이 다른 질병에 기생해 자라난다. 그리고 이런 방식으로 말라리아가 아이들에게 에이즈를 불러오고 있다. 어린 아이들일수록 진행 속도가 빠르고 치명적인 말라리아가 발생할 위험이 높다. 게다가 최근 등장한 약물 저항성 변종으로 그 위험은 더더욱 커졌다. 어린이 말라리아에서 가장 흔히 나타나는 증상은 생명 유지를 위해 당장 수혈이 필요할 정도로 심각한 빈혈이다. 말라리아로 죽어 가는 아이들이 수혈을 위해 병원으로 실려 온다. 병원에서는 에이즈 바이러스의 항체 여부를 제대로 확인하지 않은 헌혈자의 피를 수혈용으로 사용한다. 아프리카 의료 시설에 있는 간단한 실험 장비로는 이런 검사가 불가능한 경우가 많기 때문이다. 지역에 따라 성인의 30퍼센트가 에이즈 바이러스에 감염되어 있음에도 말이다. 결국 아이들은 말라리아로 병원을 찾았다가 에이즈와 함께 병원을 떠난다.

지난 20년간 생명공학은 눈부신 발전을 거듭해 왔으나, 열대 지역 주민들의 건강은 계속 악화되었다. 박멸 및 관리 사업은 모두 무너져 내렸다. 오랫동안 쓰여 온 치료법들은 새로 등장한 약물 저항성 미생물들 앞에 무력할 따름이다. 값싸고 독성이 약한 새로운 치료법은 개발되지 않고 있다. 이윤이 남는 약들만 만들어 파는 제약 업계는 저소득 지역 주민들이 앓고 있는 질병에는 별 관심을 두지 않는다. 살충제도 마찬가지다. 곤충 매개 질병(말라리아, 황열병, 수면병, 사상충증, 뎅기열, 샤가스 병, 일본뇌염 등은 몇몇 예일 뿐이다)은 한때 오랜 시간 잔류 효과를 내는 살충제(특히 디디티)를 통해 성공적으로 관리된 바 있다. 이제 살충제는 살충제 저항성 곤충들과 '살충제 저항성' 보건 관료들[3] 때문에 힘을 잃었다. 전문가들도 사라졌다. 풍부한 경험을 바탕으로 한 진짜 '현장 일꾼'들의 마지막 세대는 이제 하나둘 떠나가고 있다. 나이도 나이일 뿐만 아니라 불러 주는 곳이 없어서다. 이제 서방세계에서나 열대 지역 연구소에서나 이런 일꾼들은 '분자 타입'들로 교체되고 있다.[4] 현실적으로 적용 가능한 해결법을 찾는 대신 최신 유행의 과학을 좇아 정교한 지적 유희를 즐기는 데 더 관심이 쏠려 있기 때문이다. 겉치레만 화려한 생물공학의 약속은 제3세계 보건 관계자들이 즉효약에만 관심을 기울이게 만들었다. 말라리아 백신은 이제 곧 나타날 듯 소리쳐 댔고, 어제 신문에 찬양조로 실린 유전자조작 모기는 모기 매개 질

---

3 [역주] 디디티 등 살충제에 의한 환경 파괴 우려가 높아지자, 보건 관료들은 살충제 사용을 꺼리게 되었다. 실내 살포처럼 환경에 큰 영향을 주지 않는 보건 목적의 사용조차 제한되어 곤충 매개 질병이 늘어나자 이를 살충제 저항성으로 비꼰 것이다.

4 [역주] 실험실 내에서 분자나 세포 등을 연구하는 분야와 현장에서 직접 채집이나 관찰을 통해 연구를 진행하는 분야가 있다. 좀 더 실용적이라는 이유로 주로 분자 계열 연구에 인력과 자금이 쏠리는 경향이 있다. 20년 이상 현장 연구를 해온 데소비츠는 이 둘의 균형이 깨지고 있음을 안타까워하고 있다.

병에 고하는 마지막 소식이라도 된 듯했다. 그리고 치료와 진단을 제대로 구분하지도 못한 채 디엔에이DNA 진단법은 임상적으로 무의미한 수준의 기생충마저 집어내게 되었다.

이것은 지금부터 이어 나갈 우리 이야기의 단면일 뿐이다. 연구와 현실 사이에는 거대한 불균형과 단절이 있다. 이런 불균형은 제3세계 사람들의 건강 증진을 가로막는 효과를 가져왔다. 그뿐만 아니라 나는 이런 불균형이 건강을 해치는 데 일조해 왔다고 믿는다. 이제 두 거대 열대 질환을 바탕으로 뒤틀린 현실의 이야기를 풀어 보고자 한다. 인도 아대륙에 퍼져 있는 칼라아자르(내장 리슈만편모충증), 그리고 과거와 현재에 걸쳐 전 세계적 유행병으로서 위치를 굳건히 지키고 있는 말라리아가 그 주인공이다. 이 질병들은 열대 세계의 보건 현실을 적나라하게 보여 준다. 우리는 이 곤충 매개성 질환의 자연사, 인간사, 그리고 역사적 사건들을 좇으면서 때로는 위대하며 때로는 쩨쩨하며 때로는 타락하기도 한 과학자들의 모습을 살펴볼 것이다.

이제 우리가 빈곤에 찌든 데다 칼라아자르가 만연한 한 마을에 있다고 상상해 보자. 때는 사월 무렵이었다…….

1장

칼라아자르

: 검은 질병, 오랜 고통

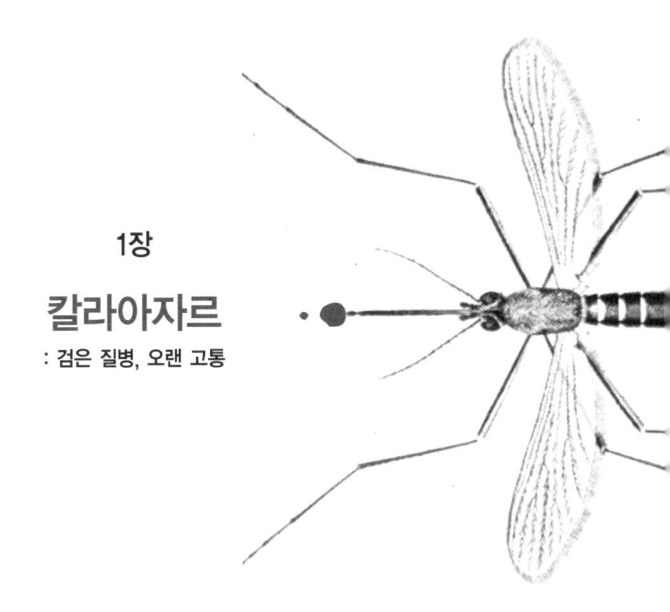

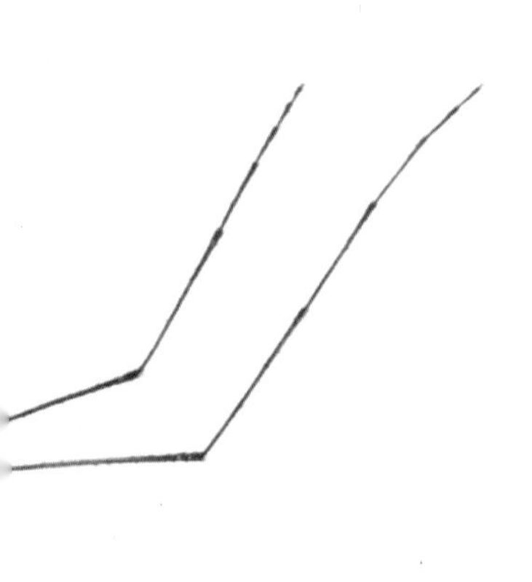

국경이라는 경계선은 인간이 만들어 낸 정치적 환상일 뿐,
병원체가 국경을 넘는 데는 비자가 필요 없다.

2
그날 밤, 소녀가 죽었다

겨울이 막 끝나고 몬순이 다가오기는 좀 이른 시기, 갠지스 평야를 집어삼키는 폭염은 감히 말로 설명할 수 없다. 구름 한 점 없는 하늘은 그림자 한 점 던져 주지 않는다. 숨을 들이쉴 때마다 폐가 타들어 가는 듯하다. 억세고 메마른 땅 위에 점점이 흩어진 마을들은 깊은 잠에 빠져들었다. 아이들은 숨죽이고, 어른들은 간이침대에 무기력하게 누워 있으며, 심지어 소들도 꼼짝하지 않았다.

이런 사월의 타들어 가는 날, 비하르Bihar 지역 마을의 수쉴라 데비는 시름시름 앓고 있는 아이 때문에 걱정이 태산이었다. 피곤해 보이는 옷차림의 수쉴라는 32세에 벌써 중년으로 접어들었다. 13세에 수쉴라는 신부로 팔려 왔다. 못된 시어머니의 괴롭힘과 과도한 노동, 스물세 살이나 많은 남편의 무관심으로 벌써 늙어 버린 셈이다. 쭈그렁 할멈인 시어머니는 아직도 수쉴라가 지참금을 충분히 가져오지 않았다고 불평불만을 늘어놓았다. 위험한 속삭임이었다. 다른 마을 부인들은 치명적인 '사고'를 당해 죽었고, 곧 젊고 새로운 부인, 그리고 지참금으로 교체되곤 했다. 수쉴라가 의료 시설을 찾아가기로 결심하기까지는 대단한 용기와 결단이 필요했다. 국립 보건소를 찾아가기 위해서는 아이를 업고 찌는 듯한 더위 속에서 13

킬로미터가 넘는 거리를 걸어야 했다. 인도의 빈곤한 농민들은 대단히 위급한 상황이 아니면 소중한 루피를 버스나 인력거 같은 사치품에 탕진할 수 없었다. 아이는 아팠지만 주변에서 손쉽게 찾아볼 수 있는 치명적인 응급 증상은 아니었다. 급작스러운 고열과 혼수상태에 빠져드는 어린이 말라리아, 소모성 설사 이후 죽음에 이르는 콜레라, 힘겹게 헐떡거리는 폐렴. 아이는 그저 지난 한 달 동안 미열이 있고, 비교적 잘 먹는 데도 불구하고 계속 여위는 정도의 증상을 보일 뿐이었다. 또한 몬순이 오지 않아 기근이 든 해의 아이들처럼 배가 불룩 튀어나와 있었다.

다음 날, 수쉴라는 해도 뜨기 전에 자리에서 일어났다. 강에서 잡은 생선으로 카레를 만들고 밥도 조금 준비했다. 가족들이 하루 먹을 밥이었다. 수쉴라는 소를 외양간에서 끌어내어 여물을 주었다. 외양간은 집 바로 옆에 손님방인 양 붙어 있었다. 물론 인도에서 소는 아주 중요한 손님이다. 시바 신과 함께 우주를 거닐었으며, 그의 춤을 지켜보았고, 지금은 가난한 농민에게 기(소젖으로 만드는 요리용 기름)와 우유를 주는 존재다. 또한 소똥은 나무 한 그루 찾을 수 없는 황량한 땅에서 연료로 쓰였다. 그리고 지금 이 집의 진흙 벽도 바로 이 성스러운 동물의 배설물로 만들어졌다.

동쪽 하늘에서 막 동이 틀 무렵, 곤히 잠든 아이를 깨웠다. 어머니와 아이는 마을을 출발해 보건소까지 기나긴 걸음을 시작했다. 길을 떠난 지 얼마 되지도 않아 아이는 더 걸을 수 없다며 칭얼거렸다. 40킬로그램밖에 나가지 않는 어머니는 아이를 업고 고통스러운 걸음걸음을 재촉했다. 세 시간 후, 해가 멀구슬나무 높이 솟았을 무렵, 지친 수쉴라가 보건소에 도착했다. 아침 9시 무렵이었다. 보건소에는 벌써 1백 명도 넘는 사람들이 줄서 있었다. 벤치와 중앙 베란다는 이미 사람들로 꽉 차있었다. 미처 자리를 잡지 못한 사람들, 늦게 온 사람들이 한데 뒤섞여 보건소 주변 공터에 주저앉았다.

수쉴라는 이 바깥쪽 그룹에 섞여 있었다. 아픈 아이를 데려온 어머니들도 많이 있었지만, 대체로 남자들이었다. 남자들 중에는 외상을 입어 온 사람들이 많았다. 교통사고나 농사일을 하다가 일어나는 사고는 말라리아나 다른 감염성 질환만큼이나 많은 목숨을 앗아간다. 그리고 여자는 여자일 뿐. 여자가 일터를 떠나 보건소를 찾아가려면 남자보다 훨씬 아파야 겨우 가능했다. 기다리는 사람들은 조용했다. 우리네 병원 대기실을 감싸고 있는 적막과 크게 다르지 않았다. 30분 후, 보건소에 배정된 의사 두 명이 도착했다. 의사들은 무척이나 어린 듯했지만, 수쉴라의 눈에는 마을 젊은이들과 너무 달라 보였다. 물론 그들은 달랐다. 도시에서 태어나 도시에서 교육받고, 도시에서 의학을 공부하고, 도시 병원에서 임상 실습 과정을 마쳤다. 졸업과 동시에 의대 학생들은 필수적으로 1~2년간 지방 보건소에서 근무해야 했다. 물론 집안이 여기저기 연줄이 잘 닿아 있다면 그 기간은 훨씬 짧거나 아예 면제되었다. 이들은 시골 생활을 마치는 동시에 도시로 돌아가 이미 넘쳐 나는 의사들 틈바구니에서 어떻게든 개인 병원을 차리려고 안간힘을 쓸 것이다. 그리고 돈 안 되는 지역 농민들을 위해 일하는 훈련된 의사는 몇 명 남지 않는다. 이런 귀양살이를 하려면 집안에 연줄이라고는 눈을 씻고 찾아봐도 찾을 수 없어야 했다.

몇 시간이 흘렀다. 더위는 점점 심해졌다. 물이라도 마시려 잠시 자리를 비웠다가는 다른 환자가 자리를 뺏을까 봐, 수쉴라와 아이는 처음 자리 잡은 곳에서 꼼짝도 하지 않았다. 정오가 되기 직전, 보건소 직원 한 명이 수쉴라에게 다가왔다. 대기자들 사이를 돌며 이름을 받아 적고 등록해 주는 사람이었다. 직원은 한 시간 후쯤 의사 양반이 점심 먹으러 나가고 나면 오후 진료는 없을 거라고 속삭였다. 의사 양반은 오후에 시내 개인 병원에서 돈 되는 환자들을 보기로 되어 있었기 때문이다. 하지만 자기에게 10루피[한화 5백 원가량]만 쥐어 주면 의사 양반, 그중에서도 똑똑한 쪽을 한 시간 안에 볼 수 있게 해주겠다고 은근히 말했다. 수쉴라는 이런 제안에 얼어붙었지만 놀라지는 않았다. 이런 식의 특혜는 항상 쩨쩨한 정부 공무원들을 매수해야 가능했다. 수쉴라의 잠자리 옆에는 벽이 움푹 들어간 곳이 있었는데, 여기다 몰래 돈을 숨겨 두곤 했다. 보건소에 오면서 수쉴라는 '잔고'의 절반인 7루피를 빼왔다. 집에 돌아가는 길에 버스나 인력거를 타기 위한 돈이었다. 아이를 업고 다시 13킬로미터를 걸어 집에 돌아갈 엄두가 나지 않았던 것이다. 하지만 이제 버스나 인력거는 포기해야 했다. 수쉴라는 직원에게 자신이 가진 전부, 7루피를 쥐어 주었다. 직원은 투덜거리며 못 이기는 척 뇌물을 받아 챙겼다. 하지만 얼마 되지 않는 뇌물로는 이제 근무 6개월 차가 되어 가는 똑똑한 의사 양반을 보기 힘들었다. 대신에 이제 갓 의대를 졸업하고 보건소에 배속된 지 2주밖에 되지 않은 얼간이 의사에게 진료받을 수밖에 없었다. 소중한 동전 몇 개가 직원의 손에 쥐어졌다. 이 정도면 가난한 농민들에게는 며칠치 일당에 해당하는 돈이었다.

그나마 다행히도 직원은 뇌물에 충실한 정직한 사람이었다. 얼마 지나지 않아 직원은 수쉴라의 이름을 불렀고 진료실 안으로 들어갈 수 있었다.

어린 의사는 퉁명스러운 데다 불친절하고 말도 잘 통하지 않았다. 의사는 아직 자기 기술에 자신은 없었지만 의사라는 직함이 얼마나 큰 권위를 갖는지는 잘 알고 있었다. 시골 사정을 잘 모르는 어린 의사는 어릴 때부터 사회적으로 지위가 낮은 사람을 대할 때의 태도를 그대로 써먹었다. 무뚝뚝하고 불친절하고 사무적인 태도.

의사는 겁에 질린 아이를 나무로 대충 만든 검진용 침대 위에 눕히도록 했다. 그러고는 잔뜩 부푼 아이의 배를 여기저기 찔러 보기 시작했다. 엄청나게 부풀어 오른 비장과 갈비뼈 아래까지 비대해진 간이 만져졌다. 아이의 체온은 38.3도였다. 아무 설명도 없이 의사는 아이의 팔을 잡아채고는 알코올 솜으로 문지르기 시작했다. 시커먼 먼지와 땀이 묻어 나왔다. 직원이 아이의 가느다란 팔을 단단히 고정시키자마자 의사는 정맥에 주사 바늘을 쑤셔 넣었다. 주사 바늘이 그리 아픈 건 아니었지만 아이는 새된 비명을 지르며 흐느껴 울기 시작했다. 두렵고 혼란스러운 상황을 극한의 인내심으로 참아 내고 있었지만 주사기로 피가 흘러들어 가는 모습을 보고는 마침내 한계에 달한 것이다. 쏟아져 내리는 눈물이 작고 바싹 여윈 아이의 볼을 적셨다. 수쉴라는 아이를 달래 보려고 최선을 다했다. 의사는 실험실에서 혈액 검사를 마칠 때까지 복도에서 기다리라는 말을 던졌을 뿐이다.

보건소 실험실은 작고 침침했으며 별로 깨끗하지도 않았다. 수없이 씻어서 재사용해 여기저기 이가 빠져 있었지만 아직 사용은 가능한 현미경 슬라이드나 시험관 같은 유리 제품들이 정신없이 널려 있었다. 간단한 검사를 위한 시약들도 있었다. 간단한 검사였지만 매우 중요한 검사들이었다. 혈구 수 측정, 말라리아 기생충 염색, 단백질이나 포도당 이상을 알아보기 위한 소변검사 등. 그리고 애초에 그렇게 좋은 제품도 아니었던 폴란드제 현미경이 한 대 있었다. 현미경 렌즈에는 유리를 좋아하는 곰팡이가 피어나 말라리아나 기생충 알, 혹은 다른 현미경 검사에서 확인해야 하는 기생충들을 모조리 침침하고 흐릿하게 바꿔 놓았다.

주사기가 실험실 기술자의 손으로 넘어갔다. 기술자는 원심분리기 튜브 안에 혈액을 짜 넣었다. 실험실 한 구석에는 노인 한 명이 허리에 천만 대충 두른 채 어둠 속에 잠겨 있었다. 이 노동자는 원심분리자였다.[5] 그리고 이제 그의 손이 필요한 때였다. 보건소에는 전기가 들어오지 않았다. 현미경 조명은 덧문 사이로 새어 들어오는 빛을 사용했고, 모터도 없는 단순한 원심분리기는 인력으로 돌리는 크랭크와 기어에 의존하고 있었다. 원심분리자는 있는 힘껏 원심분리기를 돌리기 시작했다. 혈액 샘플은 분당 1천5백 회의 속도로 돌아갔다. 약 5분 후, 크랭크질이 끝나고 마침내 기계가 멈추었다. 원심분리자는 일을 마치자마자 말없이 실험실 구석 자리로 돌아갔다.

원심력은 혈액을 구성 요소에 따라 층층이 분리시켰다. 맨 아래에는 적

---

5 [역주] 원심분리기는 생물학에서 자주 쓰이는 기계로, 원심력을 이용해 성분과 무게가 다른 물질을 분리하는 데 사용한다. 이를 위해 분당 수천 회 이상의 회전이 필요한데, 여기서는 이를 순전히 사람의 힘으로 돌리는 과정을 설명하고 있다. 요즘도 전기가 들어오지 않는 지역에서 혈액 성분을 분리할 필요가 있을 때는 시험관에 혈액을 넣고 끈에 묶어 쥐불놀이하듯이 돌려 분리하곤 한다.

혈구로 가득 차있었고, 바로 위에는 얇게 백혈구가 깔려 있었다. 이 세포 침전물 위에는 밀짚 색깔의 액체인 혈장이 있었다. 건강한 사람의 경우에는 보통 적혈구와 혈장 부피의 비율이 약 1 대 1이었다. 하지만 이 표본에서는 적혈구의 비율이 불과 25퍼센트, 즉 정상인의 절반밖에 되지 않았다. 심각한 빈혈증이었다. 기술자는 몇 밀리리터의 혈장을 다른 튜브에 옮겨 담았다. 여기에 포르말린 몇 방울을 넣고는 몇 초간 힘껏 흔들었다. 몇 분 지나지 않아 튜브 안의 혈장은 젤리처럼 굳어지기 시작했다. 이런 현상은 혈장에 과도한 감마글로불린이 들어 있기 때문에 일어난다.

의사에게 이런 증상과 증후의 배열은 한 가지 진단을 의미했다. 지속적인 고열, 비대해진 간과 비장, 빈혈, 포르말린에 젤리처럼 변해 버린 혈장은 모두 내장 리슈만편모충증을 의미한다. 지역 사람들은 무굴 방언인 칼라아자르, '검은 병'으로 더 잘 알고 있었다. 이제 의사는 수쉴라에게 전해주어야 할 말의 무게를 깨달았고, 거만함도 점차 사그라들었다. 어린 의사는 아직 죽음의 사자라는 역할에 충분히 단련되지 않았다. "어머니……." 그가 부드럽게 말했다. "당신의 아이는 칼라아자르에 걸려 있습니다." 이 한마디에 수쉴라는 숨이 막히고 무엇에 얻어맞은 듯한 기분이 되었다. 수쉴라의 마을이나 근방 지역 사람들에게 칼라아자르는 낯설지 않았다. 칼라아자르는 10여 년 전 다시 모습을 드러내 어른과 어린이를 가리지 않고 죽이기 시작했다. 하지만 아이들의 피해가 특히 심했다. 10년 전만 해도 수쉴라의 세대는 칼라아자르가 무엇인지도 몰랐다. 그리고 마을 노인들은 종종 영국 제국 통치 기간 동안 일어나, 벵골Bengal에서 비하르, 네팔의 타라이Terai까지 마을과 도시들을 집어삼켰던 거대한 칼라아자르 유행에 대해 이야기하곤 했다. 수쉴라의 아이는 새로운 유행의 새로운 희생자였다.

의사는 황급히 말을 이었다. "걸렸다고 꼭 죽는 건 아닙니다. 아이는 나을 수 있어요. 약을 꼭 사요. 가게에서 약을 사서 보건소에 20일간 매일매일 오셔서 간호사가 주사를 놓을 수 있게 해주셔야 해요. 매일요! 하루도 빼먹으면 안 돼요!"

하지만 수쉴라의 귀에 맴도는 단어는 딱 하나였다. "사요." 사? 약을 사라고? 수쉴라는 아이를 치료하러 여기까지 데려왔지 몇 마디 조언이나 듣자고 온 게 아니었다. 그 먼 거리를 걸어 그 긴 시간을 뙤약볕 아래 기다렸는데. 의사 보자고 뒷돈까지 쥐어 줬는데. 그녀가 가진 마지막 한 푼까지 털어서. 이제는 당연히 보건소에서 줄 거라 생각했던 약을 수쉴라 보고 직접 사라고 지껄이고 있다.

"의사 양반, 당신이 약을 주면 안 되나요?"

"아뇨." 의사가 답했다. "우리는 칼라아자르 약이 없어요. 파트나Patna[6]의 주 정부에서 우리에게 주는 약은 단순한 병을 치료하기 위한 간단한 약들뿐이에요. 작년엔 칼라아자르 약이 조금 있었는데, 감염된 사람이 너무 많아서 다 써버린 지 오래입니다. 파트나 중앙 약품 관리소에 몇 번이고 편지를 써서 약품을 더 보내 달라고 했는데 아예 답장도 해주질 않네요. 이제 누구든 알아서 약을 직접 사야 해요."

"얼마나 할까요?"

---

6 [역주] 인도 비하르의 주도(州都). 갠지스 강변에 위치한 교통의 요충지.

"그건 말씀드리기 어렵네요. 약국에 재고가 충분히 있으면 좀 싸겠죠. 아니면 더 비쌀 테고요." 의사는 종이 쪼가리에 처방전을 끼적였다. 그러고는 원래의 퉁명스러움으로 돌아와 처방전을 수쉴라에게 들이밀었다. "약을 구해 올 수 없으면 내가 해줄 수 있는 건 없어요. 이제 가세요!"라며 고압적인 태도로 수쉴라를 쫓아냈다.

수쉴라는 북적이는 시장을 헤매다 약방을 찾아냈다. 수쉴라는 약제사에게 의사가 끼적여 준 처방전 종이 쪼가리를 쥐어 주었다. 약제사는 참 운이 좋다고 말했다. 이제 약국에 남은 칼라아자르 약은 두 병뿐이었기 때문이다. 이 지역에서는 칼라아자르에 걸린 사람이 많았고, 약을 원하는 사람도 많았다.

"얼마요?" 두려움에 떨며 수쉴라가 물었다.

"어머니." 약제사가 답했다. "가난한 것도, 아이가 많이 아픈 것도 압니다. 이거 한 병이면 치료 끝날 때까지 충분한 양인데, 내 특별히 3백 루피(한화 약 1만5천 원)에 드리리다. 다른 사람들한테는 보통 5백 루피 받아요."

3백 루피든 5백 루피든 별로 중요한 게 아니었다. 어느 쪽이든 온 가족이 몇 달을 일해야 겨우 벌 수 있는 천문학적인 가격이었다. 수쉴라는 약국을 뒤로한 채 다시 아이를 업고 집까지 머나먼 걸음을 떼었다.

수쉴라가 집에 돌아온 것은 해가 지고도 한참 지나서였다. 이제 와서 시어머니와 남편이 온종일 집안일을 내팽개쳐 놓고 어딜 싸돌아다니다 왔냐며 수쉴라를 몇 번이나 학대했는지 세어 보는 것은 의미가 없다. 이제는 그냥 습관이 되어 버렸기 때문이다. 늦은 밤, 자리에 누워 수쉴라는 남편에게 오늘 하루 무슨 일이 있었는지 이야기했다. 약을 사야 했다. 그런데 어떻게? 소를 팔까? 그랬다가는 가족 전체가 굶어 죽을 것이 뻔했다. 논 한 뙈기를 빌려 준 땅 주인에게 돈을 좀 빌려 볼까? 말도 안 되는 이야기. 벌써 땅 주인에게 진 빚이 있었다. 다음 수확물의 절반은 종자와 비료를 사느라 미리 빌린 돈과 소작료로 땅 주인에게 넘어가게 되어 있었다. 다른 가족들에게 손 벌리기도 어려웠다. 친척들도 그들만큼이나 가난한 데다 이미 빚더미에 앉아 있었다. 어떻게 기적이 일어나 약을 산다고 치자. 수쉴라와 아이가 그 먼 보건소까지 20일을 하루도 빠지지 않고 매일 방문한다는 건 말도 안 되는 이야기였다. 수쉴라는 단지 힘이 달려서가 아니라 곧 시작되는 우기에 논을 일구고 벼를 심어 두어야 한다는 점을 생각했다. 가족들이 위태로운 삶이라도 유지하려면 한 명도 빠짐없이 농사일에 달라붙어야 했다. 아니, 아이를 위해서라도 그들은 최선을 다해야 한다. 가족들은 신에게 기도를 올릴 것이다. 그리고 옆 마을에 있는 '의사'에게 찾아가 아유르베다[7] 식 약초를 처방받아 올 것이다.

몇 주 동안 가족들은 작은 마을 사당에서 매일매일 기도와 공물을 올렸다. 마치 신이 쩨쩨한 공무원처럼 공물이라는 뒷돈을 쥐어 주면 소원을 들어줄 것처럼. 아유르베다 의원은 칼라아자르를 알아보았다. 그리고 몇 루피를 받고는 아이에게 수천 년간 열병에 쓰여 온 약초를 처방해 주었다. 아이가 약물을 마시자 며칠 동안 열이 가시고 활기차졌다. 하지만 1주일

---

7 [역주] 아유르베다는 인도의 전통 의학으로 다양한 민간요법을 활용한다. 균형을 핵심으로 한 철학 때문에 최근 서구에서도 인기를 끌고 있다.

이 지나고, 2주일이 지나면서 결국 아이는 더 아파졌다. 아이는 쇠약해졌고 피부는 칙칙한 회색으로 변해 갔다. 머리카락은 버석버석해졌고 몸 곳곳에 종기가 생겨 피가 흘러나왔다. 그리고 부풀어 오를 대로 부풀어 오른 간 때문에 아이의 배는 더 불룩해졌다.

수쉴라가 보건소를 방문하고 3개월쯤 지난 어느 날, 아이는 콜록거리며 숨을 헐떡이기 시작했다. 그날 밤, 소녀는 죽었다.

슬픔에 잠긴 가족은 소녀의 몸을 나무판자에 싣고 약간의 천과 금잔화로 장식한 후 갠지스 강가로 데려갔다. 강둑에서 소녀의 몸은 화장의 불꽃 속에 삼켜졌다. 아이의 목숨은 3백 루피에 희생당했다.[8]

가족들은 그래도 조금 안도했다. 아직 살아남은 아이들이 일곱이었기 때문이다. 그리고 운이 좋았는지, 남자 아이가 죽은 건 아니었다.

---

8 [역주] 이렇듯 간단한 약제를 경제적인 이유로 구입하지 못하는 문제가 최근 국제 보건 분야에서 큰 관심을 받고 있다. 기술이 없어서 사람들이 죽고 있는 것이 아니라 약과 치료법이 있어도 분배가 제대로 이루어지지 않고 있기 때문이다. 이를 의료 접근성 문제라 부른다. 『의료 접근성』(후마니타스, 2013) 참고.

3
칼라아자르는 도로를 타고

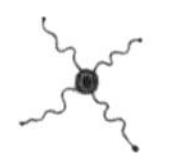

수쉴라의 딸을 화장용 장작더미 위에 올려놓은 장본인은 눈썹 한 가닥만큼의 무게도 나가지 않는 작은 곤충이다. 수쉴라의 마을에서 80여 킬로미터 떨어진 비하르 주의 주도 파트나에서는 샤크라바티A. K. Chakravarty 박사가 은색 날개의 곤충이 조용히 쉬고 있는 우리를 들여다보고 있었다. "정말 무해해 보이죠." 샤크라바티 박사가 이 요망한 겉모습을 지켜보며 한 말이었다. 박사는 파트나에 위치한 인도 국립 감염성 질환 연구소NICD의 칼라아자르 연구진을 이끌고 있었다. 180센티미터가 넘는 키에 단호하고 사나워 보이는 인상이었지만 성격은 온화했다. 독실한 힌두교도로서 인간의 정신에 대한 철학적 접근에도 관심이 많았고, 수의학 연구자로서 인간이든 동물이든 환자 모두에게 섬세하고 상냥하게 대했다(수의학 연구자가 왜 인간 전염병 연구팀을 이끌고 있어야 하는지는 뒤에 설명하겠다). 그리고 이 인간과 곤충 사이의 기묘한 동거의 주인공은 바로 흡혈 플레보토무스 모래파리*Phlebotomus argentipes*다. 말라리아가 전파되려면 얼룩날개모기Anopheline가 필요한 것처럼 모래파리도 치명적인 기생 원충을 옮기는 전파자이다. 바로 칼라아자르를 일으키는 도노반 리슈만편모충*Leishmania donovani*이 그 원충이다.

우리 몸을 집 삼아 살아가는 작고 대단한 모든 기생충 중에서도 리슈만편모충은 가장 독특하고 다루기 힘든 기생충이다. 침입당한 숙주의 몸에게 기생충은 신경 쓰이는 외부 물질이다. 숙주 면역반응의 핵심은 기생충을 죽이고 집어삼키는 것이다. 이 역할을 수행하는 특수한 세포를 대식세포라 부르며, 면역의 최전선을 형성하고 있다. 그런데 리슈만편모충은 대식세포에 소화되는 것을 뻔뻔스레 피할 뿐만 아니라 대식세포 자체를 파고들어 세포 내 기생충이 된다.

기생충은 수쉴라의 아이를 화장의 불꽃 속에 밀어 넣은 수많은 이유 중 하나일 뿐이다. 이 비극적인 이야기는 기생충과 매개체 모래파리, 기후와 문화, 사회, 의학, 정치까지 다양한 요소들로 엮여 있다. 이제 리슈만편모충이 일으키는 칼라아자르의 역사를 되짚으며 각각의 요소들이 어떻게 복잡한 상관관계를 맺어 왔는지 한 가닥씩 들춰 보자.

칼라아자르(그뿐만 아니라 모든 인간 질병)의 역사를 이해하려면 '기록'을 수천 년쯤은 거슬러 올라가야 한다는 사실을 기억해 두자. 문자와 기록이 탄생한 순간으로. 물론 의료 고고학 탐정들이 몇몇 미라나 오래된 뼈에서 찾아낸 단서로 고대 질병의 특성과 역학을 살짝 엿볼 수는 있다. 하지만 인간은 아주 오래전 진정한 인간, 즉 질병과 필연적인 죽음과 건강을 인지할 수 있으며 미래를 바라볼 수 있는, 축복받은 동물이 되었을 때부터 자신들의 건강에 지대한 관심을 가져왔다. 예나 지금이나 건강과 질병은 사람들의 주된 관심사였다. 선조들은 문지를 발명하자, 자신들의 질병에 대해 상형문자·수메르어·바빌로니아어·아랍어·그리스어·라틴어 등으로 기록했다.

어떤 형태의 초기 문자든 그 문자로 쓰인 '의학서'들이 꼭 있었다. 물론 질병이 어떻게 일어나는가에 대한 생각은 지금과는 무척 다르다. 미생물 같은 것들은 의학자들에게 비교적 새로운 개념이다. 미생물이 발견되려면 그것을 볼 수 있는 좋은 현미경이 있어야 했는데, 색수차[9]를 없앤 렌즈가 처음 개발된 것은 1825년이었다. 그리고 아주 단순한 개념이었지만 통찰력이 빼어난 누군가가 이 작은 미생물과 질병을 한데 엮어, 작은 생물이 특정 질병을 일으키는 주범이 될 수 있다는 생각을 처음으로 내놓아야 했다. 그나마 원충이 질병의 원인이 될 수 있다는 것이 밝혀진 것은 1875년의 일이었다. 처음 질병과의 관련이 밝혀진 원충은 아메바성 이질과 아메바성 간병변을 일으키는 기생아메바*Entamoeba histolytica*였다. 이 '열대' 기생충은 북극에서 불과 160킬로미터 남쪽 따뜻한 지역에 거주하던 러시아 환자에게서 발견되어 표도르 로쉬Fedor Lösch가 처음으로 보고했다. 바이러스는 더욱 새로운 개념이다. 바이러스가 처음으로 발견된 것은 식물에서였다. 러시아 학자 드미트리 이바노프스키Dmitri Ivanovsky가 담배 모자이크 바이러스를 보고한 것이 1892년의 일이다. 황열병 바이러스는 1900년, 월터 리드Walter Reed 육군 소령이 이끄는 미 육군위원회가 보고했으며, 처음으로 확인된 인체 바이러스성 질환이 되었다.

파스퇴르 이전 시대의 의사들은 질병의 원인에 대해 악마나 악령, 체

---

9 [역주] 각 빛의 파장은 렌즈를 통과할 때 굴절률의 차이가 있어 상의 위치나 배율이 달라질 수 있다. 이 색수차 때문에 선명도가 낮아지는데, 이를 향상시키기 위해서는 여러 장의 렌즈를 사용해야 하고, 매끄러운 표면을 깎아 낼 수 있는 정밀한 렌즈 가공 기술이 필요하다.

액, 독기 같은 독특한 상상들을 해왔지만, 질병을 기술하는 실력까지 떨어지는 의사들은 아니었다. 과거 의사들이 꼼꼼하게 기록해 둔 환자들의 증상과 증후들은 현대 의학의 언어로 확인해 낼 수 있는 경우가 많다. 예를 들어 말라리아는 주기적으로 되풀이되는 떨림·경직, 오한·고열이 특징인데 고대·중세의 유럽과 중앙아시아, 아시아 의사들은 수천 년 전부터 이런 증상이 말라리아 때문임을 알고 있었다. 1880년 11월 6일, 알제리에 파견된 프랑스 군의관 1급 소령 알퐁스 라브랑Alphonse Laveran은 현미경으로, 고열에 시달리는 24세 포병의 혈구 안에 들어 있는 말라리아 기생충을 목격했다. 이로써 우리는 상당한 자신감을 가지고, 말라리아는 고대 로마의 역병이었으며 중국 남부에서는 최소 2천 년 이상 유행해 왔다는 역사적·역학적 판단을 내릴 수 있다.

칼라아자르는 다르다. 현대 역사학자들의 탐색에도 불구하고 칼라아자르의 기원이나 역학에 대한 자료는 나타나지 않고 있다. 칼라아자르는 증상이 굉장히 독특하기 때문에 초기 의학 서적에도 기록되어 있을 법한데 이상한 일이다. 또한 아무도 눈치채지 못하고 지나갈 만큼 가벼운 병도 아니다. 칼라아자르는 주로 유행병 수준으로 널리 퍼지는데 유행이 정점에 이르렀을 때는 사망자가 수천 명에 달하기도 한다. 그뿐만 아니라 기록이 남아 있지 않은 것을 고대 인도의 기록가들만의 탓으로 넘기기도 어렵다. 내장 리슈만편모충증(칼라아자르)은 인도에 국한된 질병이 아니라 중국 전역, 러시아 투르키스탄 지방, 수단, 에티오피아, 지중해 유럽(스페인 남부, 프랑스, 이탈리아, 그리스, 몰타, 크레타, 유고슬라비아),[10] 북아프리카 그리고 아메리카에서는 브라질 해안 일부 지역까지 광범위한 지역에서 발생하고 있기 때문이다. 브라질과 수단을 제외한 나머지 지역은 지난 1천5백 년간 방대한 양의 기록물들이 남아 있다. 이 기록들에서 흑사병·티푸스·말라리아 등 다양한 유행병의 증거를 찾을 수 있지만 칼라아자르처럼 보이는 질병에 대한 증거만큼은 찾을 수가 없다. 불완전한 지식이지만 종합해 보면 칼라아자르가 인간을 처음으로 공격한 것은 1824년 제소르Jessore에서였다. 당시 칼라아자르는 오늘날의 에이즈처럼 새로 등장한 역병이었다. 그리고 에이즈처럼 칼라아자르의 진짜 역학적 기원은 영원히 알려지지 않을지도 모른다.

근래 제소르는 정치적 사건들에 볼모로 붙잡혀 있다. 지금은 지리적으로 방글라데시에 속하지만 그곳의 정체성은 국경을 뛰어넘어 벵골에 속해 있다. 제소르에 거주하는 뱅골 인들은 알라를 믿지만, 서쪽으로 조금 떨어진 캘커타[현 콜카타]의 힌두 친척들처럼 타고르의 시를 즐겨 읊는다. 지금은 인도 국경 지대에 위치한 조용한 시장 도시가 되었지만, 과거 무굴제국 시절에는 중요한 교역 중심지였다. 1700년대 중반부터는 동인도회사가 통치권을 넘겨받았고, 이어 영국이 직접 통치하게 되었다. 첫 번째 동인도회사 행정관, 좀 더 정확히는 수세관收稅官이 파견되었던 1750년대 제소르

10 여행 가이드북은 이 유럽 여행의 메카라고 부를 수 있는 지역을 방문했다가 칼라아자르에 감염될 수 있다는 사실을 쏙 빼놓고 있다. 감염될 가능성은 물론 굉장히 낮다. 하지만 몬테카를로에서 은행이 털릴 가능성보다는 프랑스 코트다쥐르를 여행하다가 칼라아자르에 걸릴 확률이 훨씬 높다. 그리고 인기 휴양지는 아니지만 이라크 역시 칼라아자르가 종종 유행하는 지역임을 유념하자. [역주] 이 때문에 이라크 전쟁 이후 미국 내 칼라아자르 연구가 상당히 활성화되었다. 이렇듯 미국이나 유럽의 열대 의학 연구는 군사 작전과 관련된 경우가 많다.

와 지금의 제소르는 크게 달라지지 않았을지도 모르겠다. 물론 그때는 지금 방글라데시 중산층이 가장 즐겨 찾는 외식 장소인 중국 식당이 없었지만 말이다. 제소르로 발령을 받은 수세관들은 대체로 정직한 사람들이었고, 세금에 짓눌려 고생하는 농민들의 짐을 줄여 주려고 노력했다. 텔먼 행켈Telman Henkel이라는 특이한 이름의 한 수세관은 도시 사람들에게 엄청난 인기를 얻어 사람들이 석상을 세워 모시고 있을 정도이다(오늘날 인도 정부의 행정 관료들이 이런 존경을 받는 일은 없다). 수세관들은 곧 수많은 사람들의 목숨을 앗아갈 유행병인 칼라아자르의 일면에 대해 일지에 기록해 보고했다. 1764년, 수세관들은 민간 의사와 군의관들을 소집해 해당 지역에 인도 의료단을 창설했다.[11]

시작은 제소르에서 50킬로미터가량 떨어진 모하메드푸르Mohamedpur의 마을에서였다. 1824년 12월, 모하메드푸르 주민들이 죽기 시작했다. 죽은 사람들은 피부가 점토에 가까운 회색으로 검게 변해 있었다. 살점이 떨어져 나왔고, 비쩍 마른 몸에 배만 불룩 튀어나와 혈관이 커다란 파란색 호스처럼 보였다. 끝없는 설사와 폐렴은 삶을 끝내는 마지막 신호였다. 무시무시한 '검은 병'은 제소르 주를 집어삼키고 갠지스 유역 평야 전역으로 퍼져 나갔다. 1832년에는 제소르뿐만 아니라 현재 인도 서부 벵골 지역에 속하는 지역까지 유행했다. 죽어 가는 땅의 도로망과 수로라는 혈관을 타

11 이미 일찍부터 동인도회사의 통치 아래 병원이 설립되었다. 1664년에는 마드라스[현 첸나이]에, 1676년에는 봄베이에, 1707년에는 캘커타에 병원이 생겼다. 동인도회사에 고용된 영국인 의사는 연봉 36파운드[현재 가치로 환산하면 1천1백만 원가량]라는 박봉을 받았다.

고 질병은 더 넓은 지역으로 퍼져 나갔다.

무굴제국에 점령당하기 전부터 방글라데시의 수도(다카Dacca)는 연변의 번성하는 거점 항구였다. 내륙에서 출발한 여러 지류들은 다카 주 자무나Jamuna(브라마푸트라Brahmaputra 아래쪽 지역)로 흘러들었다. 큰 바지선들이 형형색색의 돛을 달고 강을 오갔고, 온 가족과 선원들이 터전으로 삼은, 초가지붕을 덮은 갖가지 크기의 장대 배들이 강을 채우고 있었다. 여기는 벵골과 방글라데시 전역의 상품들이 모여드는 곳이었다. 자무나를 지나 다카를 흐르는 강은 벵골 만 하구에서 320킬로미터나 떨어져 있었지만 강돌고래를 흔히 볼 수 있었고, 이들이 물속에서 장난치는 모습은 마치 신화 속 괴물 바다뱀처럼 보였다.

1862년, 이 강을 오가던 배 한 척이 내륙에서 위탁받은 쌀을 자기르Jageer에 배송했다. 자기르는 다카 근방의 북적이는 마을이었다. 이 배의 선원들은 모두 지난 6개월간 몸 상태가 좋지 않았고, 간헐적인 고열과 피로에 시달려 왔었다. 먹고살기 위해 어쩔 수 없이 아픈 몸을 이끌고 배를 밀며 끌며 자기르에 도착한 선원들은 짐을 가득 실은 배를 예선로에 묶어 두었다. 이것이 그들의 마지막 항해였다. 자기르에서 선원들의 상태는 급격히 나빠졌고, 한 명씩 죽기 시작했다. 이 선원들이 내륙에서 다카 지역으로 칼라아자르를 들여온 '포자'로 추정된다. 이후 4년간 자기르의 사망률은 추정이 불가능할 정도로 치솟았다. 아마 흑사병에 대한 기록 정도나 여기에 비할 수 있겠다. 죽은 자들은 죽은 자리에 그대로 내버려 두거나 집에 방치되었고, 강이나 저수지(벵골 지역에서 농업용수를 대기 위해 만든 인공 연못)에 버려졌다. 4년 후, 사람 사는 곳으로서 자기르는 사라졌다. 이제 자기르라는 이름은 지도에도 등장하지 않고 호기심 많은 여행자들에게도 자취를 드러내지 않는 폐허가 되었다.

1876년, 인도 의사 고폴 로이Gopaul Roy는 당시의 기록을 출간했다. 칼라아자르가 어떻게 발생하고 전파되는지 전혀 알려지지 않았던 당시 그가 남긴 기록은 지금도 임상적·역학적 관찰이 어떻게 이루어져야 하는지에 대한 모범을 보여 준다. "한 마을에서 다른 마을로 질병이 넘어가는 과정은 굉장히 독특하다. 첫해, 전염병의 직격을 당한 마을 옆에 위치한 마을은 우기가 다가오면서 고열 환자 및 사망자가 평소보다 많이 발생한다. 하지만 이 시기는 이미 익숙한 열병의 계절이라 사람들은 관심을 갖거나 큰 걱정거리로 생각하지 않는다." 로이는 겨울 동안은 환자 수가 줄어든다면서 "사람들은 상황이 좋아졌다며 기뻐한다."고 적었다. 유행병의 진짜 위력은 둘째 해 우기에 나타난다. 질병은 "이제 거주민 전반으로 퍼져 가며, 사람들은 공포에 빠진다. 급성 고열로 사망하는 환자가 폭증한다. 아프지 않은 사람이 없어 가족 중에 환자가 있어도 돌봐 줄 사람이 거의 없다."

절망에 찬 로이의 기록은 당시 영국 민간 의사로 인도에 와있던 프렌치의 일지에서도 확인할 수 있다. "건강한 사람을 찾을 수 없다. 반복되는 고열과 일상적인 죽음, 사랑하는 아이들의 죽음, 마을 내 인구의 급격한 감소, 나아질 것이라는 한줌 희망조차 사라진 상황에서 사람들은 완전히 자포자기에 빠져 직접 의료진이 다가가지 않는 이상 도움을 구하거나 의료시설을 찾을 생각조차 하지 않는다."

영국인들은 식민 지배 시절에 대해 사죄하지 않는다. 구식민지에서 포악한 토호들에게 고통 받던 농민을 자유롭게 하고, 사법제도의 자율권을 부여하며 페어플레이 정신, 크리켓, 민주주의 정부의 건설이라는 고귀한 목적을 위해 식민 통치가 필요했다며 자랑스레 이야기한다. 프랑스인들은, 프랑스 식민지들이 이제 완벽한 바게트를 구워 낼 수 있게 되지 않았느냐고 말한다. 그리고 이 두 제국의 식민지였던 지역을 지금 비교해 보면 잘 구운 빵이, 대물림해 준 의회보다 훨씬 유지·관리가 잘되고 있다고 볼 수도 있겠다. 이보다는 덜 유명하지만, 식민 지배에서 독립한 나라들을 현재의 모습으로 빚어낸 주된 요인 가운데 하나는 영국이 교통·통신 수단인 도로·철도·수도를 확보하는 데 보인 열정이다. 인도에서는 더했다. 19세기 초중반, 영국은 봄베이-아그라Agra 도로, 봄베이-캘커타 도로, 캘커타에서 페샤와르Peshawar를 잇는 그랜드 트렁크 도로[인도의 주요 동서 횡단 도로]를 건설했다. 새로 건설된 포장도로는 4천8백 킬로미터에 달했다. 그뿐만 아니라 갠지스 강과 지류들에 운하 관개 시설을 건설했고, 공사를 마쳤을 즈음에는 세계에서 연장 길이가 가장 긴 시설이 되었다.

영국인들이 도로 건설계의 '미친 루드비히'[12]는 아니었지만, 그렇다고 순전히 이타적인 목적에서 시작한 것도 아니었다. 상업 진흥(식민 지배는 비난받아야 마땅하고 '착취'라는 표현을 써야겠지만)을 하려면 식민지에서 생산된 물품을 한데 모으고 모국에서 생산된 물품을 식민지에 배포할 판로가 필요했다. 또한 식민지의 안정을 꾀하고 팍스브리태니카를 건설하려면 군대

---

12 [역주] 19세기 바이에른의 왕으로 은둔한 채 성을 짓는 데만 미쳐 있었다. 현재 독일에 남아 있는 노이슈반슈타인 성(Neuschwanstein Castle)을 건설한 것으로 유명하며, 이 성을 본 따 디즈니랜드를 만든 것으로 잘 알려져 있다.

를 투입하고 행정관을 파견할 도로·철도·수로가 필요했다. 불행히도 식민지 사업에 좋은 것은 병원균에도 좋은 것이었다. 새로 건설된 통로는 쌀과 렌즈 콩, 맨체스터 산 면 옷과 냄비를 운반했을 뿐만 아니라 감염성 질환이 전파되는 데에도 한몫했다.[13]

칼라아자르는 아삼Assam에도 밀항해 들어갔다. 갠지스와 브라마푸트라 강을 영국 증기선들이 바쁘게 오갈 때 옮겨진 것이다. 아삼에서 칼라아자르가 발병하자 주민들은 새로운 질병을 보고 그들의 지배자, 즉 영국인들이 무슨 짓을 해서 일어난 것이라고 생각했다.[14] 주민들은 날카로운 역학적 통찰력으로 새로운 병을 가리켜 사카리 베마리sakari bemari, 즉 '정부병' government disease이라 불렀다. 아삼에서 타오른 칼라아자르의 들불은 이후 25년간 여러 주를 넘나들며 25퍼센트에 달하는 지역 주민들을 죽였다. 어떤 마을은 3분의 2, 혹은 그 이상의 주민들을 잃은 곳도 있었다. [인도 동북부인] 아삼에서 [남서부인] 타밀 나두Tamil Nadhu 지역까지, 칼라아자르는 인도 전역에 똬리를 틀었다.

---

13 도로 건설이 어떻게 원치 않는 질병을 불러왔는지 이야기하자면 책 한 권을 전부 채워도 모자라다. 도로 자체가 질병의 전파에 큰 역할을 했을 뿐만 아니라 열대 아프리카의 수면병과 인도의 칼라아자르 유행에서도 볼 수 있듯이, 도로 건설이 환경에 미치는 영향도 심각했다. 도로 건설 중에는 질병 매개 곤충이 번식하기 좋은 환경이 만들어지는 경우가 많다. 말라리아를 옮기는 얼룩날개모기는 도로에 움푹 파인 곳이나 가장자리에 고인 물에서 쉽게 번식한다. 이는 수많은 사례 가운데 하나일 뿐이다.

14 버마와 인도에 걸쳐 있는 아삼은 원래 영국의 인도 식민지 '패키지'에 속해 있지 않았다. 빽빽한 정글로 뒤덮인 아삼 구릉지는 호전적이며 벌거벗은 부족민들의 터전이었는데, 1826년 영국이 버마와의 전쟁에서 승리하면서 전리품으로 가져갔다.

4

칼라아자르를 찾아서

_빈대에서 모래파리까지

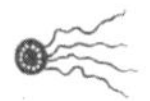

1900년, 새로운 한 세기가 시작될 무렵 갠지스 유역의 칼라아자르 유행은 점차 사그라지기 시작했다.[15] 비하르, 벵골, 아삼에서 이어진 칼라아자르의 가혹한 통치가 반세기 만에 종지부를 찍자 주민들이 절멸해 혼란스러운 땅에도 안정과 번영의 싹이 트기 시작했다. 칼라아자르가 완전히 사라진 것은 아니었고 여전히 감염자는 있었다. 하지만 전처럼 감염자가 폭발적으로 증가하지도 않았고 위협적인 숫자도 아니었다. 하지만 칼라아자르 유행이 끝났을 무렵, 1824년 칼라아자르가 처음 제소르를 덮쳤을 때는 던질 수 없었던 질문을 이제는 할 수 있게 되었다. 1824년과 1900년 사

---

15 상당수 감염성 질환의 유행은 주기적으로 나타난다. 질병이 유행하고 일정 기간이 지나면 별다른 인간의 개입이나 환경적 변화, 행동 변화가 없더라도 점차 강도가 약해진다. 어떤 기전으로 유행병이 흥하고 쇠하는지에 대해서는 아직도 제대로 밝혀진 바가 없다. 병원체에 돌연변이가 일어나 병독성을 약화시키는지, 인구의 상당수가 면역을 가져 집단 면역을 획득하는지, 아니면 그냥 단순히 사람이 너무 많이 죽어서 병원균이 더 돌아다니기 힘든 상황이 되었는지. 모두 충분히 가능한 일이다. 하지만 1824~1900년 인도의 칼라아자르 유행처럼 미지의 요인들이 더 많다. 칼라아자르는 15~20년 주기로 유행하는 듯하다.

이, 질병의 원인에 대한 개념에 급진적인 변화가 있었기 때문이다. 그 짧은 시간, 의학은 마치 중세의 기나긴 밤에서 빠져나와 깨달음의 빛으로 들어선 듯했다. 루이 파스퇴르Louis Pasteur는 병든 누에와 '맛이 간' 맥주의 원인이 미생물 때문이라는 것을 밝혀내면서 새로운 과학을 선도했다. 1870년대에 이르러 파스퇴르의 연구는 동물 질병으로도 확장됐고, 곧이어 인간도 포함되었다. 바로 뒤는 로베르트 코흐Robert Koch라는 당대의 지성이 이끄는 독일이 좇고 있었다. 한 달에 하나꼴로 콜레라·페스트·부스럼·디프테리아 같은 새로운 병원성 미생물이 보고되었다. 미생물은 어디에나 있는 듯 보였고, 모든 질병의 원인은 미생물이라는 개념이 떠올랐다. 많은 사람들이 흥분과 열정에 빠져 병원균을 찾아 나섰다. 당시 시대정신은 싱클레어 루이스Sinclair Lewis의 소설 『애로스미스』*Arrowsmith*에 등장하는 고틀리프 박사의 대사에서 잘 나타난다. 고틀리프는 어린 과학자를 '기름 부음'하는 자리에서 이렇게 축성한다. "코흐의 가호가 있기를!" 기생충 병원체가 발견된 것도 이즈음의 일이다. 앞서도 말했듯이 라브랑은 1880년 말라리아 기생충을 발굴해 냈고, 조셉 더튼Joseph Dutton은 1902년 수면병 환자에게서 파동편모충을 발견했다. 과학과 열대 의학은 점차 하나로 합쳐지기 시작했다. 독일의 파울 에를리히Paul Ehrlich의 염색 시약과 약품에 대한 연구는 강력한 합성 화학요법제 개발의 첫걸음이 되었다. 치열한 노력 끝에 질병의 비밀이 하나둘 벗겨지기 시작했고, 인간이 만든 약들로 질병을 하나하나 굴복시켜 나갔다.

열대 질환은 사명감 넘치는 과학자-의학자들이 연구하기 시작했다. 제국을 호령하던 식자들은 식민지로 가기를 원했다. 식민지에서 이들은 새를 관찰하고, 식물군과 동물군을 기록하고, 허름한 감시대에서 밤을 지새우며 호랑이를 사냥했다. 폴로 게임을 하고 도요새를 사냥한 다음에는 미생물이라는 목표를 집요하게 찾아 헤매기 시작했다. 그들의 집요함은 요즘처럼 프로젝트별로 연구비를 받으면서 연구하는 일이 당연한 시대에는 비현실적으로 보일 정도였다. 때문에 늙은 여왕님[빅토리아 여왕]이 돌아가신 1900년 무렵 인도에는 이미 의료단의 군의관들을 주축으로 의료 전문 연구 시설이 갖춰져 있었다.[16] 차 생산지 같은 외지고 열악한 환경에서 근무하던 의료인들에 의해서도 좋은 연구가 많이 이루어졌다. 이 시기, 이런 기후에서 이들(여자 한 명을 포함한)이 칼라아자르의 원인을 찾기 위해 가열찬 추적을 시작했다. 그리고 모래파리 소굴과 대식세포 안에 자리 잡은 리슈만편모충을 찾기까지 엉뚱한 단서와 자취를 좇는 일이 계속된다.

지금 우리 관점에서 되돌아보면 처음으로 주어진 단서가 엉뚱하게도 장내 기생충, 그것도 구충이었다는 사실은 얼핏 이해하기 어렵다.[17] 고대

---

16 [역주] 빅토리아 여왕은 인도 제왕(Empress of India)이라는 작위도 있었지만 실제 인도를 방문한 적은 없었다. 빅토리아 여왕이 사망한 것은 1901년의 일이나 지은이가 1900년으로 착각한 것으로 보인다.

17 인간에 기생하는 구충은 두 종이 있다. 아메리카 구충(*Necator americanus*)과 두비니 구충(*Ancylostoma duodenale*)이다. 성충은 소장의 안쪽 벽에 날카로운 이빨이 달린 입을 박아 넣은 채 매달려 있다. 그리고 매달린 자리에 작은 궤양성 병변을 만든 채 근면 성실하게 피를 빤다. 이때 장내에 구충이 많으면 지속적인 혈액 손실로 심한 빈혈이 발생할 수 있으며(말라리아, 임신, 철분 부족 등의 기저 원인에 의해 더 심해지는 경우도 많다), 심각한 경우에는 사망할 수 있다. 지리적으로 구충은 온대 지방과 열대 지방을 가리지 않고 널리 분포한다. 한때 구충은 미국 남부 백인들의 진을 빨아내기도 했다. 또한 구충은 광부들을 괴롭히는 심각한 질병이었는데 당시 탄광이나 터널 공사장이 비위생적인 탓도 있지만 이런 장소가 구충이 전파되기에 이상적인

사람들은 구충의 존재는 몰랐지만 구충으로 인해 일어나는 질병은 잘 알고 있었다. 거의 1천 년 전에 쓰인 중국 의학서의 주석에는 구충 질환을 "먹기만 하고 일은 하지 않는, 게을러지는" 병이라고 요약하고 있다. 1838년, 밀라노 의학자 안젤로 두비니Angelo Dubini는 그가 부검한 이탈리아 농부의 장에서 발견한 작은 기생충들을 보고했다. 두비니는 기생충을 보기는 했지만 그것이 어떤 영향을 미치는지는 이해하지 못했다. 구충의 능력을 밝혀낸 사람은 독일계 포르투갈 인으로 브라질에서 의사로 일하고 있던 오토 부케러Otto Henry Wucherer였다. 1861년, 바이아에 있는 베네딕트 수도회에서 의뢰가 들어왔다. 순수한 기독교적 자비심에서 우러나온 의뢰로, 수도원에 소속된 흑인 노예가 죽어 가고 있으니 와서 봐달라는 것이었다. 가엾은 사람은 이미 죽음의 문턱에 발을 들여놓은 상태였고, 빈혈이 너무 심해서 피는 거의 맹물에 가까울 정도였다.[18] 다음 날 노예는 죽었다. 부케러는 수도사들의 격렬한 반대에도 불구하고 꼭 부검을 해봐야겠다고 우겼다. 결국 부검에서 '두비니의 벌레'가 장벽에 한가득 박혀 있는 것을

환경이어서기도 하다. 구충 알은 대변에 섞여 빠져나와 땅에서 부화해 맨발인 사람이 밟고 지나갈 때까지 조용히 숨죽인 채 기다린다. 마침내 맨발에 접촉한 구충은 피부를 파고들어 체내로 들어가 소장에 도달한다. 소장에서 구충은 성충으로 자라나 짝짓기를 하고 피를 빤다. 열대 지역에서는 맨발로 돌아다니는 소년은 창백한 아이만큼이나 심각한 빈혈일 가능성이 높다.

[역주] 구충은 한국에서 십이지장충으로 더 잘 알려져 있다. 세계에서 가장 흔한 기생충 감염증 가운데 하나다.

18 [역주] 구충 한 마리는 하루에 약 0.2밀리리터의 피를 마신다고 한다. 얼마 안 되는 것 같지만 심한 경우에는 1천여 마리가 넘는 구충에 감염되기도 한다. 하루 2백 밀리리터, 즉 이틀에 한 번꼴로 헌혈을 하는 셈이다.

발견했다. 이 관찰을 통해 그는 구충과 '심각한 빈혈' 사이의 관계를 추론해 냈다. 때문에 1890년, 칼라아자르의 원인을 찾기 위한 조사위원회가 아삼에 파견되었을 때 심각한 빈혈을 일으키는 것으로 알려진 원인들부터 찾기 시작했다. 그리고 가장 먼저 머리에 떠오른 것이 구충이었다. 구충은 당연히 가장 유력한 용의자일 수밖에 없었다. 조사위원회 책임자였던 자일스George Michael Giles는 칼라아자르가 유행하는 마을 사람들의 대변을 채취해 조사해 보았고, 현미경으로 얇은 껍질에 덮인 구충 알들을 찾아냈다. 자일스가 말했다. "칼라아자르는 구충이다."

"아닐걸." 군의관 소령 돕슨Edward Dobson이 말했다. 돕슨 역시 아삼에 파견 중이었다. 돕슨은 말라리아가 칼라아자르를 일으킨다는 쪽에 걸었다. 백번 양보해서 빈혈의 원인이 구충이라 쳐도 칼라아자르의 증상은 빈혈뿐만이 아니었다. 비장 역시 심하게 부풀어 올랐는데, 구충 감염은 비장 비대증을 일으키지 않았다. 반면에 말라리아는 빈혈과 비장 비대증을 일으켰다. 칼라아자르는 말라리아다.

"아닐걸." 자일스가 말했다. 비장 비대증까지 증상으로 칠 수는 없었다. 아삼에 사는 사람이라면 누구나 말라리아에 걸려 있거나 걸렸었다. 따라서 칼라아자르에 감염되지 않고 멀쩡히 걸어 다니는 사람들 중에도 비장 비대증이 있는 사람들은 얼마든지 있었다. 게다가 칼라아자르로 인해 일어나는 고열은 지속적이어서, 주기적으로 고열이 반복되는 말라리아와는 상당히 달랐다. 또한 사망에 이를 때까지 환자의 상태가 꾸준히 나빠진다는 점에서, 상대적으로 단기간에 사망에 이르는 말라리아와는 달랐다.

말라리아파(1896년에 이르러서는 [칼라아자르 증상의 원인이 말라리아라고 믿는] 돕슨의 관점을 지지하는 사람들이 꽤 있었다)는 반론의 과학적 증거로, 아삼 거주민 가운데 구충 감염자가 아닌 사람이 없었지만 칼라아자르에 걸린 사람은 일부라는 주장을 폈다. 그리고 칼라아자르는 특별한 형태의 말라리아로 악액질(만성 질환으로 나타나는 독특한 쇠약 증상) 말라리아라고 보았다. 이런 와중에 머리 회전이 빠른 사람들은 칼라아자르가 말라리아도 구충도 아니라면 지금까지 밝혀지지 않은 병원체에 의해 일어난다고 생각했다. 그리고 1900년, 그 병원체는 병원성 원충으로 인간에게는 처음 모습을 드러내는 새로운 종류였다.

만약 캘커타에 갈 일이 있다면, 그리고 꼭 비행기를 타고 가야 한다면 덤덤Dum Dum 공항에 도착하게 된다. 정말 끔찍한 곳이다. 시끄럽고, 믿을 수 없을 정도로 북적거리며, 수화물을 찾는 과정(수많은 난관을 뚫고 제대로 도착했을 때의 이야기지만)은 다윈의 적자생존(혹은 '밀자' 생존survival of pushiest)을 충실히 재현한다. 1백 년 전에도 여기는 끔찍한 곳이었다. 덤덤 마을과 영국군 숙영지(캘커타에서 16킬로미터가량 떨어진 곳)는 칼라아자르가 워낙 심하게 유행하는 지역이라 벵골 사람들은 '덤덤 열병'이라고 부를 정도였다. 1900년, 아일랜드 출신 영국 병사 한 명이 숙영지 안에서 칼라아자르에 감염되었다. 담당 의사가 말라리아파라 악액질 말라리아로 잘못 진단해 키니네를 좀 처방해 주었을지는 몰라도, 당시 칼라아자르를 치료할 수 있는 약은 없었다. 병사는 영국 네틀리에 위치한 군 병원으로 후송되었지만 결국 사망했다. 이 병사를 부검한 사람은 전 인도 의료단 소속이었던 윌리엄 부그 리슈만William Boog Leishman이었다(대머리에 매부리코, 군대식 콧수염을 기른 그는 왠지 잘생겨 보인다). 리슈만은 다른 인도 의료단 소속 의사들처럼 과학적 호기심으로 넘쳐 나는 사람이었다. 그뿐만 아니라 칼라아자르의 원인을 찾는 사냥을 계속해 왔다. 리슈만은 죽은 병사의 부풀어 오른 비장에서 조직 일부를 잘라 내어 염색한 후 청동제 현미경으로 표본을 살펴보았다. 현미경 렌즈 아래로 비장을 가득 채운 대식세포 안에 동그란 형태가 여러 개 박혀 있는 것이 보였다. 이 염색 시약은 리슈만 염색법으로 불리며 지금도 말라리아를 비롯한 혈액 내 기생충을 살펴보는 데 사용된다. 이 포자형의 물체는 아주 작아서 박테리아보다도 그리 크지 않았다.

의료 기록에서도 이름을 찾을 수 없는 이 영국 병사는 자기도 모르는 새 자신의 목숨을 과학에 헌신하게 되었다. 병사의 몸은 그를 쓰러뜨린 적의 비밀을 드러낼 단서였다. 하지만 이게 대체 뭘까? 이제 열대 의학 전문가, 기생충 학자, 곤충 학자들을 이후 30년간 혼란의 도가니에 빠뜨린 생물학적·분류학적 난제가 시작되었다. 원인 병원체를 눈으로 확인했음에도 불구하고 엉뚱한 길로 들어서는 일은 계속된다. 리슈만은 인도 쥐의 혈액 안에서 파동편모충을 본 적이 있었다.[19] 칼라아자르는 세포 내에 기생하는 데다 파동편모충보다 훨씬 작지만, 구조적으로는 비슷한 점이 많았다. 2 더하기 2 같은 간단한 산수였다. 불행히도 분류학적으로는 더해서 셋이 나오게 되었지만 말이다. 리슈만은 칼라아자르가 파동편모충에 의해

---

19 파동편모충(Trypanosomes)은 아프리카 수면병을 일으키는 원인이다. 다른 종의 파동편모충들은 개구리에서 영장류를 망라하는 다양한 숙주를 감염시킨다. 현미경으로 보면 '생선처럼 생긴' 원충으로, 편모를 움직여 혈액 안을 헤엄쳐 다닌다. 좀 더 넓게는 혈액편모충(Hemoflagellates)에 속하는데 리슈만편모충도 여기에 속한다. 둘은 사촌, 아니면 육촌쯤 되는 셈이다.

일어나며 비장 내 대식세포 안에 있는 '물체'들은 숙주세포에 잡아먹혀(식작용) 반쯤 소화된 파동편모충이라고 잘못된 결론을 내렸다.

이제 다른 학자들도 '리슈만체'를 찾아내기 시작했다. 첫 번째 확인자는 마드라스의 찰스 도노반Charles Donovan이었다. 도노반은 리슈만과 달리 죽은 사람보다는 아픈 사람 위주로 연구를 진행했다. 도노반은 지금도 애용되는 진단법을 개발해 냈는데, 커다란 주사 바늘을 넣어 환자의 피부를 지나, 복벽을 지나, 비장 일부를 떼어 내는 방법이었다. 도노반은 주사 바늘 끝에 딸려 나온 비장 조직을 유리 슬라이드 위에 짜내고 염색해 현미경으로 관찰했다. 리슈만이 보고한 생물은 칼라아자르의 전형적인 증상을 보이는 환자의 비장 조직에서만 관찰이 가능했다.[20] 1904년에 이르러서는 이 생물이 원충이라는 것이 확실해졌다. 이제 '리슈만-도노반체'라는 이름이 붙었고, 이후에 도노반 리슈만편모충*Leishmania donovani*이라는 학명을 받았다.

하지만 이름이 붙여졌다고 이야기가 끝나는 게 아니다. 생물학의 깔끔한 성격은 새로 발견된 동식물은 다른 생물과의 관계(즉, 가족 관계)에 따라

---

20 인도에서 이루어진 발견들은 칼라아자르 연구의 '일대 사건'들이다. 그리고 인도 아대륙에서 무슨 일이 일어났고, 무슨 일이 일어나고 있는지가 내 이야기의 주제다. 하지만 앞서도 언급했다시피, 칼라아자르(내장 리슈만편모충증)는 인도 외 다른 지역에서도 유행하고 있으며, 초기 연구는 다른 유행 지역에서도 많이 이루어졌다. 1903년, F. 마찬드(F. Marchand)는 베이징 근방에서 전투 중 사망한 영국 병사에게서 칼라아자르 기생충을 발견했다고 보고했다. 같은 해 주세페 피아니스(Giuseppe Pianese)는 '비장성 빈혈증'을 앓고 있는 남부 이탈리아 어린이의 비장과 간 조직에서 같은 생물을 발견했다.

분류하고 형제자매, 가깝고 먼 친척, 촌수에 따라 방대한 가족력을 확인하도록 되어 있다. 정확히 말하자면 속, 과, 강, 문을 명확히 구분해야 한다. 1903년, 도노반 리슈만편모충은 여전히 가까운 친척을 찾아 헤매는 분류학적 고아였다. 하지만 이보다 더 중요한 문제는, 과연 도노반 리슈만편모충이 어떻게 A에서 B로 이동하는가 하는 물음에 대해 답을 찾지 못했다는 점이었다. 즉 감염자에게서 다음 숙주로 어떻게 이동하는지의 문제였다. 질병이 어떻게 전파되는지를 정확히 알지 못하면 관리하기도 어렵다. 칼라아자르가 한 집에서 다른 집으로, 한 마을에서 다른 마을로 이동한다는 것은 분명히 이 질병이 감염성 질병이라는 뜻이었다. 공기를 통해 감염자에게서 비감염자로 이동할까? 감염자의 대소변에 오염된 물을 통해 전파될까? 접촉에 의해? 성관계에 의해? 감염자를 돌보는 중에? 아니면 1903년 즈음에야 떠오르기 시작한 새로운 전파 경로 개념 — 즉, 흡혈 곤충을 통해?

1876년, 열대의학의 아버지로 불리는 패트릭 맨슨Patrick Manson은 중국 샤먼夏門에서 주중 대영제국 관세청의 의사로 활동하고 있었다. 여기서 맨슨은 상피병[21]을 일으키는 사상충이 모기를 통해 전파된다는 사실을 밝혀냈다. 더불어 1898년, 로널드 로스Ronald Ross는 인도에서, 조반니 그라시Gio-

21 일설에 의하면 맨슨이 상피병과 처음 대면한 것은 상피병이 굉장히 심한 길거리 소상인이 자신의 늘어난 음낭에 물건을 펼쳐 놓고 파는 모습에서였다고 한다.
[역주] 상피병은 사상충증에 의한 것으로 림프액 순환 장애로 피부가 코끼리처럼 거칠어지고 음낭이나 다리 부분이 고인 림프액 때문에 심하게 부풀어 올라 늘어지는 증상을 말한다. 상피병이 심하게 진행된 환자의 경우 음낭이 다리만큼 크게 늘어나는 경우도 있다.

vanni Battista Grassi는 이탈리아에서 각각 말라리아 역시 모기에 의해 전염된다는 놀라운 결과를 발표한다.[22] 같은 맥락에서 도노반 리슈만편모충 역시 흡혈 곤충에 의해 A에서 B로 이동하리라 유추한 사람들이 있었다.

리슈만편모충의 전파 방식과 분류학적 위치에 대한 첫 번째 단서는 '시험관'에서 기생충을 배양하는 중에 튀어나왔다. 이런 배양법은 이제 일상적인 일이다. 우리가 후두염이나 감염증으로 의사를 찾아가면 의사는 샘플을 채취해 인공 배양액에서 배양을 시작한다. 여기서 자란 미생물의 종류와 여러 항생제에 대한 민감도를 확인한 후 가장 효과적인 항생제를 투여한다. 1903년, 미생물학이 이제 겨우 원기 왕성한 갓난애에 불과할 때 배양법이 막 고안되었다. 감염성 질환의 기원과 치료법을 연구하기 위해서는 각각의 미생물을 분리하고 번식시키고 확인하는 것이 필수였다. 어쨌든 새로운 병원균이 발견되면 항상 실험실 환경에서 배양을 시도하는 것이 당연해졌다. 때로는 성공적이었고 때로는 실패했다. 예를 들어 말라리아 기생충은 발견된 지 75년이 흐른 뒤에야 '시험관' 배양에 필요한 요령이 밝혀졌다. 몇몇 미생물과 기생충의 배양법은 아직도 밝혀지지 않고 있다.

도노반 리슈만편모충이 칼라아자르의 원인임이 밝혀진 다음 수순은 당연히 인공 배양액에서 기생충을 길러 내는 작업이었다. 도노반이 칼라

22 온혈동물에 기생하는 기생생물이 완전히 이질적인 무척추동물 매개체에 들어가기 위해 극단적으로 형태적·생리적 변화를 하는 것은 놀라운 적응의 산물이다. 지금도 이런 변화 단계가 어떤 신호에 따라 이루어지고, 유전적으로 어떻게 발동되는지에 대해서는 별로 밝혀내지 못했다.

아자르의 원인을 밝혀낸 지 1년 후인 1904년, 캘커타에서 연구를 진행하던 레너드 로저스 경Sir Leonard Rogers은 칼라아자르 환자의 비장 조직 일부를 단순한 식염수 영양액 '스프'에 집어넣었다. 일주일 후, 배양액 한 방울을 현미경으로 관찰했을 때 레너드는 큰 충격에 휩싸였다. 배양이 성공적으로 이루어졌다면 리슈만-도노반체가 똑같은 형태로 분열해 늘어난 모습을 볼 수 있으리라 예상했기 때문이다. 이런 식으로.

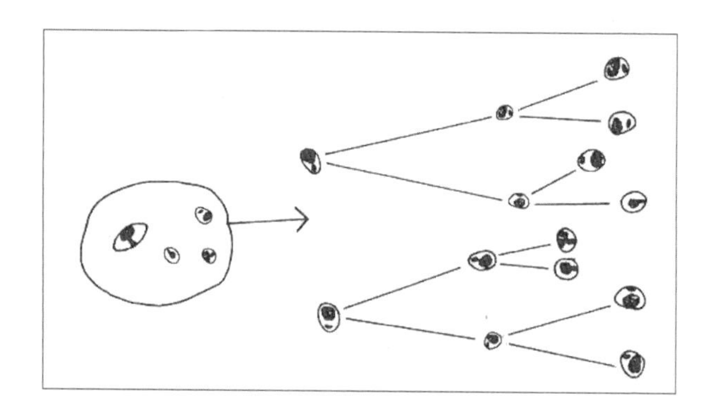

하지만 레너드 경이 본 것은 달랐다. 리슈만-도노반체는 변신해 있었다. 작고 동그란 난쟁이 기생충이 배양액 안에서는 난쟁이 부모보다 10배쯤 커진 방추형 기생충이 되었으며 앞쪽 끝에는 가느다란 편모 하나까지 달려 있었다. 편모가 달린 기생충은 배양액 안에서 무성생식을 통해 증식했다. 이렇게.

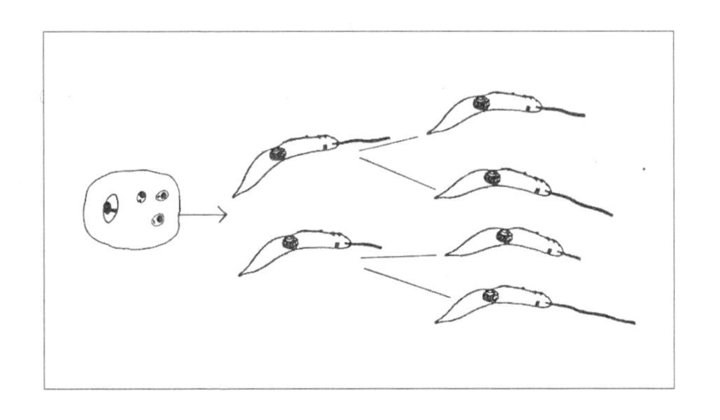

이는 칼라아자르 환자의 대식세포 안에 있던 리슈만-도노반체가 전체 기생충 생활사의 한 과정일 뿐임을 의미했다. 배양을 통해 리슈만편모충은 편모 단계를 거친다는 것이 밝혀졌고, 파동편모충의 친척이라는 것도 확실해졌다. 파동편모충과 리슈만편모충은 조직과 혈액 속을 헤엄치며 생활하는 혈액편모충이라는 커다란 집단에 속하게 되었다. 원충학자들은 똑같은 방추형 편모충(지금은 이 형태/단계를 전편모충前鞭毛蟲, promastigote이라고 부른다)을 다른 곳에서도 목격했다. 바로 파리나 벌레의 소화기관 안에서였다. 배양액 안에서 일어난 사건들은 흡혈 곤충의 장내에서 일반적으로 일어나는 현상을 반영하고 있을 가능성이 높았다. 그러므로! 도노반 리슈만편모충은 편모충에 감염된 곤충에 물려 한 사람에게서 다른 사람으로 전파된다. 충분히 설득력 있는 가설이었다. 하지만 배양 실험만으로는 정확히 어떤 곤충(혹은 곤충들)이 매개체가 되는지 알 수 없었다. 그리고 샤크라바티 박사의 작고 무해한 날벌레가 유죄로 밝혀지기까지는 다시 30년간의 헛다리와 치열한 연구가 이어져야 했다.

사이멕스 렉튜라리우스*Cimex lectularius*라는 고상한 라틴어 학명으로 아무리 치장해 봐도 빈대는 정말 가까이하고 싶지 않은 생물이다. 깊은 밤이 되면 열대의 오두막 진흙 벽의 깨진 틈이나, 북아메리카 어느 셋방의 갈라진 틈과 스팀 파이프 같은 은거지에서 조용히 기어 나와 곤히 잠든 헌혈자에게서 피를 빨고 사라진다. 빈대와 함께하는 일은 전혀 즐겁지 않다. 불쌍한 아이의 피부에 물린 자리가 잔뜩 흉 져있는 것이 증거다. 빈대처럼 역겨운 흡혈 곤충이라면 병원성 미생물을 옮기는 게 논리적으로 당연한 일처럼 보였다. 그리고 신에게 맹세코 인도는 빈대로 넘쳐 난다. 따라서 빈대가 칼라아자르 매개체의 주요 용의자로 가장 먼저 떠올랐다.[23] 빈대를 주범으로 지목한 사람들은 곧 이 믿음의 열성적인 신봉자가 되었다. 이후 25년간 꾸준히 감질 나는, 하지만 결정적이지는 않은 실험 증거들을 발표하며 빈대라는 허깨비에 사람들을 단단히 붙들어 매어 놓았다.

빈대 매개체 이론의 일인자는 마드라스에서 연구를 진행하던 월터 패튼Walter Scott Patton이었다. 1907년에서 1912년 사이, 5년간 칼라아자르 환자의 피를 빈대에게 먹여 보았다. 피를 먹이고 며칠이 지난 후, 빈대를 해부하자 장 안에서 '배양액'형 편모충들이 보였다. 리슈만-도노반체가 빈대 뱃속에서 변신에 성공했음에도 불구하고 입이나 침샘에서는 편모충 단계

23 이후 오랫동안 빈대는 수많은 기생충·박테리아·바이러스의 매개체로 의심받고, 누명을 쓰고, 비난을 받았지만 매번 무죄로 밝혀졌다. 지금까지 우리에게 알려진 바로는 빈대에 물려서 전파되는 인체 감염성 질환은 없다. 이 역시 일찍이 도노반 리슈만편모충을 옮기는 매개체로 의심받았지만, 누군가 벵골 사람들은 청결에 신경을 많이 쓰는 편이라 이가 별로 없다는 점을 지적했다. 그러나 빈대는 씻고 자는 사람이나 안 씻고 자는 사람이나 가리지 않고 공평하게 피를 빨았다.

의 기생충을 찾을 수가 없었다(감염 단계에 이른 말라리아 기생충은 모기의 침샘에 자리 잡는다). 흡혈 과정에서 전파되려면 침샘이 기생충의 저장고 역할을 해야 했다.[24] 그러자 패튼을 비롯한 여러 사람들이 주장하기를, 만약 벌레가 안에다 침을 뱉는 게 아니라면, 위에다 똥을 싸는 또 다른 전파 경로가 있다는 것이었다. 편모충 단계의 기생충이 대변과 함께 밖으로 빠져 나온 다음, 벌레가 만들어 놓은 구멍이나 생채기를 통해 체내로 들어간다는 주장이었다.[25]

그 와중에 빈대는 연구자들에게 골칫덩어리였다. 편모충은 며칠이 지나면 빈대 뱃속에서 사라졌고, 그나마 남아 있는 몇 마리 기생충들은 죽어 있거나 죽어 가는 중이었다. 대변에서도 시험관 배양을 통해 '살아 돌아올 만한' 상태의 기생충을 찾을 수 없었다. 한 사람의 경력을 걸어 볼 만한 매개체 후보는 아니었다. 그리고 1922년, 빈대는 헬렌 에이디Helen Adie 여사

24 곤충의 타액, 즉 '벌레 침'은 흡혈 곤충에게 필수다. 타액(가려움을 일으키며 면역계의 과민 반응을 일으키는 원인이다)에는, 혈액이 응고해 작은 주둥이의 '피하 주사기'를 틀어막는 것을 방지하는 강력한 항응고제가 들어 있다.

25 유추해 보면 근거 없는 주장은 아니었다. 열대 아메리카에서 샤가스 병을 일으키는 크루즈 파동편모충(*Trypanosoma cruzi*)이 그렇다. 샤가스 병은 불치병으로 수십만 명을 감염시키고 있으며 심장마비나 기타 심혈관 기형으로 사망할 위험을 높인다. 샤가스 병은 흡혈노린재(triatomid)라는 흡혈 곤충에 의해 전파된다. 흡혈노린재가 잠자는 사람에게 날카로운 주둥이를 찔러 넣는 방식은 너무도 예술적이라 흔히 '키스 벌레' 혹은 '암살자 벌레'라고 불리곤 한다. 감염성이 있는 크루즈 파동편모충은 흡혈노린재의 대변에 섞여 있다. 흡혈노린재가 식사할 때는 한쪽으로는 피를 빨고 동시에 반대 쪽 끝으로는 피부 위에 대변을 본다. 잠자던 피해자는 자기도 모르게 물린 자리를 긁게 되고, 대변에 섞인 기생충이 상처를 통해 밀려들어 가면서 전파가 이루어진다.

에 의해 극적으로 구명되었다. 에이디는 캘커타에서 칼라아자르 연구를 진행하던 원충학자였는데, 빈대 침샘에서 리슈만편모충을 실제로 발견했다고 주장했다.[26] 이 결과는 빈대가 바로 그 매개체라는 결정적인 증거였다. 때는 여름이라 정부 관계자나 보건 연구자 들 가운데 여유 있는 사람들은 몽땅 언덕배기 연구소에 피서를 나가 있었다. 에이디는 심라Simla에 위치한 정부 기관에 전보를 보내 감격적인 소식을 전했다. 그리고 몇 주 후, 『인도의학연구저널』*Indian Journal of Medical Research*에 전보 내용이 글자 그대로 게재되었다. 에이디의 발견은 패튼의 주장을 크게 뒷받침해 주었다. 같은 해, 패튼은 인도과학회의ISC에서 빈대 매개체 가설이 거의 완성 단계에 이르렀다고 발표했다.

이럭저럭 하는 동안 에이디의 감염 빈대 침샘 표본은 다른 전문가들에게 넘어갔고, 이들이 정반대의 결론을 내리면서 빈대 매개체 이론은 급격히 위축되었다. 침샘에 있던 생물은 리슈만편모충이 아니라 전혀 다른 원충 기생충인 미립포자충*Nosema*이었는데, 겉보기에는 리슈만편모충과 형태가 비슷했던 것이다. 미립포자충은 곤충에서 흔히 발견되는 기생충이며, 파스퇴르가 병든 누에 벌레에서 발견해 세균설을 확립하는 데 도움을

26 아무리 노력해 봐도 에이디 여사 본인은 찾을 수가 없었다. 그녀는 양차 대전 사이에(지금도 그렇지만) 큰 족적을 남겼던 여러 여성 과학자들과 마찬가지로 의료 원충학자였다. 하지만 에이디 여사는 (내가 알기로는) 당시 열대에서 열대 의학을 연구했던 유일한 여성 과학자였다. 그녀는 분명 훌륭한 인성의 소유자일 것으로 믿고 있으며, 그녀를 한 번 만나 봤으면 하는 바람이 있다.

준 원충이기도 했다. 오랜 시간이 흘렀음에도 나는 에이디 여사를 생각하면 안쓰럽다. 자신이 이룩한 엄청난 발견과 돌파구가 사실은 실험의 기술적 오류 때문이라는 것이 밝혀졌을 때 느끼는 고통과 당혹감을 과학자라면 누구나 이해할 수 있지 않을까. 하지만 에이디가 자신의 길을 꿋꿋이 걸어갔다는 것은 다행스러운 일이다. 이 일이 있은 지 2년 후, 우리는 에이디가 비둘기에서 말라리아와 비슷한 기생충을 발견해 발표한 논문을 찾을 수 있었다. 소수 관련 학자 집단 사이에서나 흥분과 논란을 불러일으킬 만한 주제이기는 하지만 말이다.

빈대 매개체 가설의 체면이 곤두박질치면서 다른 연구자들은 새로운 후보들을 물색하기 시작했다. 카사울리에 위치한 중앙연구소의 의료용 곤충과 소속 연구자인 존 신턴John Sinton 소령은 여기에 대단한 열정을 투자했다. 북아일랜드에서 온 신턴은 말라리아 학계에서도 대단한 인물이었을 뿐만 아니라, 영국인으로서 가질 수 있는 가장 큰 두 영예를 동시에 누리고 있는 유일한 인물로도 유명했다. 신턴은 훌륭한 군 복무 태도로 빅토리아 십자 훈장을 수여받았으며, 과학적 업적으로 영국 학술원 회원이 되었다.[27] 당시 의사가 곤충을 연구하는 일은 격이 떨어지는 행동도 아니었고,

27 열대를 비롯해 이곳저곳에서 조심성 없는 생활을 하고 있던 시절, 나는 엄청나게 무서운 일들을 몇 번 겪었다. 내가 같은 물에 몸을 담그고 있다는 게 마음에 들지 않았던 하마와 마주친 일이나, 공포스러울 정도로 거친 아프리카 도로들 말이다. 하지만 그중 가장 무시무시한 경험은 내가 아주 어린 대학원생이었을 때 여단장 존 A. 신턴, V. C., F. R .S[빅토리아 십자 훈장, 영국 학술원 회원의 약자]의 브리지 상대가 되었던 경험이었다. '여단장'은 굉장히 자상한 사람이었으며, 빅토리아 십자 훈장을 안겨 준 그 타고난 당당함으로 판돈을 걸곤 했다. 내 기억으로는 대부

당대를 풍미하던 의료용 곤충학자들은 대부분 동물학과 의학 지식을 훌륭히 융합한 의사들이었다. 칼라아자르의 매개체 문제를 풀기 위해 신턴은 훌륭한 군인이라면 당연히 해야 할 일을 했다. 바로 지도를 들여다본 것이다. 칼라아자르 지도는 기생충이 마드라스에서 아삼에 이르는 인도 동부 지역에만 국한되어 있음을 보여 주었다. 그리고 흡혈 곤충들의 분포도를 칼라아자르 분포와 겹쳐 보았을 때 정확히 한 종류가 눈에 들어왔다. 은빛 플레보토무스 모래파리였다. 1924년과 1925년에 걸쳐 신턴은 모래파리가 칼라아자르 기생충, 도노반 리슈만편모충을 옮기는 매개체라는 이론을 확장시켜 논문들을 발표했다. 모래파리 추격 역시 본격적인 궤도에 올랐다. 그래도 퍼즐의 마지막 조각을 채울 결정적인 증거가 발견되기까지는 다시 20년이라는 세월이 흘러야 했다. 하지만 적어도 방향은 옳았다.

캘커타열대의학학교에서는 모래파리가 범인임을 지목하는 또 다른 역학적 증거(14구역)를 찾아냈다. 캘커타 14구역은 영국 식민 지배가 남긴 또 다른 유산인 영국-인도 혼혈인들이 주로 거주하고 있었다. 메르 오베른 Merle Oberon이나 아바 가드너Ava Gardener가 출연한 영화 〈보와니 분기점〉Bhowani Junction[28]과는 달리, 혼혈인들은 영국 문화도 아니고 인도 문화도 아닌

분 으뜸 패도 없었다. 그리고 타고난 브리지의 달인, 신턴을 마주한 상대방은 하늘에 운을 빌어 보는 게 고작이었다.

28 [역주] 메르 오베른은 1930년대 활동한 유명 여배우로 아카데미 여우주연상 후보에도 올랐다. 평생 혼혈임을 숨겨 왔으나, 사후 영국-인도 혼혈임이 밝혀졌다. 〈보와니 분기점〉은 1956년 영화로, 미모의 영국-인도 혼혈인 빅토리아를 둘러싼 영국 장교들의 사랑싸움을 그리면서 인도 독립 투쟁을 녹여 낸 작품이다.

모호한 문화권을 형성한 채 별로 낭만적이지 않은 삶을 영위하고 있었다. 혼혈이라는 낙인을 보상해 주기 위해 부모 영국인들은 혼혈 자식에게 인도 철도 시설을 사실상 그대로 물려주었고, 이들은 효율적으로 관리해 냈다. 영국-인도 혼혈들은 묘하게 비틀린 문화적 융합을 이뤄 냈고, '모국' 영국에서 전형적인 주거 형태라고 생각되는 집들(무성한 잎과 숲에 깊숙이 가려져 침침해 보이는 거대한 나무 저택)을 지었다. 그런데 1925년, 14구역 영국-인도 혼혈 거주민들이 칼라아자르로 죽기 시작했다. 반면에 캘커타 북부 구역에 거주하던 힌두인 친척들은 거의 질병에 걸리지 않았다. 로버트 놀스Robert Knowles가 이끄는 캘커타열대의학학교 연구진은 구역에 따라 질병 유행이 다른 이유를 찾기 시작했다. 놀스는 '대물림되어 온 가구들로 가득 찬' 영국-인도 혼혈인들의 어두침침한 방들이 주변을 뒤덮은 나무들 때문에 굉장히 습하고, 플레보토무스 모래파리가 생활하기에 이상적인 환경이 되었다는 점을 알아냈다. 혼혈인들의 집에는 대량의 모래파리가 서식하고 있었지만 다른 대부분의 인도인들이 거주하는 탁 트인 판잣집에서는 모래파리를 찾기가 비교적 힘들었다. 가난한 인도인 거주 구역에는 이·벼룩·빈대가 들끓었지만 모래파리는 없었다. 이 결과를 토대로 캘커타 학교 연구진들은 방대한 전파 경로 실험을 진행한다.

우리[기생충학자]는 모래파리를 좋아하지 않는다. 일단 모래파리는 실험실에서 번식·유지시키기에 성격이 너무 까다롭다. 모래파리 종을 구분하려면 생식기를 해부해 내야 하는 전문적인 손이 필요하다. 그리고 모래파리는 굉장히 작은 곤충이라 생식기도 굉장히 작다. 1925년, 지금보다 상황은 더 열악했음에도 불구하고 캘커타 연구진들은 왕성한 모래파리 군체를 키워 내는 데 성공했다. 놀스는 실험실에서 길러져 '깨끗한' 모래파리들에게 칼라아자르 환자의 피를 먹였다. 그리고 매일매일 모래파리들을 해부하기 시작했다. 현미경 아래 유리 슬라이드에서 모래파리들이 정성스럽게 해부되었고, 편모형 도노반 리슈만편모충이 있는지를 조심스럽게 관찰했다. 환자의 피를 마신 지 3~4일 후, 모래파리의 소화기에서 편모형 기생충이 나타나자 연구진은 흥분하기 시작했다. 12일 후, 편모형 기생충들은 증식하기 시작했고 이제 모래파리의 '목구멍'까지 이동했다. 놀라운 발전이었지만 여전히 전파의 확실한 증거는 되지 못했다. A에서 B로의 경로를 밝혀내는 결정적인 실험은 아직이었다. 즉 감염된 모래파리가 인간 '기니피그'를 물고, 물린 사람이 칼라아자르로 앓아눕는 실험 말이다.

오래도 끌어온 전파 경로 연구는 이제 인도칼라아자르위원회가 임명한 군 소속 과학자들이 맡게 되었다. 아삼에 둥지를 튼 원조 삼인방은 리처드 크리스토퍼Richard Christopher 대령(나중에 리처드 경이 된다), 헨리 에드워드 쇼트Henry Edward Shortt 소령(나중에 쇼트 교수가 된다), 그리고 '나중' 이야기가 별로 전해지지 않는 필립 바라우드Philip James Barraud였다. 놀스는 연구 결과를 위원회에 전달했고, 크리스토퍼와 연구진들은 캘커타 연구진들의 결과를 재빨리 확인해 주었다. 낙천적인 어림짐작으로 위원회는 1926년, 첫 번째 보고서에서 이렇게 예측했다. "칼라아자르의 전파에서 모래파리의 역할을 확인하기 위해서는 칼라아자르를 실험적으로 감염시켜 보는 정도면 충분하다." 당시에는 A에서 B로의 전파 실험이 성공하려면 또다시 14년을 기다려야 한다는 사실을 전혀 몰랐다.

삼인방 중 유일하게 관련 분야에 남게 된 헨리 에드워드 쇼트는 좌절로

점철된 그 오랜 세월 동안 불평불만 한마디 남기지 않았다. 쇼트는 그저 사냥감을 쫓고 또 쫓는 사람이었다. 쇼트는 사냥을 정말 좋아했다. 인도 의료단 소속일 때는 호랑이도 사냥했다. 명망 높은 런던 대학 산하 런던위생열대의학대학원 교수로 재직하면서는 티타임이 되면 대학원생들에게, 어떻게 몰래 다가가 손가락 두 개만으로 집파리를 낚아채 죽일 수 있는지를 가르치곤 했다. 대학원에서 쇼트는 말라리아 생활사의 잃어버린 고리였던 '간 단계'를 밝혀낸다.[29] 퇴임 후 아프리카에 명예 객원 교수로 있을 때는 유리 시험관으로 만든 대롱과 점토로 만든 총알로 도마뱀 말라리아 연구를 위한 아가마 도마뱀들을 사냥하곤 했다. 덩치도 크지 않은 데다 순한 인상에 외알 안경 너머로 사냥감을 노려보는 겉모습 안에는 어떤 지바로Jivaro[30]보다도 명사수인 속내가 감쪽같이 숨겨져 있었다. 그리고 1백 세가 되던 해, 송어 한 마리를 마지막으로 잡고는 숨을 거두었다. 뒤에 남겨진 미망인은 애완견 하비와 함께 1년 후 103세가 되던 해, 쇼트를 따라 떠났다(아주 오래전 이야기지만 놀스는 쇼트 부부가 결혼할 때 신랑 측 들러리였다). 어쨌든 쇼트는 감염된 모래파리를 얻는 건 별로 어려운 문제가 아니라는 점을 알고 있었다. 하지만 쇼트와 다른 연구진들이 여러 해에 걸쳐 얼마나 많이, 열심히 시도를 하건, 감염된 모래파리에서 인간 자원자들로 기생충

29 [역주] 말라리아는 혈액에서 간으로, 다시 적혈구로 이동하며 성장한다. 쇼트는 말라리아 기생충이 간세포에 잠복할 수 있음을 밝혀냈다.

30 [역주] 에콰도르, 페루 안데스 산맥 동쪽 기슭에 사는 원주민이다. 사람의 머리를 작게 오그라들게 해서 미라를 만드는 기술로 유명하다.

을 옮길 수는 없었다. 어떤 실험 기술, 혹은 비결이 부족한 것이 분명했다. 훗날 마침내 밝혀진 비결은 어처구니없을 정도로 간단했다. 이 일화는 과학자들이 그럴 듯하지만 잘못된 가정에 못 박혀 얼마나 오랫동안 갇혀 있을 수 있는지를 보여 주는 예가 되었다.

잘못된 가정은 모래파리의 입맛이 작은 모기와 비슷할 것이라는 추측이었다. '숫모기와 숫모래파리는 온순한 채식주의자들이라 과즙과 식물성 먹이로 살아가며, 식사에 피라고는 한 방울도 들어가지 않는다, 피를 드시는 분들은 바로 숙녀 분들이다.'라고 생각했다. 이는 모기의 경우에는 분명히 옳은 가정이었지만, 나중에 밝혀진 바로는 모래파리는 그렇지 않았다. 1939년, 의사 겸 곤충학자였던 로버트 스미스Robert O. A. Smith는 비하르 지역에 모래파리 연구를 위한 실험실을 설립했다. 여기서 이루어진 연구가 전파 경로의 수수께끼를 풀어내는 데 결정적인 역할을 한다. 첫째, 스미스는 암모래파리가 첫 번째로 혈액을 흡혈한 직후 과즙도 먹는다는 것을 밝혔다(스미스는 건포도를 주었다).[31] 다음으로 보통 실험실에서 하는 것처

31 아내는 나와 함께 런던위생열대의학대학원에서 보낸 안식년 중 가장 기억에 남는 장면을 아침 커피 타임, '열한 시'(Elevenses)라고 했다. 아내는 종종 학교 연구진들과 함께 시간을 보내곤 했다. 지금도 아내는 곤충학자들이 모기 우리를 들고 휴게실에 들어와 팔이며 다리에 묶어 두었던 장면을 선명히 떠올린다. 이 곤충학자들이 태연하게 '열한 시' 커피를 즐기는 바로 옆에서 암컷 모기 동반자들은 이들의 피를 빨고 있었다.

[역주] 열한 시 커피 타임에 대한 기억은 희미해졌지만 아직도 대학원 모기 연구자들은 자기 피로 모기 밥을 주곤 한다. 그리고 제2차 세계대전 당시 지어진 대학원 지하 방공호에는 모기 우리가 수백 개씩 들어차 있다. 가끔 교수들이 불운한 대학원생들에게 모기를 구경시켜 준다며 방공호에 데려가 모기 밥으로 만들기도 한다.

럼 모래파리에게 '깨끗한' 피만 계속 먹일 경우(일반적으로 말라리아 전파 연구에서 모기에게 하듯이), 밝혀지지 않은 모종의 이유 때문에 두 번째 흡혈한 피가 편모형 리슈만편모충의 증식을 멈추게 한다는 사실을 알아냈다. 깨끗한 피만 먹은 모래파리 안에서 리슈만편모충은 활기를 잃거나 완전히 사라져 버렸다.

스미스의 관찰 결과에서 더욱 놀라운 점은 흡혈 후 건포도를 먹으면 리슈만편모충이 폭발적으로 증식해 모래파리의 목구멍을 막을 정도로 숫자가 불어난다는 것이었다. 목구멍을 '꽉 막은' 바로 이 모래파리들이 잠재적인 전파 위험을 가진 개체들이었다. 이 모래파리가 다시 흡혈을 하려 할 경우, 목구멍을 틀어막은 기생충 때문에 피를 제대로 빨 수가 없다. 이 모래파리가 먹이를 먹기 위해 거칠게 피를 빠는 과정에서 마개를 형성하고 있던 기생충의 일부가 떨어져 나온다. 이렇게 떨어져 나온 일부 기생충이 '꽉 막힌' 모래파리가 사람을 물 때 감염 요인이 되었다. 쇼트를 비롯한 모든 연구자들은 말라리아 실험에서 사용하던 전통적인 흡혈 방식만 써왔다. 하지만 이 방법은 모래파리 안에 있는 리슈만편모충의 경우, 비감염성 기생충만 만들어 냈던 것이다.

1940년, 인도인 의사 겸 과학자인 스와미나스C. S. Swaminath와 쇼트는 A에서 B로 전파시키는 실험에 성공했다.[32] 스와미나스는 아삼 구릉지에서

---

32 1920년대 이후로는 이제 영국 과학자들의 '원맨쇼'가 아니었다. 유능하고 권위 있는 인도 의사들이 칼라아자르 연구에 참여하기 시작했고, 논문에서도 우선순위를 차지하곤 했다. 쇼트는 동료 인도인 연구자들을 높이 평가했다. 다만 중요한 연구가 한창인 가운데 난데없이 무기한으로

여섯 명의 인도인 자원자를 구해 왔고, '건포도 먹은' 모래파리가 이 자원자들의 피를 빨도록 했다. 자원자 중 세 명이 칼라아자르에 감염되었다. 마침내 플레보토무스 모래파리가 칼라아자르의 매개체임이 증명되는 순간이었다. 이 순간이 오기까지 38년이 걸렸다! 이제 새로운 발견에 언제나 이어지기 마련인 비판들만 해결하면 됐다.

동료 평가를 거치는 데다 가능한 한 감정을 배제하는 최근 과학 논문에서는 불가능한 일이지만 당시에는 익명 공격이 흔했는데, 이에 관한 우스운 이야기가 하나 있다. 1944년, 존 말론John Malone 박사는 『인도의학잡지』 *Indian Medical Gazette*에, 모래파리가 칼라아자르의 매개체임을 밝힌 쇼트와 스와미나스의 연구가 미심쩍다는 내용의 편지를 실었다. 몇 주 후, 잡지에 쇼트가 '쇼트스러운' 답장을 보냈다. 쇼트는 말론 박사가 조지 버나드 쇼의 숭배자임을 꿰뚫어 보았다. "그러므로 열정적인 쇼 숭배자나 사회주의자의 의견 따위는 받아들일 수 없다. 끝." 시간이 꽤 흐른 뒤, 쇼트는 유명하지만 일류 과학자는 아닌 '비숍'[2인자라는 뜻]이라는 별명으로 불리게 된다. 다른 사람들의 결과를 재확인하는 연구를 주로 했기 때문이다(쇼트가 가장 최근에 발견한 말라리아 기생충의 간 단계 연구도 포함해서). 놀스는 캘커타 대학 강연 노트에서, 오랫동안 끌어온 연구의 피로감을 추도문 형식으로 요약했다.

성지 순례를 떠나 버리는 행동에는 불평불만을 늘어놓곤 했다.

사람과 사람 사이에 칼라아자르가 어떻게 전파되는지를 밝히는 연구는 열대 의학사에서 가장 흥미진진한 동시에 가장 씁쓸한 이야기라 할 수 있다. 20년간의 헛된 노력이 역사 속으로 사라졌고, 희망의 기치를 높이 걸고 시작했던 연구자들은 경솔한 시작과 잘못된 결론, 혼란스러운 논쟁과 헛되이 흘려버린 잉크, 헛된 노력, 해답을 찾기 위한 공동의 노력이 부재한 가운데 절망으로 끝을 맺었다.

5
돌아온 칼라아자르

이제 칼라아자르가, 감염된 모래파리에 물려서 전파된다는 것을 알았다. 하지만 원인을 안다 해도 모래파리에 물리는 것을 예방할 수 없었고, 칼라아자르는 계속 유행했다. 1918년에서 1923년 사이, 아삼과 브라마푸트라 강 근방에서 20만 명이 칼라아자르로 사망했다. 1944년, 유행병이 다시 한 번 이곳을 덮쳤다. 커다랗게 부푼 비장, 비쩍 마른 몸, 잿빛으로 질려 죽어 가는 사람들이 병원과 클리닉을 찾아왔다. 하지만 1913년 이후 희망은 있었다. 비록 불완전하기는 하지만 치료제가 개발되었기 때문이다. 고대 여성들이 눈가에 바르던 허영심에서 추출한, 느리고 독성이 높은 데다 별로 '마법의 총알' 같지는 않은 약물이었다.

초기 왕국의 이집트 여성들, 그리고 수백, 수천 년 전의 자매들은 군청색 광물을 으깨 만든 분을 발라 아름다움을 과시했다. 이 고대 화장품의 원료는 중금속인 안티몬의 산화물과 황화물이었다. 이 화장품을 사용하던 고대 여성들 중 일부는 분을 바른 자리에 난 종기가 낫는 경험을 했을지도 모른다. 이 여성이 그리 '조신한' 여성이 아니라서 매독성 병변이 있었다면, 안티몬 산화물이 매독성 피부 질환에 효과가 있었을 가능성이 있다.[33] 중금속 약물학은 고대부터 중세까지 만병통치약으로 호평을 얻었다. 지금 우리가 비타민을 먹듯이 안티몬으로 만든 세련된 술잔에 와인을 담아 치료제로 먹기도 했다. 안티몬이 치료제로서 인기를 잃기 시작한 것은 1400년대의 일이었다. 하지만 루이 14세가 앓고 있던 모종의 질병을 한 돌팔이가 안티몬 화합물로 치료한 후 반짝 인기를 타기도 했다. 그리고 20세기가 열리던 해, 천재 파울 에를리히가 이끄는 독일 약학자들이 비소 화합물과 안티몬 화합물을 합성하기 시작했다. 이 화합물들은 매독과 아프리카 수면병을 치료하는 데 상당한 효과가 있었다. 그 결과 중금속 치료제의 가능성에 대한 관심이 다시 돌아왔다.

1903년, 레너드 로저스 경은 칼라아자르 환자에게 산화안티몬을 주입해 보았다. 독극물 치료법을 시행한 지 두 달이 지나서야 겨우 몇 명이 완치되었다. 1915년, 새로운 안티몬 화합물, 안티몬 타르타르산염(토주석, 타르타르산 안티모닐 칼륨)이 개발되었다. 안티몬 타르타르산염은 고약한 약이었다. 한 의사는 이렇게 말했다. "절대 유쾌한 약이 아니다. 기침, 흉통, 주사 후 급격한 우울감 등의 부작용으로, 환자가 도중에 약물 투여를 거부하는 경우가 많았다. 이 약물은 심장에 무리를 주는 독극물이 분명하고, 환자 한 명은 약물 투여 후 한 시간 만에 심부전으로 사망했다. 그리고 다른 환자들의 경우에도 약물이 심부전으로 가는 지름길로 유도하고 있음이 분명했다." 게다가 칼라아자르 치료에 별다른 효과도 없었다. 쇼트는 그만의

---

33 사실 이 여성이 감염되었던 질병은 매독이 아닌 다른 감염성 질환이었을 것이다. 의사학자(醫史學者)들은 대체로 매독이 아메리카 대륙에서 유래했다고 보고 있다. 따라서 고대 이집트 왕국 시절에 매독은 여전히 아메리카 대륙에 고립되어 있었다.

신랄한 어투로, 그래도 아무 치료도 하지 않는 것보다는 낫지 않겠느냐고 말했지만, 치료받은 환자의 90퍼센트는 사망했다.

당시까지 치료제로 개발된 안티몬 치료제들은 모두 3가trivalent 화합물이었다. 앞서 언급했듯이 3가 안티몬들은 모두 독극물이다. 화합물은 기생충들을 죽였지만, 때로는 환자를 죽였다. 게다가 이 화합물들은 체외로 잘 배출되지 않아 쉽게 축적되었고 독성도 오래 지속되었다. 하지만 전자 몇 개가 얼마나 큰 변화를 줄 수 있는가를 보면 놀라울 뿐이다. 1920년대, 다른 성질을 가지고 있는 새로운 5가 안티몬 화합물이 합성되어 칼라아자르 치료제로 도입되었다. 그리고 1935년, 마침내 5가 안티몬 화합물을 기반으로 한 펜토스탐Pentostam이 생산되었다. 결점도 많았지만 당시에는 가장 효과가 좋은 약품이었다. 아니, 지금도 그렇다. 개발된 지 50년이 넘는 세월이 흘렀지만 펜토스탐은 여전히 칼라아자르 화학요법의 중요한 축을 담당하고 있다. 이 약이 바로 수쉴라가 아이를 위해 찾아 헤매던 그 약이었다.

물론 감염자를 치료할 수 있는 약품이 개발된 것은 훌륭한 일이었지만, 애초에 감염을 차단할 수 있는 방법이 있다면 더욱 훌륭하지 않을까. 펜토스탐은 환자를 치료할 수는 있었지만 모래파리의 흡혈이나 번식에는 아무 영향을 미치지 않았다. 1935년에는 강력하고 오래 지속되며 값싼 살충제가 없었다. [살충제인] "얼른, 산제이, 플릿Flit"[34]은 접촉 즉시 살충 효과를 발

34 [역주] 1923년 출시된 살충제. "얼른, 헨리, 플릿을 줘!"(Quick, Henry, the Flit!)라는 광고 문구는 아동용 책으로 만들어질 만큼 선풍적인 인기를 끌었다. 여기서는 인도에서 가장 흔한 이름인 '산제이'로 바꿔 사용했다.

휘했지만, 한 시간 후면 효과가 사라졌다. 결정적으로 가난한 열대 지역에 사는 주민들이 당시 플릿 같은 살충제를 사기란 불가능했다.

스위스 특허청의 가장 중요한 두 가지 업적을 고르자면, 바로 앨버트 아인슈타인과 특허 번호 #226,180이다. 아인슈타인은 우리의 지성을 한 단계 높였고, 우주를 바라보는 시야를 완전히 바꿔 놓았다. 하지만 수백만 명의 생명을 구한 것은 바로 특허 번호 #226,180이었다. #226,180은 바로 디디티다. 1940년, 스위스인 파울 뮐러Paul Muller는 첫 번째 염소화 탄화수소 살충제, 지금 우리에게 디디티라는 이름으로 더 잘 알려진 물질을 특허청에 등록했다. 이 같은 살충제는 과거에도 없었고, 현재에도 없다. 이 화합물은 벽에 뿌려 두면 6개월까지 남아 있다가, 벽에 앉거나 쉬어 가는 곤충들을 죽일 수 있었다.[35] 인간에게 독성은 없는 것이나 다름없었다. 그리고 무엇보다 생산가격이 무척 낮았다. 역사상 최초로, 의학은 곤충 매개성 질환을 관리하는 데 그치지 않고 완전히 박멸시킬 수 있는 무기를 얻게 되었다는 희망과 미래에 벅차올랐다.

1940년, 말라리아는 인류의 질병 및 사망 원인의 선두를 달리고 있었다. 이는 단지 푹푹 찌는 열대 지역의 이야기만이 아니었다. 말라리아는 유럽 내 북부 네덜란드에서까지 중대한 보건 문제였다. 1940년, 말라리아는 여러모로 아메리카의 질병이었다. 1945년, 보건 분야에서 최초로 말라

---

35 디디티는 다른 살충제와 달리 '즉효'가 아니다. 곤충의 키틴질 '피부'를 통해 흡수된 디디티는 서서히 신경계에 영향을 미친다. 곤충이 '디디티 경련'으로 죽기까지 몇 시간 혹은 그 이상이 걸리는 경우도 있다.

리아 방제를 위해 디디티를 광범위하게 살포하는 실험이 이루어진 곳이 테네시 강 유역임에 주목할 만하다. 이 시험이 성공함에 따라 몇 년 후, 제네바에 본부를 둔 세계보건기구WHO는 "세계 말라리아 퇴치를 위한 계획"을 발표했다. 디디티가 약속한 미래가 너무도 근사해 1948년 노벨상 위원회는 인류의 기대와 감사를 담아 파울 뮐러에게 노벨상을 수여했다.[36]

세계 말라리아 퇴치 프로그램과 그것의 실패에 대해서는 다음 장에서 더 자세히 이야기하겠다. 이번 장에서는 프로그램의 개요만 간단히 살펴보자. 프로그램의 요점은 바로 1년에 두 번, 최소한 5년간 모든 인간 및 동물 거주지에 디디티를 살포한다는 계획이다. 이 방법이면 5년 후, 모기의 개체 수가 극적으로 낮아져 말라리아가 전파될 수 없을 정도로 줄어든다는 계산이었다. 1952년, 인도는 이 계획을 받아들여 국립 말라리아 박멸 프로그램을 시작했다. 인도는 이 프로그램에 국가 보건 재원과 굳은 의지, 굳은 신념을 전폭 지원했다. 그리고 인도의 좋은 친구 '엉클 샘'[미국]이 자금 및 디디티 지원을 맡았다. 당시 미국 내 연간 디디티 생산량은 20만 톤에 달했다. 사용량이 정점에 이르렀을 때는 미국 내에서만 연간 40만 톤이

---

36 파울 뮐러가 '상'을 받았을지는 몰라도, 실제로 디디티(dichlorodiphenyl trichloroethylene)를 개발한 사람은 뮐러가 아니었다. 1874년, 빈의 약학자인 오스마 지들러(Othmar Ziedler)가 처음으로 디디티를 합성했다는 사실은 잘 알려져 있지 않다. 제2차 세계대전 당시, 뮐러는 가이기(Geigy)라는 스위스 화학·제약회사에 고용되어 있었다. 중립국의 입장에서, 옷에 좀이 생기는 것을 막기 위해 화합물을 찾고 있었다. 뮐러는 지들러가 합성한 물질을 되살려 냈고, 이 화합물이 바로 그가 원하던 효능을 가지고 있다는 사실을 확인했다. 이후 뮐러는 디디티의 효능을 미 육군에 알려 주었다.

생산되었다. 그리고 모두의 좋은 친구, 유엔 산하 세계보건기구가 조언 및 전문가 지원을 맡았다.

하지만 살충제 분무 프로그램을 시행하면서 따라온 뜻하지 않은 보너스는 바로 칼라아자르에 미친 영향이었다. 모래파리의 습성을 살펴보면 디디티가 모기보다 모래파리 방제에 더 효과적임을 알 수 있다. 모래파리는 주로 집 안에 서식한다. 인도에서는 집 안에서 소가 사람들과 함께 생활하는데, 소는 모래파리의 생명 유지 장치이기도 하다. 성스러운 소는 일상적으로 똥을 싼다. 기억할지 모르겠지만 수쉴라의 소 외양간은 집에 바로 붙어 있었다. 외양간은 습하고 어두운 데다 대변이 양탄자처럼 예쁘게 깔려 있다. 이런 환경이 바로 모래파리가 서식하기에 이상적인 환경이다. 암컷은 대변으로 덮인 바닥에 산란한다. 며칠 후 알을 깨고 나온 애벌레는 바닥에 있는 대변과 유기물들을 먹으며 자라난다. 배가 든든해진 애벌레는 고치를 짜 번데기가 되고, 일주일 후에는 다음 세대의 성충 모래파리가 나타난다. 모래파리는 비행의 명수가 아니다. 아니, 애초에 명수일 필요가 있을까? 삶에 필요한 모든 것인 먹을 것과 섹스가, 태어난 그 자리에 모두 갖추어져 있다. 여기에는 엄청난 숫자의 모래파리가 있고 아무나 골라 간단한 혼례식을 올리면 그만이다. 게다가 소나 수쉴라네 가족은 안정적인 혈액 공급원의 역할에 충실하다. 모래파리는 주지육림의 목가적인 삶을 산다. 이곳은 비옥했고 모래파리는 번성했다. 그리고 모래파리는 주로 집 벽에 앉아 쉬는데, 주로 바닥에서 2미터 높이도 되지 않는 곳에 앉는다.

이런 습성들은 디디티의 희생양으로 삼기에 이상적인 조건들이었다. 말라리아 매개 모기인 얼룩날개모기를 잡으러 분무기가 집 안에 들어오면

모래파리도 디디티에 노출될 수밖에 없었다. 디디티는 모래파리에 훨씬 효과가 좋았는데, 모래파리는 모기보다 벽에 오래, 그리고 더 자주 앉아 쉬었을 뿐만 아니라 분무기가 닿을 수 있는 위치에 앉았기 때문이다. 게다가 모래파리는 모기를 잡기에는 한참 낮은 농도에서도 죽을 정도로 디디티에 굉장히 민감했다(지금도 민감하다). 어떤 지역에서는 한 번 분무한 것만으로도 1년 동안 모래파리 억제에 효과가 있었다. 말라리아 프로그램은 모래파리들을 초토화시켰다. 이와 함께 칼라아자르의 전파도 중단되었다. 1950년대 중반에 이르러서는 새로 칼라아자르에 감염되는 환자가 거의 사라졌고, 1965년에는 잊힌 질병이 되었다. 그리고 1970년, 칼라아자르가 돌아왔다. 1940년대가 재현되는 것 같았다.

1960년대 초반, 말라리아는 국가 캠페인만으로는 박멸할 수 없다는 사실이 자명해졌다. 1970년과 1971년, 인도 정부는 말라리아 박멸 프로그램을 중단하기로 결정했다. 이 결정의 배경에는 값싸고 효과 좋은 새 말라리아 치료제, 클로로퀸chloroquine이 도입되었다는 점도 있다. 모기 방제에는 점점 많은 돈이 들어갔고 효과도 짜증날 만큼 낮아지고 있었다. 그냥 약을 나눠 주는 방법이 돈도 훨씬 덜 들었다. 클로로퀸으로 말라리아를 박멸할 수는 없었지만 환자들이 지나치게 아프거나 죽는 것은 충분히 막을 수 있었다.[37] 디디티가 사라지자 모래파리의 개체 수는 다시 한 번 폭증하기 시

---

37 14장에서 다시 언급하겠지만, 클로로퀸 역시 궁극적인 해결책은 아니었다. 1960년대 후반에서 1970년대 초반, 치명적인 말라리아 종인 열대열 말라리아(*Plasmodium falciparum*) 변종들이 클로로퀸에 확연한 저항성을 보이기 시작했기 때문이다. 게다가 클로로퀸을 대체할 만큼

작했으며 곧 과거의 수를 회복했다. 정확한 시점을 아는 사람은 아무도 없지만, 1969년에서 1970년 사이에 피할 수 없는 일이 다가왔다. 바이샬리 Vaishali 마을에서 사람들이 칼라아자르로 죽기 시작한 것이다.

바이샬리는 비하르 지역에 자리 잡은 수수하고 전형적인 농촌 마을이다. 마을은 쾌적하고 고요했으며 평온과 평화가 감싸고 있었다. 짙은 녹음의 망고 나무들은 그늘을 제공해 주었다. 마을에는 이끼로 가득 찬 물이 고여 있는 커다란 정사각형 인공 연못인 '탱크'도 있었다. 정부에서 지은 휴게소는 이 탱크 바로 옆에 있었다. 이곳은 과거 순회 근무를 하던 식민지 관리가 잠깐의 휴식을 위해 피난을 오기도 했고, 그때만큼은 아니지만 요즘에는 인도 행정자치부 공무원이 가끔 찾아오기도 했다. 휴게소 옆에는 커다란 보리수나무가 한 그루 있었고, 늦은 가을이면 봄에 심어 둔 쑥부쟁이·금잔화·장미·달리아가 흐드러지게 피었다. 늦은 아침 태양이 높이 떠 대지를 덥히면 휘황찬란한 나비들이 꽃들을 희롱했다. 오렌지색과 검정색이 화사하게 수놓인 나비의 날개는 마치 화려한 색조의 구름을 보는 듯했다. 그리고 아침이면 베란다에 놓인 낡은 흔들의자에 앉아 차 한 잔과 행상인에게 갓 구입해 따끈따끈하고 매콤한 사모사[인도식 튀김 만두]로 내면의 풍족함을 즐길 수 있었다. 바이샬리는 괜찮은 마을이었다. 만약 특별히 신의 가호를 받는 마을이 있다면 바로 바이샬리였을 것이다. 바이샬리는 부처가 죽기 전 마지막으로 깨달음을 얻은 장소라고 알려져 있다.

저렴하고 효과적인 항말라리아제도 없었다.

또한 자이나교의 성인이 태어난 곳이기도 하다. 하지만 바로 이 바이샬리는, 칼라아자르가 옛 명성을 되찾기 위해 돌아온 첫 번째 마을이 되었다.

바이샬리는 150년 전 칼라아자르 유행의 중심이 되었던 제소르와 비슷한 점이 꽤 있었다. 1724년 칼라아자르가 제소르를 덮쳤을 당시, 칼라아자르는 제소르 사람들에게 낯선 존재였다. 1972년, 칼라아자르가 바이샬리 마을을 덮쳤을 무렵, 마을 사람들에게 칼라아자르는 잊힌 기억이었다. 20년간 이 병에 걸린 사람은 한 명도 없었다. 사람들은 한발 한발 다가오는 고열, 피로, 급성 설사 같은 조짐들을 알아채지 못했다. 이런 증상들은 인도 시골 마을에서는 흔한 것들이었기 때문에, 증상이 장기간 지속되고 나서야 그것이 칼라아자르의 초기 증상이라는 사실을 깨달았다. 감염자들은 평소처럼 자리를 털고 일어날 수가 없다는 점 때문에 혼란에 빠졌다. 민간 의술사들이나 마을 시장 '노점'에서 구입한 물약·알약·연고 따위는 아무런 도움이 되지 않았다. 바이샤르 마을 사람들이 새로운 유행병에 사로잡혔다는 사실을 깨달은 것은 1년쯤 시간이 흐른 뒤였을 것이다.

1724년, 제소르의 의술사는 칼라아자르가 무엇인지, 어떻게 치료해야 하는지 아무것도 몰랐다. 1972년, 바이샬리의 의사는 칼라아자르에 대한 지식은 있었지만 이미 잊어버린 지 오래였다. 의료 교육에서 칼라아자르 같은 기생충학 잡지식들은 별다른 관심을 끌지 못했다. 이들이 실습 시간에 실제 칼라아자르 환자를 보고 느끼는 감정은 지금 미국 의대 졸업반 학생이 디프테리아 환자를 실제로 보고 흥분과 호기심을 감추지 못하는 것과 비슷할 정도였다. 그래서 칼라아자르의 초기 증상을 보이는 바이샬리의 환자들이 의사를 찾았을 때 의사들은 말라리아 약을 주었다. 우리네 의사들이 "아스피린 두 알 드시고 내일 아침에 다시 오세요."라고 하듯이 열대 지역에서는 말라리아 약을 준다. 바이샬리 사람들은 약을 먹었지만 일주일이 지나도 열이 가라앉질 않았다. 의사는 습관적으로 정부에서 나오는 항생제인 테트라사이클린이나 페니실린을 처방해 주었다. 마침내 엄청난 숫자의 환자들이 지속적인 고열로 병원을 찾고 나서야 의사들은 뭔가 잘못되고 있다는 걸 깨달았다. 이때부터 또다시 1년쯤 흐른 뒤에야 바이샬리 의사들은 칼라아자르 유행의 한복판에 놓여 있다는 사실을 깨닫게 된다.

1724년에는 칼라아자르 치료제가 없었다. 1972년, 여전히 칼라아자르 치료제는 없었다. 제약회사들이 안티몬 화합물 생산을 중단한 지 오래였기 때문이다. 이제 거의 사라져 버린 질병에 쓸 약을 생산해서는 수지가 맞지 않았다. 칼라아자르로 죽어 가던 1972년 바이샬리 사람들의 입장에서 보면 250년 전과 비교해 달라진 것은 아무것도 없었다.

칼라아자르는 잠잠해지지 않았다. 1977년에 이르자 바이샬리뿐만 아니라 근처 무자파르푸르Muzaffarpur를 비롯한 비하르 지역 전체로 퍼져 나갔다. 1975년, 칼라아자르는 바로 옆, 인구 밀도가 높은 서부 벵골 지역까지 번졌다. 1980년대 초에는 우타프라데시Uttar Pradesh와 드라비다족의 고향인 타밀 나두에도 감염자가 발생했다는 우울한 보고가 들려왔다.

국경이라는 경계선은 인간이 만들어 낸 정치적 환상일 뿐, 병원체가 국경을 넘는 데는 비자가 필요 없다. 칼라아자르는 1979년과 1980년 사이, 강을 넘어 방글라데시 평원까지 진출했다. 수도인 다카에서 160킬로미터도 채 떨어지지 않은 파브나Pabna에서도 사람들, 특히 아이들이 칼라아자르로 죽기 시작했다.

우리는 방글라데시 사람들이 단조롭고 절망적인 삶을 살고 있다고 상상하곤(혹은 전해 듣곤) 한다. 그것은 사실이 아니다. 물론 인구과잉 때문에 많은 사람들이 지방에서 도시로 쫓겨 와 극심한 빈곤에 시달리고 있는 것은 사실이다. 하지만 지방에 남은 거주민들은 그럭저럭 살아가고 있었다. 풍족하지는 않았지만 갠지스 강이 제공해 주는 풍부한 유기물도 있었고, 토네이도나 강의 범람으로 갑자기 새로운 농지가 나타나기도 했다. 전쟁[38]은 이제 과거의 일이 되었고, 강인하고 쾌활하며 유머가 넘치는 벵골 사람들은 살아남았다. 그뿐만 아니라 의료 서비스 접근성도 나쁘지 않았다. 정확히 말하자면, 접근성만 나쁘지 않았다. 서비스 자체는 많이 부족했다. 1970년대, 방글라데시 정부는 여러 곳에 의대를 설립했다. 새 의대에서 새 의사들이 쏟아져 나왔지만 일자리는 많지 않았고, 의료비를 지불해 의사들을 재정적으로 뒷받침할 만한 환자들도 많지 않았다. 젊은 의사들 사이에서 불만이 높아지기 전에 정부는(정부 내부에는 이미 당파 간의 정치적 갈등이 극심한 상황이었다) 이들을 모조리 고용해 지역 보건소에 흩어 놓기로 했다. 덕분에 정부는 보건 예산의 거의 대부분을 의사들 봉급에 쏟아붓게 되었다. 사실 의사들이 그렇게 많았던 것은 아니다. 다만 의사 수에 비해 예산이 너무 적었을 뿐이다. 결국 약품이나 의료 장비를 구입할 돈은 거의 남지 않았다. 파브나 사람들이 감염된 아이를 데리고 보건소를 찾았을 때

38 [역주] 1971년 방글라데시 독립 전쟁을 말한다. 이 전쟁으로 서파키스탄은 파키스탄으로, 동파키스탄은 방글라데시로 분리되었다.

의사들은 대체로 칼라아자르 감염이라는 정확한 진단을 내렸다. 하지만 진단이 의사들이 할 수 있는 전부였다. 안티몬 화합물이 전혀 공급되지 않았기 때문이다. 심지어 칼라아자르가 유행하던 초기에는 시장에 풀려 있는 약품도 없었다. 결국 부모는 아이를 집으로 데리고 돌아와 숨을 거둘 때까지 그저 지켜만 봐야 했다. 시간이 지나자 부모들은 아이들을 보건소에 데려가 봐야 아무 소용이 없다는 사실을 깨닫고 발길을 끊었다. 칼라아자르 유행의 한복판에서 파브나 보건소 의사들은 오지 않는 환자들을 기다리며 그저 자리를 지켜야 했다.

마침내 칼라아자르는 마지막 국경을 넘었다. 인도 비하르 주와 맞닿아 있는 네팔의 농촌 평야 지대, 테라이Terai까지 진출한 것이다. 테라이에는 보건소도 거의 없었고 약은 하나도 없었다. 아픈 사람들 가운데 돈이 좀 있는 사람들은 비하르나 캘커타의 사설 병원에서 치료를 받았다. 돈이 없는 사람들은 통계에도 제대로 잡히지 않았다.

이렇게 잃어버린 통계 수치는 칼라아자르의 유행을 통제하는 데 있어 큰 난제였다. 컴퓨터와 든든한 실험 지원, 기동성, 특정 질병을 정부 보건 당국에 신고하도록 하는 법령, 전임 연구원에게 넉넉한 봉급까지 보장되는 선진국의 역학자들조차도 정확한 보건 및 질병 통계를 수집하는 것은 쉬운 일이 아니다. 그리고 역학자들이 수집한 정보는 질병에 대항해 사업을 계획하는 데 논리적인 밑바탕을 제공해 준다.

제3세계 역학자들은 이런 지원을 받기 힘들다. 게다가 '진짜' 환자들을 돌보는 의사로 대접받지도 못했다. 대부분의 역학자들은 전문의 훈련 과정에서 자리를 얻지 못해 넘쳐 나는 일반의 시장에서 빠져나오기 위한 유일한 탈출구로 보건 역학자의 길을 선택한 사람들이었다. 운이 좋다면 국외 보건 대학으로 탈출을 꾀해 볼 수도 있었다. 대체로 역학자들은 행정 업무나 강의들에 치이기 일쑤였다. 그리고 예산의 압박 때문에 '책상 뒤' 역학자로 남게 되는 경우가 대부분이었다. 정부에 소속된 의사들이 모두 그렇듯, 봉급은 적었다. 때문에 정부 소속 의사들은 오후나 저녁 시간에 개인 병원에서 환자를 보았다. 제대로 된 역학자로 활동하려면 질병이 유행하고 있는 현장에 나가 직접 데이터를 얻어 낼 때까지 시간이 얼마나 걸리든 그곳에 남아 있어야 한다. 하지만 개인 병원에 묶여 있는 제3세계 역학자들은 도심 사무소에서 당일치기로 현장에 다녀오는 게 전부였다. 개인 병원에 묶여 있지 않더라도 현장 연구를 하기 어려운 것은 마찬가지였다. 차량도 부족했고, 기름도 부족했고, 여행 경비도 부족했고, 역학이 앉아서 일하는 학문이 아니라는 사실을 이해해 주는 상관도 부족했다.

물론 '숫자'는 있었다. 정부는 언제나 숫자를 제시한다. 캘커타에 위치한 서부 벵골 보건부 건물의 미로를 내려갔다 올라갔다, 교차로의 얽히고설킨 길을 지나, 실외 베란다와 실내 발코니를 지나 일군의 사무원들을 뚫고, 암갈색 테이프에 주렁주렁 붙어 있는 파리 떼를 지나쳐 비집고 들어가다 보면 지역 담당 역학자를 마침내 만날 수 있을지도 모른다. 이 역학자는 호쾌한 사람으로 이 바닥에서 충분히 굴러 봤다. 그는 일이 어떻게 굴러가는지 잘 안다. 벽에는 숫자가 잔뜩 적힌 차트와 표들, 유병률과 발병률을 보여 주는 그래프들로 뒤덮여 있다. 작년 수치가 적힌 칼라아자르 차트에는 서부 벵골 전역에서 4천5백 명의 감염자와 125명의 사망자가 발생했다는 내용을 보여 주고 있다. 말라리아나 설사병에 비하면 무시할 만한 수준이다. 하지만 역학자가 보여 준 좀 더 노골적인 데이터는 서부 벵골에서만 1만4천 명에서 2만 명에 달하는 감염자와, 1천5백 명에서 2천 명에 달하는 사망자가 발생했다고 추정하고 있다. 이 통계에 비추어 보면 절대 무시할 만한 수준이 아니다.

5년 전, 서부 벵골에서 감염자의 수가 가파르게 상승하고 있을 무렵, 주 정부에서는 감염이 가장 심각한 마을들을 대상으로 디디티 살포를 재개할 것을 촉구했다. 하지만 생각처럼 쉽지 않았다. 첫째로 지역 역학자에게 공급된 디디티는 그리 효능이 좋지 못했다. 역학자는 디디티가 파키스탄에서 제조되어 배에 실리기 전, 부두에 한참 동안 방치되어 햇빛과 비에 노출되어 있었으리라 추측했다. 게다가 보건부 화학자의 말로는 순도가 높은 편도 아니었다. 이미 부두에 오기 전부터 상태가 좋지 않았던 셈이다. 화학자는 '완전히 쓰레기'라고 표현했다. 역학자는 지나가는 말로 파키스탄제 핵무기는(역학자는 파키스탄에 핵무기가 있으리라 확신했다[39]) 파키스탄제 디디티보다는 효과가 좋았으면 한다고 했다.

디디티는 쓰레기였다. 그리고 국립 말라리아 박멸 프로그램이 포기된 이후 방치되어 있던 분무 장비들도 마찬가지였다. 고장 난 장비를 뜯어 재조립해도 쓸 만한 장비들은 턱없이 부족했다. 그리고 가장 큰 문제는 분무기를 다룰 수 있는 사람들이 부족하다는 점이었다. 국립 말라리아 박멸 프로그램이 진행될 당시만 하더라도 분무기를 다루는 사람들은 철저한 훈련

39 [역주] 현재 파키스탄은 핵무기 보유국이다.

과 감독 아래 매달 월급을 받으며 일하던 안정적인 진짜 국가 공무원이었다. 하지만 국립 말라리아 박멸 프로그램이 산산조각 나면서 이 직군 또한 종말을 맞았다. 이제 주 정부에서 사람들을 임시직으로 재고용하려 하자 시급이나 받으며 일하는 직장이라고 콧방귀를 뀌며 정규직 고용을 요구했다. 결국 분무 사업은 단발로 끝나고 말았고, 모래파리를 억제하고 전파를 막을 수 있는 유일한 기회도 끝나고 말았다. 정말 보잘것없는 시도였지만, 그래도 인도는 역학의 수준으로 보면 방글라데시나 네팔에 비해 엄청나게 효율적이라고 할 수 있었다.

방글라데시 정부는 칼라아자르의 유행에, 이를 공식적으로 부정하는 입장을 취하는 것으로 대응했다. 이르게는 1978년 혹은 1979년 즈음에 다카 보건부장에게 칼라아자르의 유행을 알리는 보고가 올라왔다. 이제 보고서를 읽은 정부가 절망에 차 내쉬는 한숨 소리가 들려왔다. 콜레라를 비롯한 수많은 장내 질환, 갖가지 기관지 감염, 영양 결핍, 인구 폭발[40]을 비롯한 온갖 질병들로는 부족하단 말인가? 수도에서 160킬로미터 떨어져 브

---

40 1억1천만 명을 돌파한 현재 방글라데시 인구는 27년 내에 또다시 두 배로 치솟을 것으로 예상된다. 그리고 공식 통계에 따르면 영아 사망률은 여전히 1천 명당 135명에 달한다. 살아남은 아이들도 기대 수명은 50세에 불과하다.

[역주] 위 수치는 이 책이 쓰인 1990년 통계이며, 2013년을 기준으로 할 때, 방글라데시 사람들의 기대 수명은 70.3세, 인구는 1억5천만 명을 넘어섰다. 하지만 여전히 절대 빈곤선에 놓인 인구가 26퍼센트에 달하며 지방의 보건 상황은 매우 열악하다. 2013년 기준으로 교육 수준과 소득, 기대 수명 등을 조사해 발표하는 인간 개발 지수에 따르면 전체 187개국 가운데 142위로 매우 낮은 수준이다.

라마푸트라를 한참 가로질러야 도착할 수 있는 한 마을에서 칼라아자르가 발생했다는 소식에 왜 정부가 귀머거리가 되었는지를 짐작하는 것은 그리 어렵지 않다. 당연한 수순으로 칼라아자르는 NIPSOM으로 더 잘 알려진 준정부 연구 기관, 즉 국립예방및사회의료연구소가 담당하게 되었다.

NIPSOM은 미국 보건 대학들과 비슷한 기관인데, 집중적인 교육 프로그램뿐만 아니라 방글라데시 내 공중 보건에 위협이 될 만한 질병들을 감시하고 연구하는 업무를 담당하고 있었다. NIPSOM에서 칼라아자르 연구가 막 시작될 무렵 책임자는 알하즈 카필루딘A. K. M. Kafiluddin 박사였다. 카필루딘은 괴짜 기질이 있었는데 대화 도중에 갑자기 정신과 주치의(아마 방글라데시의 유일한 정신과 전문의인)에게 전화를 걸어 자신이 지금 당장 느끼는 우울과 불안을 왜 예방하지 못했냐고 호되게 꾸짖는 사람이었다. 그리고 전화를 끊으면 다시 태연자약하게 본래 대화 상대와 담소를 나누었다. 나중에 카필루딘은 한마디 상의도 없이 NIPSOM에 새 연구동을 지었는데, 물과 가스도 들어오지 않았고 공급되는 전기는 토스터 한 대를 돌리기에도 벅찬 수준이었다.

물도 전기도 없는 연구소에는 자원의 풍요와 빈곤이 공존했다. 보건 프로그램을 후원하려는 후원자들이 현금 다발을 손에 쥐고 6열 종대로 줄을 맞춰 다카 호텔들을 메우고 있었다. NIPSOM에 흘러들어 간 자금은 책임자의 입맛에 따라 몇몇 부서에만 지원되었고, 이들은 실험 물품 카탈로그에 나와 있는 장비들을, "여기 있는 거 전부 다 주세요."와 같은 식으로 구매했다. 대부분의 장비와 물품(유효기간이 지나면 사용하기 어려운 것들이었다)은 치타공 항구의 부두에 갇혀 하나둘씩 망가졌고, 결국은 정부 창고의 어두운 굴속으로 사라져 몇 달, 몇 년씩 잠들어 있게 되었다. 게다가 어떤 이유에서인지 치타공 세관원들은 제품 설명서가 반동분자들이나 읽는 서적이라고 굳게 믿고 있었다. 상자나 소포는 모조리 뜯겼고 설명서, 즉 '불온 서적'들은 세관에 모조리 압수당했다. 실험실이나 역학 조사에 쓰일 장비와 물품들이 어쩌나 NIPSOM에 도착해도 제품 설명서가 없어 조립이나 사용이 불가능한 경우가 많았다.

겉보기와 달리 방글라데시는 실질적으로 군대가 지배하는 나라였다. 그리고 상황이 혼란스러울 때면 군인은 자기 나름의 체제에 맞춰 운영하는 경향이 있다. 세계보건기구에서 NIPSOM에 파견한 단기 고문은 어떻게 하라는 제품 설명서 한 장 없이 7천 달러짜리 분석용 저울을 조립하려다 미쳐 버릴 지경이 되었다. 그날 저녁 파티에서 의료 시설 조달을 담당하던 방글라데시 육군 대령을 만난 고문은 설명서를 압수당한 것에 대해 불평을 털어 놓았다. 대령은 이야기를 가슴 깊이 새겨들었다. 얼마나 가슴 깊이 새겨들었는지 다음 날 고문이 직접 가져온 장비에 끼어 있는 설명서들까지 모조리 압수했다. 국가의 수호자들은 이런 암적인 서적이 국방을 위협하는 꼴을 절대 봐줄 수 없었던 모양이다.

정신 나간 책임자, 물도 전기도 없는 실험실, 예비 부품도 없는 장비들(만약 현미경 전구가 나가 버리면 창고에서 새 현미경 한 대를 통째로 가져와야 했다. 여벌 전구가 없었기 때문이다), 잘못 조립하거나 사용법도 제대로 모르는 기구들. 이런 이유들로 NIPSOM의 역학자들은 언젠가 수행할지 모를 칼라아자르 연구를 위해 실험실에 필요한 지원을 제때 받아 놓을 수 없었다. 물론 이런 제약들도 별 의미는 없었다. NIPSOM의 역학자들이 어디든 나갈 기회 따위는 없었기 때문이다. 무엇보다 현장에서 일하기에는 강의 시간표가 너무 빡빡했다(개인 병원에 진료를 나갈 시간까지 제하면 더더욱). 게다가 어떤 연구자가 독자적으로 뭔가를 해볼라 치면 책임자가 상당히 불쾌해했음은 물론이고 현장 연구에도 찬성하지 않았다. 어쨌든 이런 이유가 아니더라도 역학자들은 현장에 갈 생각을 하지 않았다. 한 젊은 역학자는 내게 이런 이야기를 해주었다. 방글라데시는 여전히 무슬림 사회였다. 그의 아내 역시 반격리 상태에 있었다. 집에 완전히 갇혀 있는 것은 아니지만 그렇다고 남편 없이 아무렇게나 외출하는 것은 안 될 말이었다. 시장에 갈 수도 없었다. 장 보는 일은 가정에서 역학자들이 할 몫이었다. 만약 역학 조사를 하러 지방으로 며칠씩 떠나 있으면 그동안 가족들은 굶어야 했다.

이런 혼란 속에서도 NIPSOM의 한 연구자가 방글라데시 내 칼라아자르 역학 연구를 분연히 자처하고 나선 것은 실로 놀라운 일이다. 방글라데시의 역사와 부침을 함께한 누룰 이슬람 칸Nurul Islam Khan 박사는 일찍이 기생충 학자가 되기로 굳게 마음을 먹고 있었다. 젊은 시절, 칸 박사는 파키스탄과 독립 전쟁이 일어날 당시 의대를 졸업하자마자 부인과 갓 태어난 아기를 데리고 다카를 도망쳐 나와야만 했다. 칸은 작은 보트에 몸을 실은 채 브라마푸트라 강을 따라 내려왔다. 도피 당시에는 농부로 변장한 채 다녔다. 당시 파키스탄 정부는 동부 파키스탄이었던 방글라데시에서 영향력을 유지하기 위해 지역 의사나 교사를 비롯한 교육받은 계층을 닥치는 대로 잡아 죽이고 있었기 때문이다. 마침내 전쟁이 끝나고 방글라데시는 독립국가가 되었다. 정부는 칸을 런던위생열대의학대학원으로 보내 기초적인 기생충학을 배워 오게 했다. 런던에서 돌아온 그는 NIPSOM 기생충과 과장으로 배치되었다. 과학에 대한 그의 헌신과 애정은 NIPSOM 내의 존재감만으로도 충분히 알 수 있다. NIPSOM 전체 직원들 가운데 진짜 상근 직원은 칸뿐이었다. 칸은 개인 병원에도 나가지 않은 채 공무원 월급으로 어찌어찌 살아남았다. 칸은 과거 방글라데시(동부 벵골이 동부 파키스탄이 되었고 지금의 방글라데시가 되었다)에서 악명을 떨치던 칼라아자르의 명성을 익히 알고 있었고, 현재 인도 접경지에서 일어나고 있는 일들도 잘 알고 있었다. 만약 다른 사람이 나서지 않는다면 본인이 직접 나서서 방글라데시에 칼라아자르가 퍼지고 있다는 보고서와 소문을 확인해 볼 참이었다.

칸의 결심은 한 치의 부족함도 없었지만, 현장에 데려다줄 차량은 부족했다. NIPSOM의 차고에는 낡거나, 반쯤 낡거나, 반쯤 새것이거나, 거의 새것인 차량들로 가득 차있었다. 하지만 전부 다 운행이 불가능하거나 도심 밖으로 몰고 나가기에는 상태가 불안한 차들이었다. 국외에서 자금을 지원받은 보건 프로젝트가 예산을 집행하는 가장 첫 번째 물품은 거의 예외 없이 차량이었다. 그리고 현미경의 경우와 마찬가지로 차량의 예비 부품들은 전혀 주문하지 않았다. 칸에게는 천만다행으로 델리에 위치한 세계보건기구 지역 사무소[41]에서 NIPSOM에 체코인 역학자 한 명을 장기

41 세계보건기구의 웅장한 본부 건물은 제네바에 위치하고 있다. 이곳에서 수많은 모임과 위원회가 열리고 몇 톤에 달하는 보고서들이 쏟아진다. 또한 연구를 지원하기도 하고 몇몇 프로젝트들은 직접 현장에서 수행하기도 한다. 이제 세계보건기구의 진짜 힘은 지역 사무소로 옮겨왔다. 반(半)자치 기구인 이 사무소의 책임자는 해당 지역에 위치한 나라들이 직접 선출한다. 지역 보건 문제 해결이나 그날그날의 활동들은 해당 지역 사무소에서 처리된다. 하지만 여기서도 정치질과 보복은 어김없이 이어진다.

고문으로 파견해 주었다. 이 사람은 좌절이 무엇인지를 배워 가는 중이었다. 연구소 내 역학자들 중 강의 이외의 것을 하는 사람은 아무도 없었다. 세계보건기구의 기름 부음을 받으신 고문의 현명한 조언은 아무도 받아들이려 하지 않았다. 그에게 누룰 이슬람 칸 박사는 알라가 내리신 선물이었다. 체코 사람은 칼라아자르는 잘 몰랐지만 사람은 좀 알았다. 그리고 여기 NIPSOM 직원 중 직급이 꽤 되는 사람이 방글라데시에서 중요한 역할을 할 수 있는 연구를 수행하고 싶어 했다. 칸은 특별 대우를 받았다. 칸과 팀원들은 세계보건기구 차량을 이용할 수 있었고(방글라데시에도 세계보건기구 사무소와 고문단이 파견되어 있었다), 세계보건기구의 외교력을 통해 당장 필요한 보급품이나 시약들을 지원받을 수 있었다. 기술 자문이 필요할 때는 직접 지명한 자문단과 언제든 상의할 수 있었다.

칸 박사는 자신을 향한 믿음을 저버리지 않았다. 파브나 지역에서 진행된 연구를 통해, 칼라아자르가 전파되고 있다는 소문과 보고서가 사실임을 금세 확인했다. 연구를 시작한 지 몇 주 지나지 않아 수백 건에 달하는 새로운 감염 건을 발견해 냈다. 장비조차 보잘것없는 작은 지역 보건소에서 칸은 진단용 골수 생체검사를 시행했다. 이 감염된 골수를 씨앗 삼아 다카에 있는 실험실에서 도노반 리슈만편모충을 배양해 내는 데도 성공했다. 칸은 혈청 검사법에 상당한 경험을 쌓았다. 이때 관찰한 혈액 내 특정 항체들은 방대한 역학조사를 수행할 수 있는 기반이 되었다. 칸은 칼라아자르 치료제가 거의 없다고 봐도 무방한 현실에 큰 충격을 받았다. 그리고 정부와 제약회사 대표들을 끈질기게 쫓아다니며 안티몬 글루코산염을 얻기 위해 노력했고, 이렇게 얻은 치료제를 필요한 곳에 나눠 주려 했다. 그리고 누룰 이슬람 칸은 사망했다.

인도 아대륙에서 칼라아자르를 탐구한 연구자들의 개인사에는 항상 아픔이 있다. 장인이 돌아가시자, 전통에 충실한 칸과 20세인 아들은 시체를 브라마푸트라 강변으로 옮겼다. 매장하기 전에 강물에 시체를 씻기는 것이 전통이었기 때문이다. 당시는 우기였다. 강이 급작스레 범람했고, 강물에 너무 깊이 들어간 칸의 아들이 순식간에 물살에 휩쓸려 버렸다. 칸은 헤엄이라고는 전혀 칠 줄 몰랐지만 주저 없이 아들을 구하러 물에 뛰어들었다. 결국 두 사람 모두 물에 빠져 죽고 말았다.

방글라데시에서 칼라아자르 유행에 대한 연구가 이루어질 수 있으리라는 믿음은 누룰 이슬람 칸과 함께 잠들었다. 체코 역학자의 계약은 갱신되지 않았고, NIPSOM의 역학 프로그램을 장기 지원해 주기로 했던 계약 또한 마찬가지였다. 연구소는 칸의 빈자리를 새로운 기생충 학자로 대신했다. 이 사람 역시 '뭔가 해보고자' 하는 사람이었다. 하지만 이 사람은 칼라아자르 연구가 처음이었고, 필요한 기술적 지원은 오지 않았다. 델리 세계보건기구 지역 사무소의 정책도 미묘하게 변했다. 경험 많고 권위 있는 의학자들로 이루어진 국제 전문가 위원회에서 전문 고문단을 선출하던 과거 정책이 지역에서 직접 선출하는 정책으로 바뀌었다. 돈도 덜 들고 "우리 패거리에 일거리를 준다"는 이유로 정치적으로도 편리했지만, NIPSOM의 '새파란' 기생충 학자 같은 사람들에게는 전혀 도움이 되지 않았다. 그래도 이 기생충 학자는 한두 번쯤 현장에 나갈 수 있었고, 이전에는 보고되지 않았던 지역까지 칼라아자르가 퍼져 있다는 사실을 확인했다. 그러고는 다른 연구자들처럼 돌아올 길 없는 망각의 저편으로 사라져 갔다.

칼라아자르가 덮친 인도 아대륙의 세 번째 나라, 네팔에 대해서는 이야기를 전해 줄 만한 사람들조차 별로 없다. 웅장한 풍광의 네팔은 사실 방글라데시에 필적할 만큼 가난했다. 의료 시설은 있지만 아주 기초적인 수준일 뿐이다. 네팔에 처음으로 의대가 생긴 것도 불과 몇 년 전의 일이다. 네팔에는 소수의 전문의가 있고, 그보다 적은 역학자가 있고, 그리고 그 적은 역학자들 중에서도 소수만이, 수도인 카트만두를 벗어나 현장에 나갈 의지가 있다.

네팔이라고 하면 곧바로 거대한 산들, 세상의 지붕이라는 인상이 떠오른다. 물론 사실이다. 하지만 또 다른 네팔도 있다. 카트만두 남서쪽에는 중국인들이 건설한 불안 불안한 도로가 무굴제국의 시장에서 네팔의 갠지스 강 평야 지대인 테라이까지 이어진다. 산과 평야가 만나는 지점에는 치타완 동물 보호 구역, 이제 네팔에 마지막 남은 숲과 야생동물 군락이 자리하고 있다. 치타완을 지나면 광대한 황금 들녘이 나타난다. 겨자 꽃이 흐드러지게 핀 평야가 지평선 끝까지 펼쳐져 있다. 그리고 기억조차 없는 옛날부터 테라이는 끊임없이 출현하는 말라리아와 종종 나타나는 칼라아자르 유행으로 악명이 높았다.[42]

1980년대 초, 테라이 외곽 지역 보건소에 칼라아자르 환자들이 나타나기 시작했다. 칼라아자르는 새로 등장한 질병이었기 때문에 카트만두에

42 모래파리 안에서 도노반 리슈만편모충이 자라나려면 적정 온도 이상이 유지되어야 한다. 고지대에도 모래파리가 살기는 하지만 해발 1천5백 미터 이상에서는 기생충이 발달 단계를 마치기에 온도가 너무 낮다.

위치한 보건부 내 역학 및 통계 부서로 보고가 올라갔다. 해당 부서에서는 인수공통감염증[43] 관리부에 있던 수의사 한 명을 담당자로 임명해서 칼라아자르 상황을 관찰하도록 했다. 인체 감염증인 질병을 관찰하는 일인데 왜 수의사를 보냈을까? 네팔은 인도 내 칼라아자르가 세계 다른 곳에 퍼져 있는 리슈만편모충증과 다르다는 점을 미처 파악하지 못하고 잘못된 믿음에 사로잡혀 있었다. 다른 지역에서는 리슈만편모충증이 야생동물을 감염시키는 인수공통감염증으로 개과 동물들이 저장 숙주 역할을 했다. 50년이 넘는 세월 동안 개와 자칼을 비롯한 수많은 동물들이 잡혀 기생충이 있는지를 확인하기 위해 조직들이 파헤쳐진 채 죽음을 당했지만, 아무런 결과도 얻지 못했고 잘못된 가설을 부정하지도 못했다. 지금도 인도 리슈만편모충을 관리하는 데 수의사가 중요한 역할을 담당해야 한다고 믿는 사람들이 있다.

정부는 지역 보건소를 통해 1984년, 605건의 칼라아자르 감염자가 발생했다는 사실을 확인했다. 인도나 방글라데시에서 그랬던 것처럼, 네팔 측의 역학 통계도 별 의미는 없었다. 그렇다고 네팔에 안티몬 글루코산염 재고가 있었던 것도 아니다. 감염자 집계의 근간이 되는, 치료를 위해 정부 보건소를 찾는 사람들의 수는 더 적었다. 하지만 적어도 테라이에 칼라아자르가 돌아왔다는 데는 논쟁의 여지가 없었다.

43 [역주] 본래 동물을 감염시키는 질병이나 인간에게도 전염되는 질병들. 광견병·광우병·톡소포자충증 등을 비롯한 다양한 기생충 감염증이 여기 속한다. 사람뿐만 아니라 동물도 치료해야 유행을 막을 수 있기 때문에 특히 관리하기 어려운 질병으로 취급된다.

6
수상한 구원군, 세계보건기구

1985년에 이르러서는 비공식적으로나마 다음과 같은 인식이 널리 퍼져 있었다. ① 인도 아대륙 내 3개국(인도·방글라데시·네팔)에 칼라아자르가 재토착화되어 퍼지고 있으며, ② 광범위한 치료를 위해 필요한 안티몬 글루코산염의 재고가 절대적으로 부족하며,[44] ③ 매개체인 모래파리에 대해서는 아무런 조치도 취하지 않고 있었으며, ④ 정부가 제대로 마음을 먹었다 하더라도 항칼라아자르 사업을 벌이기에는 전문 의료 인력이나 자금이 턱없이 부족하다. 이런 위태로운 상황에서 사드난드 파트나약Sadnand Patnayak 박사가 등장했다. 파트나약은 인도 말라리아 박멸 프로그램의 수장

44 인도에서는 화학요법의 또 다른 문제점이 드러나기 시작했다. 약품은 있었지만 워낙 부족했기 때문에 사람들이 총 주사 기간인 20일을 채우지 않았던 것이다. 어느 정도 증상이 호전되면 남은 약을 다 맞지 않고 나중에 아플 것을 대비해 남겨 두었다. 치료를 중도에 그만두면 완치가 되지 않을뿐더러 기생충이 안티몬에 저항성을 획득하게 된다는 중요한 문제도 있었다. 이런 안티몬 저항성 기생충은 모래파리를 통해 새로운 희생자로 옮겨갔다. 유일한 대안은 펜타미딘(pentamidine)이라는 화학요법제였는데 완치하기까지 1백 달러가 넘는 돈이 소요되었을 뿐만 아니라 독성도 강했다. 현재 인도 내 감염자 중 10퍼센트가량이 안티몬 저항성 기생충에 감염되었을 것으로 추정된다. 펜타미딘은 에이즈 환자가 면역 기능이 떨어졌을 때 침입하는 기생충인 주폐포자충(*Pneumocystis carinii*)성 폐렴으로 죽어 갈 때 사용하는 약이기도 하다.

이었다. 어쩔 수 없이 말라리아 기생충, 얼룩날개모기, 꽉 막힌 관료주의에 패배했음을 선언한 직후 파트나약은 델리에 위치한 세계보건기구 동남아시아 지역 사무소에 참여하는 현명한 결단을 내렸다. 버마 정부에 세계보건기구 말라리아 고문으로 파견된 그는 할 수 있는 최선을 다했다. 하지만 반군에게 둘러싸인 데다 국토의 절반도 관리하지 못하는 상황에서는 아무리 현명한 조언가라 할지라도 말라리아의 유행에 별다른 영향력을 행사할 수 없었다. 이런 어려움에 더해 버마는 파트나약을 환영하지 않았다. 버마인들은 인도인을 별로 좋아하지 않았다. 심지어 본인의 분야에서 높은 평판을 얻고 있는 '세계화'된 인도인이라도 말이다.[45] 파트나약은 어쩔 수 없이 델리 사무소로 돌아왔고, 뭔가 유용한 일을 궁리하기 시작했다. 칼라아자르가 기다리고 있었다.

세계보건기구, 특히 지역 사무소 수준에서는 파트나약이 구상한 내용을 구체화시킬 만한 자금이 없는 경우가 많았다. 이 정도의 예산은 제3세계를 후원하는 유엔개발계획UNDP에서 나왔다. 파트나약은 주머니에서 계산기를 꺼내 모든 칼라아자르 환자를 치료하려면 안티몬 치료제 가격이

---

45 영국의 식민 지배를 받을 당시 버마는 순전히 행정적인 이유로 인도에 편입되어 있었다. 영국은 버마에 인도인 행정 관료나 지사들을 많이 파견했다. 뻔한 이야기지만, 이는 결국 깊은 원한의 골만 남겨 놓았다(그리고 영국인 정복자에 대한 분노가 아니라 인도인 앞잡이에 대한 분노로 나타났다). 영국의 지배가 끝나고 이미 몇 세대 동안 버마에 뿌리를 내린 인도인 사업가들과 가족들은 국가 경제를 쥐고 흔드는 것처럼 보였다. 버마가 독립한 지 얼마 되지 않아 버마인들은 인도 혈통의 시민들을 모조리 추방한다는 불합리한 조치를 취했다. 버마의 원한은 뿌리 깊었고, 지금도 인도인들을 그리 좋아하지 않는다.

도매가로 얼마쯤 되는지를 두들겨 보았다. 예상 금액은 10만 달러였다. 이번에는 훈련, 모임, 자문 등(국제적 프로젝트를 진행하려면 예산안에 꼭 들어가야 하는 항목들)에는 얼마쯤 필요할지 계산해 보았다. 여기에도 10만 달러가 들어갔다. 파트나약은 응용 연구에도 어느 정도 자금이 지원되면 좋겠다는 생각을 했다. 더 자세한 역학 연구나, 진단 기술 향상을 위한 혈청검사, 혹은 매개체인 모래파리의 생태에 대한 연구들 말이다. 여기에도 10만 달러가량이 소요되었다. 유엔개발계획은 너그러웠다. 요청한 예산 30만 달러가 모두 승인되었다. 이 예산은 '예방 및 치료 물질' 개발 분야에 배정되었다.

잔고가 두둑해지자 세계보건기구는 인도·방글라데시·네팔 대표를 델리에 소집해 회의를 열었다. 그런데 세계보건기구 측 대표로 임명된 사람은 파트나약이 아닌 바로 카필루딘 박사, 즉 전 NIPSOM의 소장이었다. 카필루딘은 1년 전 연구소를 그만두고 델리 세계보건기구 지역 사무소에서 기생충 질환과의 과장으로 일하고 있었다.

회의는 카필루딘의 관점에서 문제점을 재조명하는 발표로 시작되었다. 카필루딘이 발표를 마쳤을 무렵, 당황한 청중들은 그저 예의바르게 침묵을 지켰다. 그는 칼라아자르와 다른 질병을 헷갈려 엉뚱한 병에 대해 이야기하고 있었다. 미묘한 순간이 지나가자 이제 진짜 전문가들, 각국 대표들이 발표를 이어받았다. 회의에서 내린 첫 번째 결정은 승자 독식, 즉 한 국가에 한 연구소가 지원 금액을 독차지한다는 내용이었다. 승자는 인도의 국립 감염성질환연구소, 방글라데시의 NIPSOM, 그리고 네팔에는 따로 연구 시설이 없었기 때문에 프로젝트에 필수적인 업무를 수행하겠다고 나선 수의역학자에게 돌아갔다. 다음 결정 사항은 필수 업무에 연구 및 훈련이 포함되어야 한다는 것이었다. 하지만 여기에는 현재 활동하고 있는 지역 보건 사업장들이 어떻게 항칼라아자르 약품을 구입하고 지원받는지, 항매개체 사업을 진행하는지, 칼라아자르 환자 전담 의료진을 추가로 파견하는지에 대한 내용은 없었다. '예방 및 치료 물질' 역시 일언반구도 없었다.

이듬해, 또 회의가 열렸다. 일당을 받은 의사들이 모여들었고 칼라아자르의 임상적 경과에 대한 강의가 있었다.[46] 물품들은 이제 막 주문했지만 고문들의 임기는 끝났다.[47] 프로젝트 기한도 끝났다. 전문가들은 떠났고, 쓰지도 않은 물품들은 놀고 있었으며, 차량들은 천천히 부식되어 갔다. 전과 달라진 것은 아무것도 없었다. 하지만 연구에 30만 달러를 들이부었다는 이야기는 칼라아자르로 죽어 가는 수쉴라들과 아이들을 위해 무언가 이루어졌다는 환상을 심어 주었다.

물론 칼라아자르 연구에 활력을 불어넣으려 한 것은 세계보건기구/유엔개발계획 프로그램이 처음은 아니었다. 칼라아자르의 원인을 밝혀내고

46 [역주] 제3세계에는 회의나 강의 참여자들에게 일당을 지급하는 것이 관행이다. 이렇게 받는 일당이 적지 않은 수입을 올려 주기 때문에, 주제에 관심이 없더라도 일당을 위해 참석하는 사람들이 많다.

47 이 고문들 가운데 한 명은 인도 의회 소속으로 정치적 영향력이 큰 사람이었다. 한때 칼라아자르 화학요법 관련 연구를 진행한 의사였던 경력을 내세우며 후안무치하게도 세계보건기구/유엔개발계획 프로젝트 계획안을 재검토하겠다고 나섰다. 결국 재검토 후 그와 (외과의인) 친척은 상당한 규모의 연구 지원금을 받아 챙길 수 있었다.

모래파리가 매개체임을 밝혀내 연구가 정점에 달했던 순간은 앞서 이야기했다. 영국이 마침내 델리에서 유니언잭을 내려야 했을 때도 연구는 멈추지 않았다. 칼라아자르를 비롯한 토착 열대 질환에 대한 연구는 인도에서 꾸준히 이어졌다. 새로 들어선 정부는 광범위한 분야의 의학 연구 및 연구소를 지속적으로 지원해 주었다. 칼라아자르가 '불황기'에 접어든 시점, 즉 국립 말라리아 박멸 프로그램의 매개체 박멸 사업으로 유병률이 극도로 낮아지자 칼라아자르 연구에 대한 중요성도 자연스럽게 줄어들었다. 하지만 비하르를 중심으로 칼라아자르가 갑자기 증가하기 시작하자 인도 정부는 1975년, 국립 감염성 질환 연구소에 칼라아자르 연구과를 창설하는 등 적절하게 대응했다. 같은 해, 연구소는 비하르의 주도인 파트나에 칼라아자르 연구 분소를 파견했다.

칼라아자르를 동물원성 전염병으로 착각하는 이상한 전통을 그대로 이어받아 파트나 칼라아자르 연구 분소에는 수의학자인 샤크라바티 박사가 책임자가 되었다. 샤크라바티 박사를 보조하기 위해 의사 한 명도 함께 파견되었다. 이 의사 역시 슬픈 현실에 묶여 있었다. 본래 산부인과 의사였지만 집이 비하르에 있었기 때문에 칼라아자르 연구를 자청해 온 경우였다. 이 의사는 외로운 사람이었다. 기독교인들로 이루어진 작은 부족 출신인 이 사람은 힌두교가 대부분인 사회에서 변두리로 밀려날 수밖에 없었다. 게다가 파트나에 파견되자마자 부인이 사망했다는 것도 커다란 짐으로 남아 있었다. 아니, 정확히 말하자면 사망하도록 방치되었다는 표현이 더 정확하겠다. 부인은 집 2층 발코니에서 떨어졌다. 의식을 잃고 위중한 상태라 전문의에게 진단 및 치료를 받기 위해 정부 병원으로 후송되었다. 같은 날, 정부 의료 기관에서 일하는 의사들은 한 명도 빠짐없이 봉급 인상을 위한 파업에 돌입했다. 병원으로 가는 길은 성난 의사들로 둘러싸여 난장판이었다. 의사들이 어떤 의료 행위도 하지 않겠다고 선언했기 때문에 병원에서는 어떤 의료 서비스도 받을 수 없었다. 물론 파업 중인 의사들도 자신이 다니는 개인 병원에서는 돈 내는 환자들을 여전히 진료하고 있었다. 남편은 파업에 참여하지 않았던 정부 의사였고, 이런 도덕적 이중성에 화가 나 있었다. 그는 부인을 개인 병원에 보낼 만한 여력이 없다며 모든 도움을 거부했고, 정부 의사들이 부인을 치료해야 하며 그것이 의사의 의무라는 입장을 고집했다. 혼수상태로, 의사들이 버린 병원에 방치된 채, 그녀는 죽었다.

첫해, 파트나 칼라아자르 분소는 철저한 조사를 통해 새로운 집단 발병의 특성을 분석하는 데 큰 도움을 주었다. 연구원들은 최전방의 마을들을 몇 년에 걸쳐 지속적으로 방문해 매년 새로 발병하는 사람들의 수를 기록하고, 특정 성별이나 연령대가 위험성이 높은지를 관찰했다(성별에 관계없이 아이들의 감염률이 가장 높았다). 안티몬 약품도 공급받아 해당 마을이나 파트나 사무소를 찾아오는 환자들을 대상으로 약을 나눠 주는 역할 또한 훌륭하게 수행했다.

연구진은 완치된 환자 중 10~20퍼센트에서 1년이 지난 뒤 독특한 임상 증상인 후-칼라아자르 피부리슈만편모충증이 나타난다는 사실도 발견했다. 그러나 어떤 기전으로 일어나는지, 왜 일부 환자들에게서만 이런 증상이 나타나는지 알 수 없었다. 일반적으로 안티몬 치료가 정상적으로 마무리되면 비장·간·골수 등 내부 장기 내 대식세포에 자리 잡고 있던 도노반 리슈만편모충들은 모두 제거된다. 이 환자들은 완치된 사람들이다. 반면에 후-칼라아자르 피부리슈만편모충증을 보이는 환자들의 몸 안에 있는 기생충들은 모종의 돌연변이를 일으켜 피부 내 대식세포에서만 살 수 있도록 바뀐 듯 보인다. 첫 번째 증후는 탈색된 반점들이다. 다음에는 피부가 점점 두꺼워지다가 결국 나종형 나병lepromatous leprosy에서 볼 수 있는 것과 비슷한 사마귀 같은 혹이 자라나기 시작한다. 실제로 피부리슈만편모충증 환자의 병변은 한센병 환자와 상당히 흡사해서 인도 내 한센병 요양원에 감금된 사람들 가운데 일부는 오진받은 리슈만편모충증 환자일지도 모른다. 이 증상은 굉장히 치료하기 어렵고, 기존에 사용하던 장기 안티몬 글루코산염 주사에도 잘 반응하지 않는다. 더욱 중요한 사실은 후-칼라아자르 피부리슈만편모충증 환자가 모래파리 감염의 원천이 되어 유행기간에 기생충을 유지시켜 주는 원인일 가능성이 높다는 점이다.

이제는 정형화된 열대 실험실의 엔트로피[48] 경로에 따라 1980년대에 이르자 파트나 분소의 훌륭한 활동도 막을 내리게 된다. 장비들은 수리가 불가능한 상태였고, 보급품들은 델리에서 넘어오지 않았다. 차량은 괴팍해졌고, 연구진은 학문적으로나 직업적으로나 고립되었다. 자체적인 학술지들도 있었고 델리에서 파트나로 단기직으로나마 파견 오고 싶어 하는

48 [역주] 물리학 개념 가운데 하나로, 물질이 변형되어 다시 원래 상태로 돌아올 수 없음을 설명한다. 흔히 에너지의 분산, 혹은 무질서의 증가로 해석하기도 한다. 즉 관심이 사라지면 뿔뿔이 흩어지는 열대 실험실의 모습을 이에 비유한 것이다. 오늘날도 국제단체의 자금 지원이 끊어지는 순간 현장에서 진행 중이던 연구들이 중단되거나 공중 분해되는 일들이 비일비재하다.

'전문가'들도 있었다. 의사는 죽은 아내 때문에 완전히 의기소침해져 있었다. 파트나 연구원들은 세계보건기구/유엔개발계획의 칼라아자르 프로젝트가 분소에 다시 한 번 활기를 불어넣어 주리라 기대했다. 어쨌든 그들이야말로 칼라아자르 관련 자금 지원을 몽땅 따낸 연구소 소속 칼라아자르 담당 분소였기 때문이다. 하지만 일은 그렇게 풀리지 않았다. 자금은 델리 연구소에만 들어갔다. 델리에서 일하는 사람들은 델리에서 일한다는 그 사실만으로도 아주 중요한 일을 하는 아주 중요한 사람들이었기 때문이다. 당연한 이야기지만, 델리에는 칼라아자르가 없었다.

내 이야기가 연구에 대해 불평만 늘어놓는 장황한 이야기처럼 들릴지도 모르겠다. 과학이라는 이름으로 자원을 갈취한 내용 말이다. 하지만 칼라아자르에 얽힌 풀리지 않는 수수께끼를 계속 연구해야 할 필요가 있다는 데는 반대하지 않는다. 이는 두 세상이 서로 양립할 때 가능할지 모른다. 인도에는 질병이 있고, 서구에는 생명공학, 그리고 기술을 뒷받침할 만한 돈이 있다. 인도와 서구 과학자들의 협동은 자연스러운 화합이어야 한다. 문제는 인도 과학자들이 서구 과학자들을 좋아하지 않는다는 점이다. 특히 미국 과학자들을 싫어한다. 이런 적의에도 불구하고, 인도 과학자들이나 학생들은 누구나 미국에 유학/이민을 가고 싶어 한다. 만약 누군가 인도 사람에게 인도와 러시아의 특별한 연대감 때문에라도 모스크바에 위치한 파트리스 루뭄바 대학에서 공부해 보라고 권한다면 미친 사람 보듯 쳐다볼 것이 분명하다. 뿌리 깊은 적의는 적어도 20년 전으로 거슬러 올라간다. 그리고 이는 칼라아자르 협동 연구의 방향을 결정한 중요한 사건이기도 했다.

이야기는 독일에서 시작된다. 1967년, 민츠 대학 한스 라벤Hans Laven은 영국 잡지 『네이처』Nature에 충격적인 보고서를 발표했다. 파리에서 채집한 수컷 열대집모기*Culex fatigans*[49]와 인도에서 채집한 암컷 열대집모기를 교배하자 암컷이 불임이 되었던 것이다. 그뿐만 아니라 버마의 랑군 외곽 마을에서 5천 마리의 프랑스 수컷들(모기들)을 매일 풀어 주는 것으로 열대집모기를 완전히 박멸하는 데 성공했다는 주장도 포함되어 있었다. 라벤은 이 현상이 유전적 소인으로 인한 세포질 불일치 때문에 나타났을 것으로 추측했다. 전 세계에 분포하는 열대집모기는 겉으로는 똑같아 보이지만, 지리적으로 멀리 떨어진 지역에서는 유전적으로 다른 변종들이 존재한다는 가설을 세웠다. 이렇게 유전적으로 다른 변종들을 교배시키면 생식세포(난자와 정자)가 너무 달라서 결합·수정이 일어나지 않거나, 수정이 이루어지더라도 당나귀와 말을 교배시켜 노새가 태어나는 것처럼 자손들은 불임이 될 것으로 보았다.

라벤은 세포질 불일치를 이용하면 매개체의 개체 수를 관리하는 데 강력한 도구가 될 수 있으리라 제안했다. 이론적으로는 열대집모기에 실험했던 방식 그대로, 말라리아를 옮기는 얼룩날개모기나 칼라아자르를 옮기

---

49 이제 퀸퀴파시아이투스 집모기(*Culex quinquefasciatus*)로 더 자주 불리는 열대집모기는 도심지 어디서나 볼 수 있다. 이 모기는 소름끼칠 정도로 더러운 장소, 즉 재래식 변소, 하수구 등 물이 고이는 곳이라면 어디든 가리지 않고 번식한다. 열대 도시에서는 의학적으로도 중요한데, (상피병의 원인이 되는) 사상충의 매개체이자 보균체이기 때문이다. 위생 시설의 균등한 발전 없이 급속히 성장하는 열대 도시는 결국 열대집모기의 폭발적인 증식과 사상충증 감염률의 증가를 불러왔다.

는 모래파리에도 적용될 수 있었다. 이 흥미진진한 발견은 시점도 좋았다. 살충제를 이용한 매개체 관리 방식은 효과도 인기도 떨어지고 있었다. 질병 매개성 흡혈 곤충을 공격할 수 있는 새롭고 비화학적인 방법이 애타게 필요했다. 세계 말라리아 박멸 프로그램의 실패로 큰 압박을 받고 있던 세계보건기구는 이 신개념 매개체 관리법을 황급히 부여잡았다. 세계보건기구는 현장 실험이 꼭 필요하다는 점도 알고 있었다. 인도의학연구위원회는 인도 내에서 시험이 이루어져야 한다고 강력히 주장했으며, 여기에는 세계보건기구 매개체 및 생물학적 방제과에 있던 인도 곤충학자들의 입김도 작용했다. 결국 인도가 실험을 따냈다. 1972년, 세계보건기구는 델리에 실험실을 세웠고 (인도·독일·일본·영국·미국 등) 세계 각지에서 곤충학자들이 몰려들었다. 미국 곤충학자들은 대부분 미국 농무부에서 파견 나온 사람들이었다. 농무부는 치명적인 유전자를 이용한 유전적 선택이라는 방법이 미국 내에 유행하는 해충들에도 적용될 수 있지 않을까 하는 희망을 품고 있었다.

실험실에서는 죽음의 입맞춤을 선사할 집모기들을 대량으로 키워 내는 일에 착수했다. 광대한 자연 상태에 어느 정도 영향을 주려면 수백만 마리는 풀어 줘야 했다. 활동이 정점에 이르렀을 무렵 델리 세계보건기구 모기 목장에서는 주당 5백만 마리에 달하는 프랑스산 집모기를 키워 내고 있었다. 충분한 숫자의 모기가 쌓이자 세계보건기구는 델리에서 몇 킬로미터 떨어진 마을을 첫 번째 현장 실험 장소로 선정했다. 다음에 벌어진 일은 오만하고 멍청한 짓거리였다.

델리에서 몇 킬로미터 떨어진 작고 가난한 마을을 머릿속에 그려 보자

(델리에서 몇 킬로미터 떨어진 곳, 아니 인도 다른 어디에도 부자 마을은 없었다). 초가지붕과 진흙 벽이 있는 집들이 늘어서 있었고, 비포장인 도로는 먼지로 가득했다. 재래식 변소들이 서있었고, 마을 전체를 지탱하는 수도관은 하나였다. 주민들은 대부분 가난한 농부들이었다. 몇몇은 비숙련 일용직 노동자로 델리에서 일하기도 했다. 대부분은 문맹이었다. 1975년 어느 날 아침, 하얀 바탕에 파란 로고(카두세우스의 뱀[50]이 세계지도 위에 놓인)가 문에 그려진 세계보건기구 차량이 마을 한가운데로 들어온다. 뱀을 두려움과 혐오의 대상으로 보는 마을 사람들은 뱀이 그려진 차량을 의심스러운 눈길로 쳐다본다. 다음에 벌어진 일은 더 수상쩍었다. 척 보기에도 인도인인 사람 몇 명과 낯선 동양인 몇 명, 그리고 아주아주 하얗고 수상쩍은 사람들이 밴에서 튀어나왔다. 이 수상쩍은 사람 중 한 명이 그물망으로 덮인 커다란 우리를 차에서 꺼내자 놀란 사람들의 성난 웅성거림이 퍼져 나갔다. 그리고 그물망을 걷자 새까만 모기떼가 날아올랐다. 한마디 설명도 없이 뱀과 모기를 몰고 온 사람들은 차를 타고 사라졌다. 몇 주 후 뱀 달린 차가 마을에 다시 나타나 수상한 외국인이 모기들을 우리에서 잔뜩 풀어 줬다. 주민들은 이번엔 가만있지 않았다. 외국인을 쫓아 차에 달려들자 차는 황급히 자리를 떴다. 한 달쯤 후 차가 다시 나타났다. 마을 사람들은 차를 불태웠다.

---

50 [역주] 그리스신화에 등장하는 의술의 신 아스클레피오스의 지팡이. 뱀이 감긴, 날개 달린 지팡이다. 많은 의료 기관 및 단체에서 상징으로 삼고 있다. 기생충을 형상화했다는 의견도 있다.

의심의 여지없이, 세계보건기구 열대집모기 팀은 홍보에 문제가 있었다. 나중에 세계보건기구는 인류학자를 고용해 마을 사람들에게 사죄를 구하고 지역사회의 협조를 얻기 위해 어떤 일을 하고 있는지 설명해 보았지만 이미 때는 너무 늦었다. 마을 농부들은 까막눈이었을지는 몰라도 정치적이지 않은 사람들은 절대 아니었다. 1970년대, 인도 공산당은 지역구 수준에서나 전국구 수준에서나 상당한 영향력과 대표성을 행사하고 있었다. 마을 사람들은 공산당 하원 의원들에게 민원을 넣었다. 공산당은 미국 과학자들을 집중적으로 비난했다. 의원들은 의회에서 사실은 미국 곤충학자들이 중앙정보국CIA 공작원이며, 모기 프로젝트는 인도인들을 '기니피그' 삼아 질병 매개성 곤충을 풀어 생물학무기를 실험하는 것이라고 강력하게 주장했다.

당시는 베트남전쟁이 벌어지던 시대였다. 지금은 이런 이야기가 허황되게 들릴지 몰라도 당시에는 널리 호응을 얻어 순식간에 사실인 양 퍼져나가곤 했다. 인도에 프로젝트를 유치하기 위해 열정적으로 탄원했던 인도의학연구위원회는 소심하게 입을 다물었다. 한마디 변명조차 하지 않았다. 계획은 물거품이 되었고 실험실은 폐쇄되었다. 악의적으로 왜곡된 개념들은 결코 해명되지 않았다. 보팔 참사[51]가 일어났을 때, 정부의 비공식적인 견해를 반영했던 것으로 유명한 『힌두스타니 타임스』*Hindustani Times*

51 [역주] 1984년 12월, 인도 보팔의 인구 밀집 빈곤 지역에 자리 잡고 있던 미국 유니언 카바이드 소유의 농약 제조 공장에서 안전관리 소홀로 유독가스가 누출되어 3천7백 명 이상이 사망했고 50만 명 이상이 노출되어 직간접적인 피해를 입었다. 세계 최악의 산업 재해로 기록되어 있다.

는 이전 모기 번식 프로그램과 마찬가지로 이 사고 역시 미국이 인도인을 대상으로 진행하는 생화학 무기 실험의 일환이라는 논지로 사설을 실었다. 라벤과 성 기능 부전 프랑스 모기들은 어떻게 되었을까? 미국 곤충학자인 랄프 바Ralph Barr 박사는 라벤의 실험 데이터를 자세히 살펴본 결과 유전학적으로 말이 되지 않는다는 결론을 내렸다. 그는 모기들을 더 자세히 살펴보았다. 그리고 사실 나쁜 유전자가 문제가 아니라 리켓차Rickettsia라는 미생물이 암컷을 불임으로 만들었다는 사실을 알아냈다. 프랑스 수컷들은 인도 암컷(모기들)을 불임으로 만드는 성병을 달고 왔던 셈이다.

1985년에 이르러서는 칼라아자르와 관련된 기생충학과 곤충학에 투자한 돈들이 별다른 성과를 내지 못하고 있다는 사실이 분명해졌다. 토착화된 칼라아자르의 기세는 전혀 약해지지 않았다. 새로운 치료법은 개발되지 않았고 현존하는 치료법은 제대로 적용되지도 않고 있었다. 피해를 입고 있는 아시아 국가들을 위한 새로운 감염 관리 프로젝트나 연구 기금 계획도 없었다. 칼라아자르는 새롭고 효과적이며 간단하고 값싼 치료법만 기다리고 있는 보건 당국에게 잊힌 채 '정체 상태'에 들어섰다.

칼라아사르는 암이나 심장 질환, 뇌졸중, 알레르기처럼 성조기 휘날리는 질병이 아니다. 어떤 미국 대통령도 내장 리슈만편모충증과의 전쟁에 필요한 자금을 지원하자는 내용의 법안을 국회에 제출하지는 않을 것이다. 어쨌든 칼라아자르는 많이는 아니더라도 꾸준히 미국 납세자들의 덕을 보고 있었다. 정부 기록을 급하게 훑긴 했지만, 적어도 내가 알기로는 1979년에서 1986년 사이, 미국국립보건원NIH은 29개의 대학 외부 연구비를 (대부분 대학 연구자들에게) 도노반 리슈만편모충 연구에 지원했다. 이 무렵 인도 칼라아자르 유행이 정점에 달한 시기였다는 사실과(그뿐만 아니라 세계 각지에서도 감염은 계속되고 있었다), 이 연구비 지원 가운데 절반가량은 갱신이었다는 사실(나는 연 단위로 합계를 냈다), 대부분 10만 달러 미만이었다는 사실(지원 인력을 고용하는 데는 돈이 많이 든다. 박사 후 과정에 있는 연구원을 고용하는 데는 연봉 4만 달러에 추가 수당까지 줘야 한다)을 고려해 보면 도노반리슈만편모충에 그리 많은 돈을 쓴 것은 아니었다. 또한 지원된 연구비 중 인체 감염 연구에 사용된 돈은 거의 없었다. 전쟁으로 찢겨진 수단과 브라질에서 진행된 역학 연구가 각각 한 건씩 있었지만, 다른 다양한 감염성 질병을 연구하는 데 칼라아자르가 포함되어 있었을 뿐이다. 인도 아대륙 내 칼라아자르 유행과 관련해 미국국립보건원은 연구비를 지원하지 않았다. 인체 내 발병 기전이나 합리적인 치료법에 대한 연구도 없었다. 질병 유행에 영향을 미치는 문화적·사회적 요인을 연구하는 데 지원된 돈도 전혀 없었다. 화학요법은 그나마 조금의 여유를 얻었다. 쥐와 인간에게 안티몬 치료제를 시험하는 연구가 각각 하나씩 있었다. 인체 감염증을 연구하는 데 있어 별로 균형 있는 프로그램은 아니었다.

대학 외부 연구 지원뿐만 아니라 미국국립보건원 내 기생충 질환 실험실도 기생충 연구와 관련해 오랜 역사를 자랑해 왔다. 근래 들어 기생충 질환 실험실은 유행에 따라 급격히 주류 사회에 편입되어 갔다. 연구자들은 대부분 실험실에 앉아 머리만 쓰는 연구를 하고 있었다. 실험실이 설립된 초기, 현장 연구로 명성을 떨쳤던 균형감은 이제 거의 남아 있지 않았다. 많은 성과를 낸 한 젊은 미국국립보건원 소속 과학자만이 인도에서 칼라아자르 면역학 응용 연구를 하면서 현실 세계와의 접점을 만들었다. 연구를 시작한 지 1년도 채 되지 않아 유행 지역에는 커다란 무증상 '보균자' 인구 집단이 존재한다는 중요한 발견이 이루어졌다. 그때까지 보편적인 관점은 기생충에 감염되면 필연적으로 칼라아자르가 발병한다는 것이었다. 이제 면역학적 증거는, 상당수의 사람들은 감염이 되더라도 기생충을 억제하거나 가둬 둔 채 별 증상 없이 살아간다는 사실을 보여 주었다. 즉 후-칼라아자르 피부 리슈만편모충증 환자가 아닌 이런 '해결사'들이 실질적으로 질병 유행 시기 사이에 기생충 저장고 역할을 하는 것이 아닌가 하는 추측이 떠올랐다. 하지만 이 대담무쌍한 미국 연구자가 연구를 마무리 지을 만한 결정적인 증거를 찾으려 할 무렵, 그는 인도와의 협동 연구라는 현실의 또 다른 면모를 발견하고 말았다. 인도 측 의학연구소는 그가 인도 동료들에게 충분한 공적을 돌리지 않았고, 인도 측에서 사용할 만한 기자재를 충분히 남기지 않았으며, 연구를 수행한 마을 내 문화적 감수성을 충분히 고려하지 않았다고(인도를 '기니피그'처럼 사용했다고) 주장했다. 미국 연구자는 연구를 마치러 인도에 돌아간다는 계획을 단념했다. 그가 그만두자, 협동 연구라는 다리도 끊기고 말았다.

미국에서는 '월터 리드 육군 연구소'를 통해 군에서도 칼라아자르 연구를 진행하고 있었다. 미국의 적들에게 도움이나 조언을 주고 싶지는 않지만, 내가 만약 반대쪽 편이었다면 군사 연구소에서 관심을 가지는 기생충을 주목했을 것이다. 현실 정치는 외교관들의 말보다 군대가 연구하는 감염성 질환이 더욱 잘 반영해 주기 때문이다. 얼마 전까지는, 아프리카 수면병을 일으키는 파동편모충을 육군 연구자들이 집중적으로 연구했다. 이제 초점은 도노반 리슈만편모충, 즉 중동의 토착 기생충으로 옮겨왔다.

그럼 부자 미국 과학자들은 도노반 리슈만편모충으로 뭘 하고 있을까? 그리고 그들이 그리도 똑똑하다면 왜 아직도 1930년대 개발된 형편없는 치료법을 사용하고 있는 걸까? 그러니까 육군 연구자들과 연구비는 전략적 목적, 즉 내장 리슈만편모충증이 유행하는 지역에서 작전을 수행하는 병사들을 보호하기 위해 새롭고 효과 좋은 약품을 개발할 필요에 휘둘리고 있었다. 화학요법을 개발하는 데 집중한 결과 월터 리드 연구진은 전도유망한 신약과, 기생충에 감염된 대식세포 내로 약물을 전달할 새로운 경로를 개발해 냈다. 그러나 대부분의 약품은 여전히 임상 전 동물 실험 단계에 머물러 있고 생산에도 상당한 돈이 들 것으로 예상된다. 하지만 1백달러짜리 변기 뚜껑은 군대식 경제의 상징이다. 미국 병사를 치료하는 데는 돈이 중요한 게 아니었다. 하지만 현실 세계 구석구석, 칼라아자르의 단골손님이 되고 있는 도시 및 지방의 가난한 수많은 수쉴라들에게는 15달러짜리 안티몬 글루코산염조차 그들의 경제력을 한참 뛰어넘는 것이다.

7
공룡 기생충

대부분의 질병에는 그들을 모시는 과학자들이 있다. 칼라아자르 신학생들은 리슈만편모충의 창세와 모래파리와 포유동물이라는 우주 안에서 리슈만편모충이 어떤 위치를 차지하고 있는지를 탐구한다. 칼라아자르의 기원을 탐구해 보는 작업은 흥미진진한 이야깃거리들을 만들어 낸다. 생물학에서는 자유생활을 하던 생물이 어떤 기회, 돌연변이, 선택 압력에 의해 다른 생명체인 '숙주'에서 살게 되면서 기생충이 되었다는 것을 정설처럼 받아들이고 있다. 숙주는 집과 먹을거리를 파는 가게인 셈이다. 확실히 기생충에게 있어 숙주는 슈퍼마켓이다. 이런 비유는 사실 '기생충'parasite이 '다른 사람의 식탁에서 식사하는 사람'이라는 뜻의 그리스어 단어에서 유래했음을 생각해 보면 그리 과장된 것도 아니다.

생물학자 린 마굴리스Lynn Margulis는 리슈만편모충의 기원에 대한 흥미로운 가설을 세웠다. 리슈만편모충이 기생 생활을 하는 방향으로 진화했을 뿐만 아니라 세 종류의 전혀 다른 미생물들이 조립되어 기생충이 되었다는 가설이었다. 마굴리스의 가설에 따르면 약 10억 년 전, 젊은 지구의 부글거리는 스프 안에는 원시적인 미생물과 해면동물 몇몇만이 살고 있었다. 그리고 첫 번째 수렵 채집자인 아메바는 다른 미생물들을 잡아먹고 살았다. 수백만 년에 또 수백만 년이 지나는 세월 동안 작은 미생물들은 아메바의 먹이일 뿐이었다. 하지만 어느 날, 한 미생물이 아메바에게 소화당하지 않았다. 아메바 안에서 살아가는 삶은 꽤 괜찮았다. 미생물은 숙주 안에 머물렀고, 아메바가 분열할 때 미생물도 함께 분열했다. 시간이 흐르자 미생물은 아메바에 합체되어 체내 '기관'이 되었을 뿐만 아니라, 동반자의 생명 유지에 필수적인 역할을 하게 되었다. 미생물은 분자 기관(미토콘드리아)으로 변했고, 섭취한 영양분을 화학적으로 연소해서 에너지로 변환하는 효소를 생산하게 되었다.

마굴리스 가설의 마지막 장은 이동 기관이 합세해 삼위일체의 편모원충이 되는 것으로 마무리된다. 매독을 일으키는 스피로헤타Spirochaete와 흡사한, 나사 모양의 단순한 자유 생활 미생물이 스프 같은 바다를 헤치고 있었다. 원시 스피로헤타가 어쩌다 아메바 같은 미생물을 반쯤 파고들었다. 이 스피로헤타 역시 소화가 불가능했고 영구적인 구조물의 일부가 되었다. 결국 반쯤 끼인 상태로 계속 회전 운동을 하게 되었다. 이제 아메바에는 프로펠러도 달렸고, 더는 질금질금 기어 다닐 필요가 없어졌다. 이 생물체가 편모충이 되었고(가설에 따르자면), 지금 모래파리 체내에 사는 리슈만편모충의 편모 단계(전편모충)와 모습도 크게 다르지 않았다.

이 원시 편모충은 전편모충과 비슷하게 생기고 전편모충처럼 헤엄쳐 다녔을지는 몰라도, 리슈만편모충의 관점에서 보자면 전편모충은 아니었다. 10억 년 전에는 모래파리가 없었기 때문에(그뿐만 아니라 곤충 자체가 없었기 때문에) 아직 변신하는 능력을 가지게 될 만큼 진화하지는 않았다. 천천히 흘러가는 진화의 시간 속에 지구 위 생물들은 분화해 점점 복잡한 구조를 형성해 갔다. 식물에는 물관과 질긴 나무껍질이 생겼다. 동물은 분화된 기관, 나아가 척추를 얻었다. 초기 생명체들은 '선악과를 깨물었고' 성性이 나타났다. 우리의 삼위일체 편모원충은 이런 새로운 생물과 환경 생태계 안으로 퍼져 나갔고, 이 가운데 하나가 고등 식물의 수액 안에 자리 잡았다. 이 원충은 지금도 식물 안에서 발견할 수 있다.

약 4억 년 전, 원시 곤충들은 데뷔하자마자 순식간에(진화적 시간 개념으로 보았을 때) 분화하고 증식했다. 곤충이 나타나고 2억 년 후, 날개 길이가 60센티미터에 달하는 잠자리, 10센티미터짜리 바퀴벌레들이 안정적으로 자리를 잡고 장기 체류를 시작했다. 곤충은 생태계의 후미진 구석과 틈새로 퍼져 나가 매우 다양한 생활 방식을 꾸려 갔다. 그리고 갈라파고스제도 핀치 무리에서 다윈이 관찰했던 것처럼,[52] 턱 구조에 일어난 해부학적 변형이 이런 특수한 생활을 가능하게 해주었다.

모래파리는 쌍시류(즉 파리들)에 속한다. 쌍시류에는 원시적인 자유 생활 종들, 집파리·체체파리·각다귀·날파리·모기가 포함된다. 쌍시류 가운데 몇몇 종들은 진화 초기에 먹이를 빨아 먹는 습관이 생겼다. 그리고 이런 생활 습관을 위해서는 턱 구조가 '주사 바늘' 형태의 관통형 튜브로 변형될 필요(다윈의 빨자 생존의 법칙)가 있었다. 이 가운데 일부는 식물의 즙을

52 [역주] 다윈의 진화론을 설명할 때 자주 등장하는 것이 핀치의 부리다. 갈라파고스제도에 사는 핀치들은 서로 다른 먹이에 적응하면서 부리의 모양이 달라졌다. 다윈은 이를 자연선택의 결과로 보고 진화론의 이론적 증거를 제시한다. 실제로 다윈이 진화론의 영감을 얻은 것은 핀치와 별로 상관이 없으며, 후대에 부풀려진 신화라는 주장도 있다.

빨아 먹었고, 그 과정에서 전편모충과 비슷한 원충을 함께 섭취하게 되었다. 앞서 줄거리와 마찬가지로 돌연변이 원충 가운데 하나가 파리 뱃속에 적응해 보금자리를 마련하는 데 성공했고, 쌍시류와 공생 관계를 맺게 되었다. 이어 모래파리의 선조들이 이따금 육식성 식사를 하기 시작했다. 다른 곤충들을 공격해 체액을 빨아 먹다가 나아가 다른 동물의 혈액과 식물성 영양분도 섞어 먹게 된 것이다.[53] 이런 낯선 환경 속에서 원충은 새로 등장한 모래파리의 체내에서도 살아남는 데 성공한다.

이제 우리의 상상력으로 리슈만편모충에 드리운 장막을 걷어 보자. 때는 1억 년 전. 우리의 타임캡슐인 화석 기록은 유럽과 북아메리카 일대에서 진짜 모래파리 종들이 등장하기 시작했음을 보여 준다. 이 모래 파리의 소화관 안에는 아직까지는 기생형이 아닌 원충들이 살고 있었고, 암컷은 혈액을 영양원으로 삼고 있었다. 그런데 암컷은 무엇의 혈액을 빨아 먹고 있었을까? 인간은 둘째치고 포유동물이 등장하는 것은 먼 미래의 일이었다. 1억 년 전, 모래파리는 파충류의 피를 빨아 먹었다. 거대한 파충류들, 바로 공룡이다. 이제 우리가 세운 이론적 시나리오에 출연하는 등장인물들이 한자리에 모였다. 공룡, 공룡의 피를 빠는 플레보토무스 모래파리, 그리고 모래파리의 입과 소화관에 공생하는 편모원충. 모래파리가 공룡에 주둥이를 박아 넣고 피를 빨기 시작했을 때 이 편모원충의 일부가 공룡 안

---

53 혈액을 주식으로 삼는 것은 영양학적으로 봤을 때 충분히 이해가 된다. 특히 암컷 곤충의 경우에 그렇다. 혈액은 풍부한 단백질을 공급해 주는데 이 영양소가, 대량의 알들을 생산하고 산란할 때까지 충분히 오랜 시간 성충이 생존할 수 있도록 해준다.

에 주입되었다. 공룡 면역계에 있던 대식세포는 원충을 외부 물질로 인식해 곧바로 집어삼켜 파괴해 버렸다(파충류에는 항체와 대식세포가 존재한다).

다시 한 번 이론적 시나리오는 진화의 소화불량 법칙으로 이어진다. 정확한 시점은 알 수 없지만, 아마도 쥐라기 시대의 어느 시점에 편모원충의 변종이 돌연변이를 일으켜 대식세포에 삼켜져도 파괴되지 않도록 저항성을 획득했다고 생각한다. 대식세포에게 손상되지 않는 법을 익히자 내부에서의 생활은 제법 아늑했다. 즉 이 특성은 생존에 도움이 되었다. 그리하여 모래파리와 공생하며 자유 생활을 누리던 원충은 공룡의 기생충이 되었다. 하지만 세포 내 생활에서는 삐져나온 편모나 비교적 큰 크기는 별 도움이 되지 않았고, 시간이 흐르면서 선택 압력에 따라 점차 작고 편모가 사라진 리슈만편모충 형태가 되어 갔다. 그런데 다시 모래파리가 공룡을 흡혈하면서 리슈만편모충에 감염된 대식세포의 일부가 다시 모래파리 안으로 흘러들어 갔다. 아직도 정확한 기전은 밝혀지지 않았지만, 소화기로 흘러든 기생충들은 옛날 환경으로 돌아왔다는 특정 신호를 받아 유전자들에게 원래 편모충 형태로 돌아가도록 명령을 내린다. 이런 (이론적) 과정을 거쳐 모래파리는 리슈만편모충의 매개체가 되었다.

정밀하기 그지없는 현대 유전공학의 도구 역시 이 이론적 시나리오를 지지하고 있다. 도마뱀 리슈만편모충은 현존하고 있다. 몇몇 원충종들도 여전히 현대 파충류들을 감염시키고 있다. 디엔에이 블롯 검출법이라는 기술을 이용해 파충류와 포유동물에 있는 기생충을 각각 비교해 관계를 알아보고 진화의 나무를 그려 볼 수 있다. 먼저 세포에서 디엔에이를 추출한다. 이 부분은 기술적으로 별로 어려운 일은 아니다. 디엔에이 가닥은 여러 효소들에 의해 조각조각 소화되는데, 이 효소들은 가닥의 특정한 위치만을 '싹둑' 잘라 낸다. 잘린 디엔에이 조각들은 전류가 흐르는 젤 위에서 분리된다(전기영동법). 다음으로 각 유전자가 가진 정보에 대응하는 물질들인 탐침을 넣어 유전자 지도를 그린다. 탐침은 특정 염색체 위치에만 접합하는데 이를 시각적으로 확인할 수 있다. 여러 탐침들을 사용해 전기영동된 디엔에이 조각들이 같은 염색체 위치를 가지고 있는지를 비교해 디엔에이 가닥 위에서 유전자 지도를 구성하는 것이 가능하다. 또한 비슷한 종 사이에 디엔에이 검출법을 통해, 얼마만큼 가까운지 혹은 얼마나 다른지를 알 수 있다. 복잡한 수학 계산은 건너뛰고, 산출된 공식에 따르면 유전적 차이가 10퍼센트 정도라면 두 연관 종은 동일한 조상에서 약 1천만 년 전에 갈라져 나온 것으로 볼 수 있다는 결과가 나왔다.

1987년, 스티븐 베벌리Stephen Beverley와 동료들은 앞서의 디엔에이 교잡법을 이용해 리슈만편모충의 진화 나무를 그려 보았다. 인간 리슈만편모충 종들 그리고 아종들과 파충류 리슈만편모충을 비교한 결과, 모든 리슈만편모충은 약 8천만 년 전 공통 조상에서 갈라져 나왔다고 보았다. 이때는 공룡이 지구를 활보하던 시기다. 이 연구 결과를 바탕으로 나는 나만의 공룡 멸종설을 짜보았다. 각각의 과학 분야에는 저마다의 멸종설이 있다. 고생물학자들은 운석이 지구를 후려치면서 대폭발이 일어나 전 세계가 먼지 구름에 뒤덮였다고 믿는다. 갑자기 추워진 세상에서 공룡은 생활할 수 없었고, 결국 모두 죽어 버렸다는 것이다. 어쩌면 그럴지도 모른다. 이제 이 기생충 학자가 들려주는 다른 설명을 들어 주시라.

화석 기록 및 디엔에이 유사성 분석(생물 안에 들어 있는 화석 기록인 셈이다)을 통해 우리는 ① 공룡의 시대에도 플레보토무스 모래파리가 있었고, ② 비슷한 시기에 리슈만편모충이 나타났으며 이것이 파충류 기생충이기도 했다는 점을 알고 있다. 어쩌면 새로 나타난 이 기생충이 공룡의 면역계가 한 번도 겪어 본 적 없는 완전히 새로운 종이었으며, 공룡에게 치명적이었다면? 현재 에이즈가 무력한 인간을 휩쓸고 있는 것처럼 새로운 질병, 즉 리슈만편모충이 공룡들을 휩쓸었던 것은 아닐까? 파충류 칼라아자르의 유행이 공룡을 멸종에 이르게 했다면?

흥미진진한 진화적 사색을 떠나 연구자들 및 연구자들에게 돈을 대주는 사람들의 호기심을 자극하는 문제는 바로 어떻게 리슈만편모충이 대식세포 안에서 파괴되지 않고 살아남을 수 있느냐는 점이다. 일반적으로 대식세포는 여러 방법을 통해 파괴 효과를 낸다. 대식세포는 세포 용해 효소(리소좀 효소)가 들어 있는 '소구체'들을 생산한다. 그리고 집어삼킨 미생물(식작용)을 소구체 안으로 집어넣는다. 라이소자임[54] 이외에도 대식세포는 포도당 대사 과정에서 생산되는 과산화수소 같은 과인산염 등을 이용해 파괴 작용을 한다. 그런데 문제는 좀 더 복잡해진다. 대식세포에는 그냥 대식세포와 화난 대식세포가 있다. 지극히 평범한 대식세포는 입맛이 까다롭지 않은 잡식성이다. 이 대식세포는 미생물 같은 외부 물질이라면 가리지 않고 뭐든 삼켜 버린다. 이 과정은 보통 굼뜨고 비효율적이다. 반면

54 [역주] 박테리아의 세포벽을 파괴하는 소화효소의 일종. 대식세포에 많이 있으며, 체내 면역계의 기본 방어선이라 할 수 있다.

에 미생물 병원체에 감염된 후, 혹은 유효한 면역 접종 후에 대식세포는 활성화된 T-림프구에서 강력한 화학적 신호(림포카인)를 받는다. 신호를 받은 다음 대식세포는 효율적이고 특수한 '청부' 살인 업자가 된다. 이제 이 대식세포들은 특정 미생물을 만나면 순식간에 집어삼키고 효소와 과인산염들을 생산해 빠른 죽음을 선사한다. 하지만 칼라아자르 환자의 대식세포들은 화를 내지 않는다. 도노반 리슈만편모충은 대식세포 안에서 꾸준히 살아남아 번식한다.

칼라아자르에 감염된 사람이나 도노반 리슈만편모충에 감염된 실험동물에서 이루어진 연구를 살펴보면 당황한 대식세포 안에서 기생충이 얼마나 다재다능한지를 볼 수 있다. 지금까지 세 가지 회피 기전이 알려졌다. 첫째, 리슈만편모충은 림프액에 들어 있는 단백질인 보체(C3)[55]에 달라붙을 수 있다. 정확한 이유는 아직 알려지지 않았지만, 보체로 뒤덮인 리슈만편모충은 호흡 작용을 억제시켜 기생충을 죽이는 초과산화물의 생성을 조절한다. 그 결과 감염된 대식세포의 산화 대사 작용이 손상된다.

리슈만편모충에 감염된 대식세포가 화를 내지(마치 에이즈처럼 일반적인 세포성 면역이 억제되는 현상과 함께) 못하는 두 번째 이유는, 기생충이 면역계에 존재하는 분화 세포들끼리 제대로 소통하지 못하도록 만들기 때문이다. 각각의 세포 몸체를 둘러싼 세포막에는 개인의 특성을 나타내는 분자

55 [역주] 척추동물의 혈청 내에서 각종 면역 반응이나 감염 방어를 담당하는 단백질. 단독으로는 방어 효과가 없으나 다른 면역 단백질을 활성화시켜 면역 반응을 일으키는 일종의 방아쇠 역할을 한다.

암호가 달려 있다(일란성 쌍둥이의 경우는 예외다). 조직적합성 항원(면역학에서는 MHC와 HLA 항원이라고 줄여서 부른다)은 이식된 장기를 거부하는 데 관여하는 것으로 잘 알려져 있다. 만약 대식세포가 활성화되려면, 즉 '화가 나려면' T-세포에서 림포카인 신호를 받아야만 한다. 그리고 림포카인이 생성되려면 일단 T-세포가 대식세포와 접촉해 올바른 조직적합성 유형을 지니고 있는지를 확인해야 한다. T-세포는 낯선 이에게는 자극받지 않는다. 이 과정은 철저히 가족 내 행사다. 한걸음 더 나아가 보자. 조직적합성 항원은 단백질이다. 그리고 모든 단백질(이 경우에는 MHC 유전자)은 유전자 암호에 적힌 지시 그대로 조립된다. 도노반 리슈만편모충은 MHC 유전자의 단백질 합성을 억제하기 때문에(과학광에게는 세포 내 프로스타글란딘 E2를 증가시킨다고 설명할 수 있겠다), 감염된 대식세포는 표면에 T-세포가 인식할 만한 조직적합성 항원이 충분치 않다. 아주 복잡하고, 아주 교묘하다.

세 번째 생존 방식 역시 한 치의 빈틈이 없다. 아직 정확히 밝혀진 방법은 아니지만, 기생충은 골수가 점점 더 많은 대식세포를 생산하도록 자극한다. 조립라인이 지나치게 활성화되다 보니 제대로 마무리된 결과물이 나올 리 없다. 미성숙 대식세포들이 면역계로 흘러든다. 미성숙 대식세포들은 리슈만편모충을 잡아 삼킬 수는 있지만, 심지어 림포카인이 충분히 존재하는 상태에서도 생리적으로 기생충을 죽일 능력이 없다.

미국국립보건원의 지원금을 신청하는 양식을 보면, 이 연구가 어떻게 실제 인간 보건에 도움을 줄 수 있을지를 반드시 적어야 한다. 연구가 인간 질환과 얼마나 멀리 떨어져 있든, 객관적으로 얼마나 난해한 연구이든 간에, 대부분 실험실 연구자들인 동료 심사원을 만족시킬 만한 '실용성'이 있다. 절대 꼬투리 잡힐 일 없는 최상의 두 단어는 바로 '백신'과 '면역 획득'이다. 지금까지 인간 기생충 질환을 예방하거나 치료할 수 있는 백신은 하나도 없었음에도 불구하고 탐색은 계속되고 있다. 칼라아자르를 비롯한 다양한 종류의 리슈만편모충증에 대한 관심과 지원 역시 감염자의 면역반응 결핍을 밝히고 면역계의 효율을 높이는 데만 집중되어 왔다.

칼라아자르 환자는 기생충에 대항해 대량의 항체를 만들어 낸다. 심지어 환자의 혈청에 존재하는 항체를 통해 기생충 감염 여부를 진단할 수도 있다. 하지만 항체는 기생충에 별다른 영향을 미치지 못한다. 아마 항체는 리슈만편모충이 보금자리 삼아 호사를 누리고 있는 대식세포 안까지 들어가지 못하기 때문일 것이다. 리슈만편모충을 죽이려면 다른 면역 군단, 즉 세포성 면역이 활성화되어야 한다. 이 면역 군단은 특화된 림프구, 즉 다양한 T-세포들을 통제하며, 앞서 설명한 대로 대식세포들을 '분노하게' 한다. 항체 이외의 방법으로 죽음의 키스를 날려 불법 이민자를 제거하는 특정 킬러 세포인 일부 T-세포 그룹들도 포함된다. 앞서 언급했다시피 칼라아자르 환자의 대식세포는 '죽은 거머리'보다 별로 나을 게 없다. 죽은 거머리는 우리 할머니가, 살아 있는 것이나 죽은 것이나 제대로 작동하지 않는 모든 것을 일컫던 말이다. 대식세포만이 아니다. 쥐와 인간에서 이루어진 연구를 보면 림프구들 역시 우리 할머니 표현으로 죽은 거머리보다 별로 나을 게 없다. 림프구는 '켜지지도' 않을 뿐만 아니라 시험관 상태에서 평소처럼 활성화되지도 않는다. 왜 세포 매개성 면역이 아네르기[56] 되고 게을러지는지에 대한 이유는 분명하지 않다. 하지만 터프츠 대학의 데이비드 와일러David Wyler 박사는 칼라아자르 환자의 혈액 안에서 T-세포의 활성화를 막는 요인을 발견했다.

아네르기를 일으키는 원인들이 무엇이든 간에, 세포 매개성 면역이 어떻게든 활성화되지 않으면 면역학적 치료법에 그 이상의 진전이 이루어질 수 없음은 확실했다. 면역 요법에는 이를 극복하기 위한 실험적 접근법이 하나 있었다. 림포카인을 실험동물에 주입하자 놀라울 정도는 아니지만 그래도 고무적인 결과를 얻을 수 있었던 것이다. 이후 생명공학의 유전자 재조합 기술을 통해 점점 순도 높은 물질을 얻을 수 있었다. 브라질 연구자들은 리슈만편모충증 인간 환자를 대상으로 유일한 면역제 치료법을 시험해 보았다. 칼라아자르는 아니었지만 브라질 리슈만편모충*Leishmania braziliensis*에 의해 일어난 피부 점막 리슈만편모충증이었다. 열대 남아메리카를 괴롭히는 악독한 기생충이다. 이 연구진은 약물로 기생충이 치료된 사람의 림프구에서 추출한 물질을 피실험자에게 접종했다. 감염된 지 얼마 안 된 사람들은 약물보다 나은 결과를 보였지만, 감염이 많이 진행된 사람들에게는 아무런 영향도 없었다. 그리고 죽거나 비활성화된 도노반 리슈만편모충으로 만든 재래식 백신 역시 칼라아자르 면역 획득에 실패했다. 최근 연구는 첨단 생명공학을 이용해 기생충에 존재하는 다양한 항원들을 분리하는 데 주력하고 있다. 세포 매개성 면역을 활성화시키고 백신만큼의 효과를 갖는 항원을 찾아내기 위해서였다. 하지만 여기서도 행운이 따

56 [역주] 알레르기의 반대말로, 특정 항원에 대한 면역 반응이 결여되는 현상. 본래는 면역 세포가 지나치게 많아져 자신의 세포까지 공격하는 것을 막기 위한 일종의 조절 기전이지만, 리슈만편모충의 경우에는 이를 역으로 이용해 면역계의 공격을 피하는 것이다.

라 주지 않았다.

물론 다양한 대규모 단체들이 리슈만편모충증 연구에서 보여 주는 활력과 혁신에는 감탄을 금할 수 없다. 새로운 생명공학의 기술적 방법론들은 의심의 여지없이, 숙주-기생충 관계를 공부하는 모든 학생에게 지적 자극을 주기에 충분하다. 그럼에도 불구하고 수쉴라가 아픈 아이를 위해 약 한 병 구할 수 없었던 1차 보건소, 창문 사이로 들어오는 한 뼘 햇빛으로 침침한 현미경을 밝히며 골수 표본을 보던 누룰 이슬람 칸 박사로 생각이 되돌아가는 것은 어쩔 수 없다. 연구와 현실 사이에는 너무도 큰 간극이 존재한다. 고상한 지식인들의 의생명공학 세상, 그리고 도움을 바라는 병든 사람들 및 이들을 돌보는 사람들 사이에는.

하우스 탐바란에 앉아 있는 파푸아뉴기니 촌장의 모습.

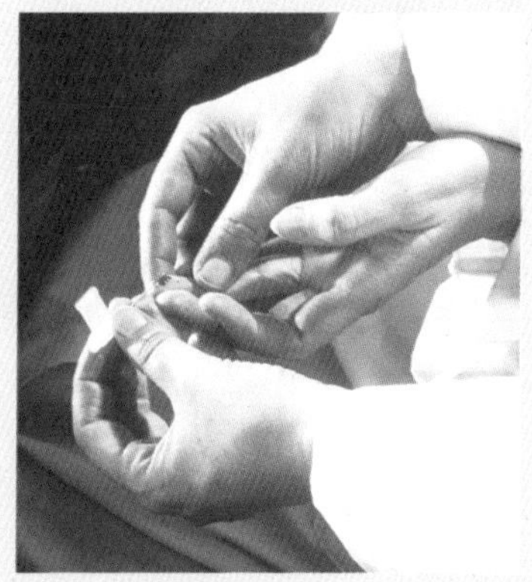

손가락 말초 혈액에서 혈액 도말을 채취하는 모습.

세계 각국에서 말라리아 박멸 기념우표까지 발행하며 희망에 젖었지만, 결국은 거대한 살라타들이 되어 버렸다.

제3세계 클리닉은 어디나 비슷한 풍경이다. 양철 지붕의 낡은 건물, 아침이면 이미 꽉 찬 대기실.

과거 기생충 연구는 주로 기생충이 있는 현장에서 이루어졌다. 모기를 채집할 때는 입으로 빨아들이는 도구를 쓰기도 했다. 하지만 최근 연구는 주로 잘 꾸며진 실험실 안에서 이루어진다.

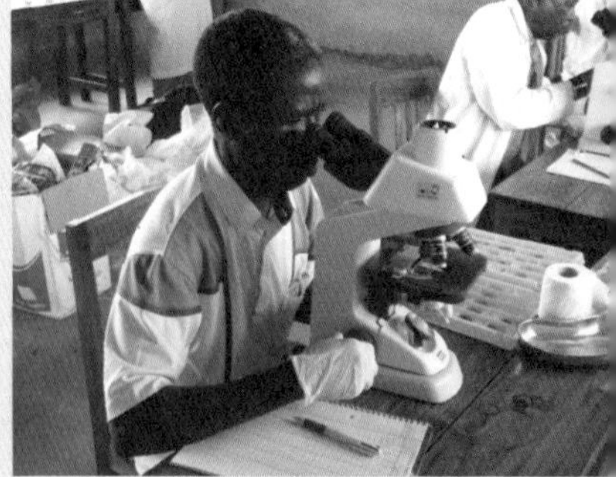

장비도 부족하고 전기나 수도가 들어오지 않는 지방 실험실에서는 주로 창문 사이로 들어오는 햇빛을 통해 현미경 조명을 사용한다. 어느 병원 실험실이나 창가 자리는 항상 현미경이 차지하고 있다.

19세기 사용되었던 현미경. 화려한 외관에 비해 성능은 별로 뛰어나지 않았다. 하지만 현미경의 발명은 생물학의 새로운 장을 열었다.

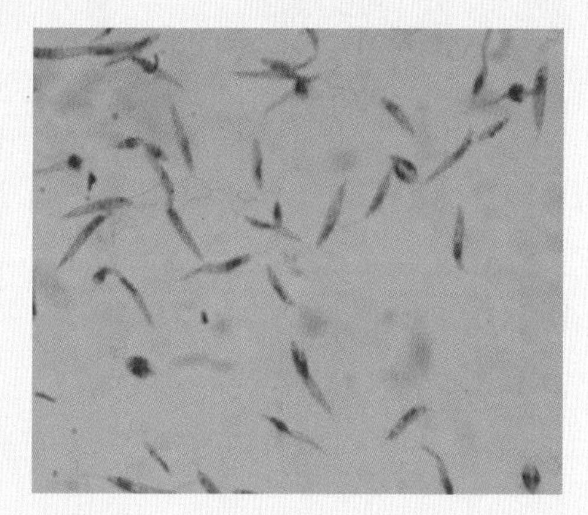

리슈만편모충. 실 같은 꼬리가 달려 있어 편모충이라는 이름이 붙었다.

열대집모기. 인간 말라리아의 매개체는 아니지만 사상충 등의 기생충을 옮긴다.

디디티는 제2차 세계대전을 전후하여 가장 널리 사용된 살충제였다. 당시에는 체외 기생충 제거를 위해 몸에 직접 뿌리기도 했다.

한국에서는 비교적 보기 힘들어진 빈대지만, 유럽 및 미국에서는 대도심을 중심으로 빈대가 늘고 있다.

존 알렉산더 신턴 소령. 그를 기리기 위해 세 종의 모기와 한 종의 모래파리에 그의 이름이 붙어 있다.

열대 의학의 아버지로 불리는 패트릭 맨슨. 학교 설립과 후학 양성에도 힘썼다.

파울 뮐러는 디디티로 1948년 노벨상을 수상했다.

연구실에 있는 헨리 에드워드 쇼트.

현장 연구용 차량은 계륵과도 같은 존재다. 연구 용품과 사람들이 이동하려면 차량이 필요하지만, 험한 도로를 달리느라 쉽게 고장 나므로 유지비가 만만치 않기 때문이다.

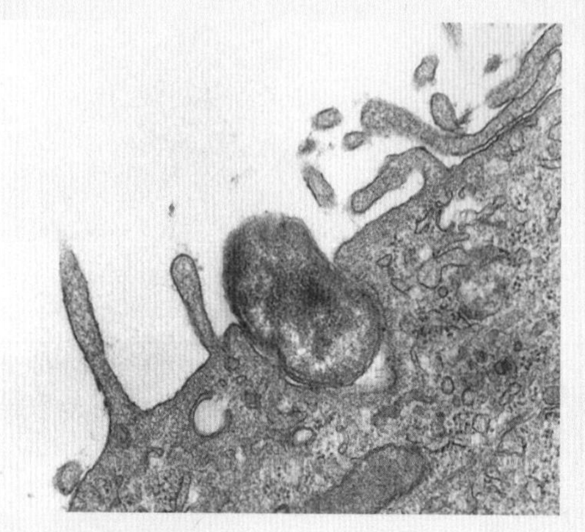

쥐의 세포가 식작용을 통해 미생물 리켓차를 삼키는 모습.

세계보건기구 로고. 휘감고 있는 뱀은 의술을 상징하는데, 이 뱀은 메디나충이라는 기생충에서 유래했다.

모래파리는 겉보기에는 아주 가냘파서 흡혈을 하거나 리슈만편모충 같은 기생충을 옮길 수 있을 것처럼 보이지 않는다.

2장

말라리아

: 치료제를 찾아서

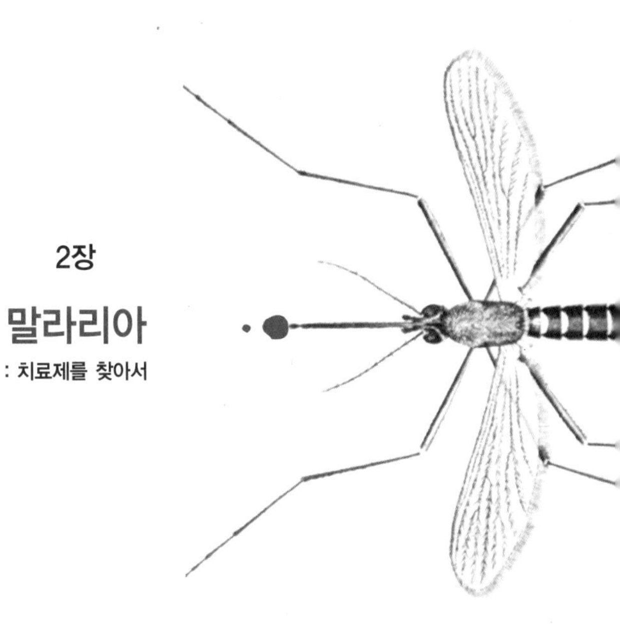

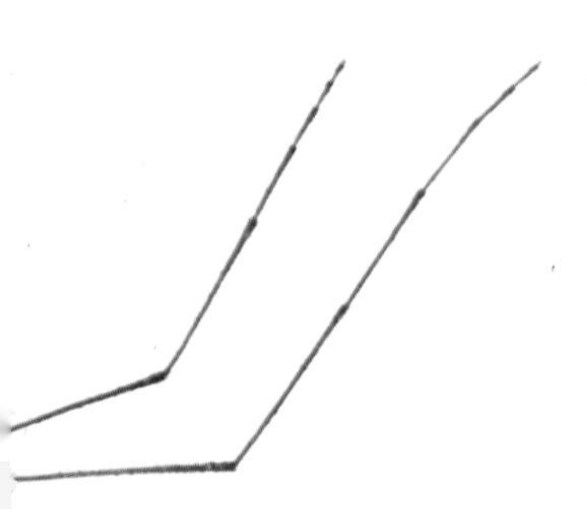

"야구공과 말라리아는 항상 되돌아온다" —진 마우치(Gene Mauch)

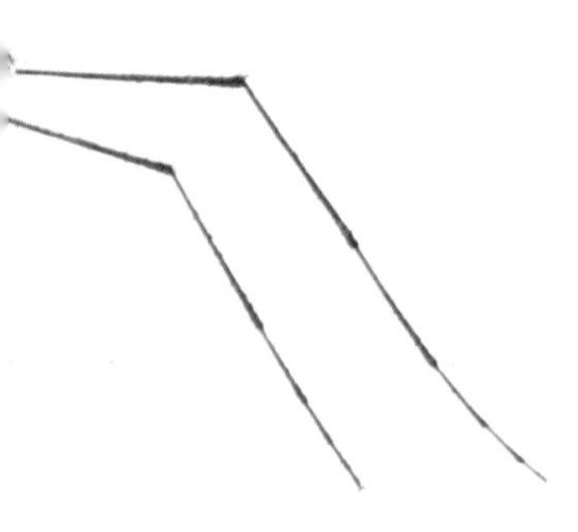

8
그날 아침, 어머니가 죽었다

타이의 버펄로 강(콰이 강)에 위치한 칸차나부리에는 거대하지만 친숙한 다리가 유물로 남아 있다. 별로 특출 날 것도 없는 이 건축물은 강을 가로질러 아무 데도 아닌 곳으로 이어진다(전쟁 직후 타이에서는 버마 국경으로 이어지는 길들을 파괴해 버렸다). 다리 주변이 기념품 상점, 노점상, 그리고 봉고를 치며 호객하는 보트들로 들어찬 흥겨운 관광지로 변질된 모습은 과거 이곳에서 벌어졌던 이루 말할 수 없이 잔혹한 일을 돈벌이 축제로 삼은 듯 이질적이다. 과연 아우슈비츠 수용소 기념품 상점에서 기념 티셔츠를 판매하는 날이 올까? 이제 궁극적인 유산, 즉 지금까지 쓰러지고 희생당한 사람들의 유골은 흠잡을 데 없이 깔끔한 영국 묘지, 혹은 조용하고 우거진 네덜란드나 오스트레일리아의 공동묘지에 묻혀 있다.[57]

서쪽으로 160여 킬로미터 떨어진 곳, 산이라고 하기에는 애매한 정글

---

57 [역주] 영화 〈콰이 강의 다리〉로도 유명한 칸차나부리와 삼탑로는 고대로부터 버마와 타이를 연결하는 교통의 요충지였다. 태평양전쟁 당시 일본은 콰이 강의 다리를 포함해 타이와 버마를 잇는 4백여 킬로미터의 철로를 건설했는데, 무리한 노역으로 강제징용 노동자 8만여 명, 오스트레일리아 등 연합국 전쟁 포로 1만3천여 명이 사망해 '죽음의 철로'로 불린다.

로 뒤덮인 버마 국경 언덕 지역에서 콰이 강의 흐름이 시작된다. 콰이 강 상류에는 거대한 댐이 가로 세워졌고 계곡은 호수 아래로 잠겨 버렸다. 호수의 끝부분에는 이제 갓 형성된 새로운 마을, 상클라부리가 있다. 삼탑로는 상클라부리에서 16킬로미터가량 떨어져 있다. 바로 이 길을 통해 버마군은 '탱크'인 전쟁 코끼리를 앞세워 초기 타이의 왕국들을 약탈하고 집어삼켰었다. 첫 희생양은 수코타이였고 이어서 아유타야가 약탈당했다. 오늘날 버마 쪽 삼탑로를 걷다 보면(이 외진 국경 지대에는 세관이나 출입국 심사소도 없다) 이 지역이 카렌과 몬 민족 해방군의 거점임을 알리는 표지와 깃발을 볼 수 있다. 거리에는 험상궂은 소년병들이 AK-47 소총을 메고 순찰을 돌고 있다. 버마는 환경 변화와 국내 분쟁으로 혼란스러운 나라가 되었다.

콰이 일본 철도의 마지막 유산은 삼탑로 북쪽으로 길도 없이 몇 킬로미터 떨어진 타이 마을 학교 운동장의 망각 속으로 뻗어 있다. 교장 선생님은 방문객들에게 창고의 잔재나 흰개미에 잔뜩 파먹힌 침목들을 보여 주곤 한다. 망고 나뭇가지에 대롱대롱 걸려 있는 학교 종은 불발탄의 코 부분을 잘라 만들었다. 학교 옆에는 수도승들을 위해 기둥 위에 지어진 나무집이 있다. 유월의 늦은 아침, 이제 막 기도는 끝났지만 식도암으로 죽어가는 수도승이 끝없는 고통 속에 내지르는 비명만이 마을의 정적을 깨고 있다. 마을 가장자리, 나무 구조에 양철 지붕을 얹은 집 안에 23세인 만삭의 암폰 푸냐가푸타가 홀로 앉아 있었다. 암폰은 고열과 머릿속을 태우는 듯한 두통으로 혼란에 빠져 있었다.

암폰은 타이 민족이 아니었다. 버마와 타이의 위태로운 국경 사이, 산악 마을에서 나고 자란 언덕 부족 카렌의 여자였다. 어릴 적 근처 마을에 세워진 타이 초등학교에서 몇 년간 교육을 받을 수 있었지만 간신히 글을 읽을 정도가 되자 학교에서 퇴학당했다. 타이 정부에서 교육이라는 특혜는 타이 시민들에게만 주어져야지 국가에 속해 있다고 보기도 힘든 소수민족들까지 포함할 수 없다고 결정했기 때문이다. 더불어 암폰이 11세가 되었을 때 가족 전체가 숲의 다른 지역으로 거주지를 옮겨야 했다. 10년간의 토지 순환 기간이 끝났기 때문이다. 지친 땅이 풍요로운 숲으로 재생할 시간이었다. 이제 가족은 새로운 곳으로 옮겨가 숲을 베어 내고 불태워 옥수수나 콩, 밭벼, 그리고 경우에 따라 양귀비를 약간 심었다.

이는 아직 언덕 부족 화전민들의 삶의 방식이 변하지 않았던, 암폰의 어린 시절 이야기였다. 비교적 안정적이었던 부족의 인구수가 이런 생활을 가능하게 했다. 하지만 그 이면에는 40퍼센트를 뛰어넘는 무시무시한 유아사망률이 있었다. 대가족을 이루고 싶어 했던 아버지들의 욕구가 이 손실을 채워 주었고 부족이 유지될 수 있게 해주었다. 아버지들이 대가족을 원했던 것은 더 많은 토지를 개간해 더 많은 환금작물을 키워 낼 수 있기 때문이었다. 그들이 원한 것은 8백~1천 달러 정도의 현금이었다. 카렌 남성에게 사회적 지위의 상징인 코끼리를 사기 위해서였다. 카렌 남성들은 다른 지역의 남성들이 빠른 차, 큰 집, 많은 젊은 부인들을 갈구한 것처럼 코끼리를 갈구했다. 코끼리를 구입하는 기본적인 구실은 벌목권 소유자들에게 코끼리를 임대해 줄 수 있다는 것이었다. 하지만 코끼리의 가격이나 유지비에 들어가는 비용을 생각해 보면 경제성은 전혀 없었다. 사실, 카렌 남성들은 그냥 코끼리를 좋아했던 것뿐이다.

1차 의료 기관에 대한 접근성이나 사용 빈도가 증가하면서 대가족에 대한 아버지의 욕구와 높은 유아사망률 사이에 존재하던 미묘한 균형이 점차 깨지기 시작했다. 항상 그래 왔듯이 아이들은 자주 아팠지만 죽는 아이들은 줄었다. 이제 아픈 아이들은 간호사와 보조 의료진들이 상주하는 보건소로 후송되어 급성 설사나 호흡기 감염에 맞는 구급 약물을 받을 수 있었다. 그 결과 가족의 규모와 부족 인구가 급상승했다. 아버지들은 마침내 코끼리가 눈앞에 있다고 생각했다. 하지만 이들은 인구학적 현실이나 화전식 농업의 한계에 대해 잘 알지 못했다. 화전식 토지나 농업 방식은 여러 세대에 걸쳐 농민들을 먹여 살려 왔지만, 한 세대 만에 두 배로 증가한 인구에는 충분한 식량을 공급해 줄 수 없었다. 농민들은 휴경지를 줄이고자 했지만 오히려 지력만 더 빨리 고갈되었을 뿐이다. 개간하여 농지로 사용할 만한 숲들은 점점 줄어들었다. 일본인 벌목 업자들이 버마 및 타이의 숲을 일본 내 '목조' 건축물 유지용으로 사용하는 탓에 급속도로 줄어들고 있었다. 암폰네 가족은 부족을 떠나 다른 곳에서 생계를 유지할 수밖에 없는 가슴 아픈 상황을 맞았다. 마을을 떠나기 1년 전 결혼한 암폰과 남편 역시 고향인 고원지대를 떠나 대이동을 한 수많은 사람들의 일부였다.

결혼한 지 얼마 되지 않아 암폰 부부는 상클라부리 근방 타이 쪽 국경 마을에 자리를 잡았다. 마을 사람들은 대부분 카렌을 떠나와 타이 지주에게서 1~2에이커 정도의 땅을 임대해 생계를 꾸리고 있었다. 암폰 부부는 현명하고 조심스러운 농사꾼이었다. 부부는 2에이커 넓이의 땅을 임대했는데, 이 정도면 충분한 양의 식량과 더불어 약간의 환금작물을 키울 수 있으리라 기대했다. 알뜰하게 살림하면서 환금작물을 팔아 돈을 모아 마침내 그들만의 '코끼리'(텔레비전 세트)를 구입할 계획이었다. 하지만 타이

지주는 토지 임대료를 쥐어짜 내고 있었다. 암폰의 남편은 생활에 보태기 위해 1백 킬로미터 떨어진 콰이 강 하류 사탕수수 농장에서도 일을 해야 했다. 이제 암폰이 농사일을 모두 떠맡았다. 암폰은 대부분의 시간을 홀로 보냈다. 게다가 결혼한 지 4개월 후 아이까지 갖게 되었다.

첫 아이를 가진 카렌 여성이라면 느끼게 될 기쁨을 암폰은 충분히 누릴 수 없었다. 이 계곡 마을에서 암폰은 너무도 외로웠고 만성적으로 피곤했다. 아직까지 다른 이웃들이 그랬던 것처럼 말라리아로 아프지 않았던 것이 행운이라면 행운이었다. 고원지대였던 그녀의 고향에서는 말라리아가 잘 알려져 있지 않았지만, 여기서는 누구든 가리지 않고 공격하는 것 같았다. 옆 마을 보건소에서 나눠 주는 약이 아니었다면 많은 사람들이 죽었을지도 모른다. 이 지역의 나쁜 물 때문인 게 틀림없었다. 학교에서는 모기에 물리면 말라리아에 걸린다는, 말도 안 되는 이야기를 암폰에게 가르치려 들었다. 카렌 사람이라면 누구나 저지대의 '타락한 물'을 마시면 말라리아에 걸린다고 알고 있었다. 그녀가 1년 전, 처음 이 마을에 왔을 때는 말라리아가 창궐했다. 마을 지도자는 너무도 화가 난 나머지 상클라부리 보건 당국에 이 질병의 원인이 무엇인지 당장 밝혀내라며 채취한 물을 분석해 줄 것을 요청하기도 했다. 이 때문인지 정부에서는 말라리아 사무 팀을 마을에 곧장 파견했다. 하지만 이 사람들은 물을 정화시키는 당연한 일을 하기는커녕 집집마다 돌아다니며 살충제를 뿌려 댔다. 그리고 이상한 일이 일어났다. 마을 고양이들이 모조리 죽은 것이다.[58] 고양이들이 죽고 나자 쥐들이 폭증했고, 사람들은 쥐떼에 식량이며 작물들을 잃고 말았다.

2주일 전, 옥수수가 익어 갈 무렵 암폰은 남편과 함께 밭 가장자리에 지어 놓은 오두막에서 잠을 자기 시작했다. 쥐들이 하도 많아서 만약 야생 돼지가 습격하거나 가끔 출몰하는 곰 때문에 조금이라도 손해를 더 입었다가는 가뜩이나 취약한 살림이 파산에 몰릴 지경이었기 때문이다. 이렇게 불침번을 서는 밤이면 징을 쳐 야생동물을 내쫓곤 했다. 모기떼가 쉴 새 없이 물어뜯는 오두막 안에서는 선잠을 잤다. 마을 토박이인 이웃 아주머니는 벌목꾼들이 나무를 베어 내고 댐이 들어서서 호수가 생기기 전까지만 해도 이렇게 모기가 많지는 않았다고 말해 주었다. 그 시절만 해도 밭 어귀 오두막에서 잠을 자는 타이 농사꾼들의 전통이 그리 불편하지 않았다고 했다. 이제 아주머니는 모기장 아래에서 잠을 잤고 암폰도 그렇게 하는 것이 좋을 거라고 조언해 주었다. 모기장은 싸지 않았지만 암폰은 아기를 낳고 나면 하나쯤 살 수 있으리라 생각했다.

암폰은 임신 기간 중 비교적 건강한 편이었다. 암폰은 '교육받은' 현대 여성이었기 때문에 산전 마지막 달에는 근처 보건소에 있는 '임신부' 클리닉도 방문했다. 간호사는 비타민 알약을 주며 암폰도 아기도 괜찮다고 했다. 하지만 대부분의 지역 여성들이 그렇듯 암폰 역시 빈혈이 약간 있다며 약을 몇 개 더 주었다. 암폰은 '빈혈'이 무슨 뜻인지 잘 몰랐지만 피가 충분하지 않다는 것과 관계가 있다는 것 정도는 알 수 있었다. 아마 그래서 하루 일이 끝나고 나면 그리 피곤했는지도 몰랐다. 또한 클리닉 간호사는 아

---

58 이 살충제는 디디티였다. 디디티는 인간에게는 별 독성을 보이지 않는다. 하지만 고양이는 훨씬 민감해 말라리아 관리팀이 디디티를 집 안 벽에 살포한 지 일주일도 지나지 않아 마을 고양이들이 죽어 나가기 시작했다는 보고가 여럿 있다.

기를 낳으려면 상클라부리에 있는 병원에 가는 게 좋겠다고 이야기했다. 병원에서는 1백 바트(한화 1천4백 원)면 전문 의료진에게 간호를 받을 수 있다고 했다.

암폰은 자신이 현대 여성이라 생각하고 있었지만, 동시에 카렌 여성이었다. 암폰은 친절한 동네 산파에게 조언을 구했다. 산파 역시 암폰의 배를 몇 번 손으로 찔러 본 후, 분만에 별 문제는 없으며 진통이 오기 시작하면 연락하라고 했다. 이미 출산을 눈앞에 둔 상황에서도 암폰은 어디서 아이를 낳아야 할지를 결정하지 못하고 있었다. 하지만 남편이 상클라부리 병원까지 갈 교통편을 준비해 주지 못하면, 산파와 함께 집에서 분만하게 될 가능성이 높았다. 그리고 집에서 아이를 낳으면 친숙한 환경에서 친숙한 사람들에게 둘러싸여, 갓 태어난 아이의 영혼을 위험으로부터 보호해 줄 제대로 된 의식을 치러 줄 수 있었다.

암폰의 세상, 개인적인 고민과 기쁨들, 한결 같은 일상이 주는 편안함은 어제 아침을 기점으로 급작스러운 질병의 파도 속에 잠겨 사라져 버렸다. 뱃속의 아기는 견디기 힘들 정도로 버거운 짐이 되었고, 등은 쑤셔 왔다. 심한 메스꺼움 때문에 숨이 막힐 정도로 헐떡거렸다. 공격은 놀라울 정도로 잔인하게 다가왔다. 오심惡心은 곧 오한으로 바뀌어 암폰은 마치 얼음으로 만든 수의에 싸여 있는 것 같았다. 타는 듯한 열대의 태양 아래 암폰은 덜덜 떨고 있었다. '얼어붙는 듯'한 오한 속에 암폰의 체온은 40도까지 치솟았다. 이빨이 딱딱거릴 정도로 떨리던 오한이 지나가고 태풍의 눈 한가운데, 잠깐의 평안 속에서 암폰은 아직은 살 수 있으리라는 희망을 가져 보았다. 잠깐의 휴식이 지나고 나자 오한 때 느꼈던 한기만큼이나 지독

한 고열이 찾아왔다. 체온이 41.1도까지 올라갔다. 감각은 어질거렸고, 의식은 희미해져 갔다. 간신히 집에 기어들어 온 암폰은 차갑고 더러운 바닥에 쓰러져 내렸다. 암폰이 두르고 있던 사롱은 불타는 그녀의 몸에서 흘러내리는 땀으로 흠뻑 젖었다.

이른 저녁, 열이 멈추었다. 지칠 대로 지쳐 버린 암폰은 선잠이 들었다. 먼동이 터오는 아침, 죽어 가는 수도승이 내지르는 비명에 암폰은 잠에서 깼나. 아직도 바닥에 누운 채 고통에 떨고 있는 수도승과 죽음의 불길한 전조를 나눈 듯한 느낌이 들었다. 도저히 뭔가 먹을 기분은 아니었지만, 목이 타는 듯 말라 왔다. 비틀거리며 물 항아리로 걸어가던 중, 다음번 오한이 시작되려는 무시무시한 전조가 다가왔다. 암폰은 이것이 말라리아라는 것을 깨달았다. 의료진의 도움이 필요하다는 것은 알고 있었지만, 너무도 지치고 혼란스러운 상태라 이웃집에 도움을 청할 수도 없었다. 말라리아가 다시 한 번 암폰을 공격했다. 여기가 바로 우리가 이야기를 시작했던 지점이다. 23세인 만삭의 암폰 푸냐가푸타가 홀로 앉아 있었다. 암폰은 고열과 머릿속을 태우는 듯한 두통으로 혼란에 빠져 있었다.

말라리아의 맹공에는 또 한 가지 무서운 면모가 숨어 있었다. 암폰은 자궁이 수축하는 것을 느꼈다. 진통이 시작된 것이다. 하지만 분만 예정일은 아직도 두 달이나 남아 있었다. 무슨 일이 벌어지고 있는 걸까? 두통은 견디기 힘들 정도가 되었다. 시간, 장소, 자기 자신에 대한 감각조차 희미해져 갔다. 마치 어두운 소용돌이 속으로 빨려 들어가는 느낌이었다. 그리고 아무것도 없었다. 암폰은 딱딱하고 더러운 바닥에 쓰러져 정신을 잃었고, 말라리아 고열이 조산을 유도해 자궁이 탄생을 위한 리듬을 타기 시작했다.

암폰의 좋은 이웃, 레크 역시 마을에서 떠나온 카렌 여성이었다. 아침이면 레크와 암폰은 집 앞에 있는 돌절구에서 함께 곡식을 갈고는 했다. 함께 수다를 떨며 서로 외로운 삶을 위로하곤 했다. 레크의 남편 역시 깊은 숲 속에서 벌목꾼으로 일하며 대부분의 시간을 타지에서 보냈다. 암폰이 보이지 않자 레크는 적잖이 걱정이 됐다. 늦은 아침 레크는 옆집에 별일이 없는지 확인 차 들러 보기로 결정했다. 별일이 있었다. 레크는 친구가 정신을 잃고 바닥에 쓰러져 있는 것을 발견했다. 암폰의 피부는 차디차게 식어 창백한 회색빛으로 변해 있었다. 레크는 암폰을 상클라부리에 있는 병원으로 옮겨야 한다는 것을 곧 깨달았다. 이미 전통 의술에 의지할 단계는 지나 있음이 분명했다.

그즈음, 마을 남자들은 대부분 밭에 일하러 나가 있었다. 마을에서 도움을 줄 수 있는 사람은 여성들뿐이었다. 수도승들은 기도를 해주거나 조언을 해줄 수는 있지만 아무리 죽어 간다 해도 여성을 만지는 것은 계율에 어긋났다. 마을에는 정식 민방위도 없었고 적십자 지부도 없었다. 하지만 지난 몇 년간 농사일을 하다가 상처를 입는다든가, 급작스러운 고열로 생명이 위험하다든가, 분만 중 사고 같은 잦은 응급 사태에 대비해 마을 여성들은 나름의 효율적인 재난 대처 방식을 마련해 두었다. 레크의 부름에 여성들은 촌장의 집에 준비되어 있던 천 들것에 암폰을 조심스레 실었다. 이들은 구호를 맞춰 가며 종종걸음으로 3킬로미터를 넘게 걸어 다른 마을로 이어지는 울퉁불퉁한 도로에 도착했다.

도로에는 도착했지만 삼러 택시가 통통거리며 오기를 30분이 넘게 기다려야 했다. 삼러는 오토바이를 삼륜차로 개조해 승객용 좌석을 달아 놓은 이동 수단이었다. 좁고 불편했지만 그래도 타이 프롤레타리아에게는 믿음직스럽고 경제적인 이동 수단이었다. 혼수상태에 빠진 임신 7개월의 임산부와 보호자를 1.2미터에 불과한 삼러 좌석에 밀어 넣으려니 억지로 구겨 넣을 수밖에 없었다. 암폰의 머리는 레크의 무릎 위에 올려놓았다. 간간히 들려오는 신음 소리만이 암폰이 아직 살아 있음을 알려 주었다. 이런 상태로 상클라부리 병원 현관에 마침내 덜컹거리며 멈춰 섰다.

병원 현관은 과거의 타이와 새로운 타이가 교차하는 장소였다. 상클라부리 병원이 세워진 지는 몇 년 되지 않았다. 지방 병원들이 대체로 그렇듯이 표준 병상이 20개 있었고, 정부 지정 표준 건축물로 밋밋하고 실용성에만 치중한 모습이었지만, 현관 정도만 편안하고 우아한 품위를 갖추고 있었다. 현관 한켠에는 커다란 금박 불상이 청동 같은 장중함으로 정원을 바라보며 웃음 짓고 있었다. 전통적인 동시에 위안을 주는 모습이었다. 병원 '식당'('라면 아주머니'와 김이 모락모락 나는 좌판) 역시 현관 지붕 아래에 자리를 잡고 있었다. 라면 아주머니의 복슬복슬한 금색 애완 긴팔원숭이는 불상 무릎에 앉아 깊은 생각에 잠겨 있었다.

간호사들이 달려와 암폰을 데리고 현관을 지나 검진실로 들어갔다. 암폰은 이제 현대 타이의 손에 맡겨졌다. 왕국의 한 구석, 작지만 깔끔한 병원은 지역 주민들이 필요로 하는 의료 서비스들이 놀라울 정도로 잘 갖추어져 있었다. 병원 약국에는 다양하고 넉넉한 약품과 생물학적 제제들이 구비되어 있었다. 엑스레이 기기와 효율적인 실험실도 있었고, 만약 이 작은 병원의 의료진이나 시설로 치료하기 어려운 환자가 생길 경우 지역 종합병원으로 환자를 후송할 구급차도 준비되어 있었다.

다른 모든 제3세계 시골이 그렇듯이, 상클라부리 주민들도 가장 경험이 없고 젊은 의사들이 담당했다. 정부에서는 의대를 갓 졸업한 의사들을 지방 병원이나 보건소에 파견했다. 몇 년 후에는 도시로 돌아가 전문의 훈련을 받고 개업의가 되거나 정부에서 운영하는 종합병원에 근무하기도 했다. 전반적으로 보자면, 적어도 타이의 경우에는 젊은 의사들에게 치료받는 게 아픈 사람들에게 그리 해가 되는 일은 아니었다. 제3세계의 시골 의사가 되려면 젊은이의 열정과 패기가 필수였다. 그리고 이 젊은 의사들은 절대 무능하지 않았다. 의대에서는 기본적인 임상의학과 가정 의학을 기본 교과과정에 넣어 집중적으로 가르쳤다. 지방 보건소에 파견 나간 뒤에도 정부는 이들을 버리지 않았다. 젊은 의사들은 정기적으로 지역 거점 병원에서 단기 교육을 받았으며, 경험 많은 전문의들과 모임을 가지기도 했다. 어려운 환자가 있으면 이 전문의들의 도움을 받을 수 있었다. 젊은 타이 의사들에게는 적당한 주택과 봉급이 지급되었다. 이런 조치는 의사가 환자에게 오롯이 시간을 투자할 수 있는 활기를 불어넣어 주었으며, 의사들 사이에 고른 연대감을 갖게 해주었다. 젊은 의사들의 햇병아리 시절도 길지 않았다. 젊은 의사들은 똑똑했고, 매일매일의 응급 상황 속에서 재빨리 배워 나갔다. 무엇보다 이들이 아직 배우지 못한 내용이 있더라도 병원에는 젊은 의사들이 너무 큰 실수를 하지 않도록 뒷받침해 주는 숙련된 간호사들이 있었다.

검진실에서는 한 무리의 의사들과 조산사들이 급성 말라리아로 인한 조산이라는 예비 진단에 도달했다. 암폰은 희귀한 사례가 아니었다. 우기가 막 시작될 무렵은 말라리아 전파가 극에 달하는 시기로 매주 한 명 이상의 임산부가 말라리아로 다 죽을 지경이 되어 병원에 실려 오곤 했다. 열대열원충에 의해 일어나는 악성 말라리아는 언제나 골칫거리였다. 순식간에 생명을 위협할 수 있는 상태로 발전하기 때문이다. 하지만 임신 중에는 심지어 이런 '평균적인' 위험보다도 심각한 문제가 나타났다.

임신이란 자기 몸 안에 낯선 생명체를 기르는 것을 의미하는데, 이는 기생충의 생물학적 정의에도 상당 부분 맞아떨어진다. 어머니는 이 특정 외래 생명체, 즉 태아가 거부되지 않도록 면역계를 억제하는 수많은 조절 단계를 거친다. 물론 에이즈와 같은 면역 결핍 상태는 아니지만, 면역계가 약해진 열대 지역 임신부들은 말라리아에 감염되거나 사망할 가능성이 훨씬 높아진다.[59] 임신한 제3세계 여성은 선진국 임산부에 비해 사망할 위험이 4백 배나 높은 경우도 있다. 말라리아 고도 유행 지역의 경우 임신부의 사망 위험은 직접적으로나 간접적으로나 열대열 말라리아와 연관되는 경우가 많다. 살아남은 사람들도 심한 빈혈에 시달리기 때문에(말라리아, 구충, 영양 부족에 동시에 시달리는 임신부의 경우 혈액이 '물'로 변해 버리기도 한다) 자연 유산이 되는 경우가 50퍼센트가 넘기도 한다. 말라리아에 시달리다 어

59 임신 중인 여성에게서 말라리아의 증상이 더 심해지는 기전은 아직 정확히 알려지지 않았다. 이런 병독성을 일으키는 주요 원인은 바로 악성 말라리아를 일으키는 열대열원충이다. 이 기생충에 감염된 적혈구는 태반 혈관 안에 엉겨 붙는다. 어떤 때는 '손가락을 따서' 채취한 말초 혈액에서는 감염된 적혈구를 거의 찾을 수 없는 데 반해, 태반 혈액은 말 그대로 감염된 적혈구로 끈적끈적해진 상황을 볼 수 있다.

럽게 태어난 아기들 또한 정상에 비해 대체로 체중이 2백 그램 이상 적다. 성장을 '따라잡지' 못한 저체중 신생아의 면역 체계는 미숙하고, 결국 갖가지 감염성 질환으로 어릴 때 사망하고 만다. 사망신고서(만약 그런 게 있다면)에는 설사나 폐렴이라고 적혀 있을지 모르겠지만, 실제 사망 원인은 바로 임신부를 괴롭혀 온 말라리아다.[60]

물론 타이 서부에는 혼수상태나 열병을 일으키는 일본뇌염 바이러스 및 중추신경계를 침범할 수 있는 다양한 병원성 박테리아 같은 친숙한 질병들이 많이 있었다. 따라서 본격적으로 치료를 시작하기 전에 암폰의 고열과 혼수상태가 말라리아에 의한 것인지 예비 진단을 확실히 할 필요가 있었다. 실험실 검사원은 감각이 없는 암폰의 손가락을 따 피 한 방울을 내어 유리 현미경 슬라이드에 혈액 필름을 만들고 유리 모세관을 채웠다. 30분 후, 검사원이 죽어 가는 환자를 둘러싸고 있는 의료진에게 돌아와 현재 암폰의 적혈구 중 15퍼센트 이상에 열대열 말라리아의 특징인 작은 반지 모양 인장이 새겨져 있다는 결과를 보고해 주었다. 이 정도의 중증 감염은 치명적일 수 있으며, 항말라리아 치료법이 통하지 않는 경우도 있었다. 검사원은 원심 분리 튜브에서 헤마토크릿[61]이 17퍼센트에 불과하다고

---

60 [역주] 저체중으로 태어난 아이들은 5세 미만 사망률이 훨씬 높고, 이후에도 성장 발달이 느리거나 만성 질환에 취약하다. 저소득 지역 영유아 사망의 60~80퍼센트가 출생 시 저체중으로 인한 것으로 추측하고 있다. 특히 말라리아로 인한 저체중 아동 출산은 유행 지역에서 아동 사망률을 높이는 주요 원인 중 하나다.

61 [역주] 혈액을 혈구와 혈청으로 분리했을 때의 적혈구 부피. 검사가 간편하고 정확도가 높아서 일반 혈액 검사에 포함되어 있으며, 주로 적혈구 증가증이나 빈혈을 진단하는 데 사용한다.

보고했다. 암폰의 빈혈은 심각한 수준이라 그녀의 적혈구는 쥐 한 마리에도 산소를 제대로 공급해 줄 수 없을 정도였다.

이제 젊은 의사 앞에는 당장 조치를 취해야 하는 세 가지 복합적인 응급 상황이 놓여 있었다. 일단 화학요법제를 이용해 심각한 말라리아 감염을 관리해야 했다. 그리고 생명을 유지하기조차 힘들 정도의 빈혈도 고려해야 했다. 더불어 만약 아이가 자궁 내에서 죽은 게 아니라면 아이를 살리기 위해 조산을 지연시켜야 했다. 이런 복합적인 위기에 대한 해법은 교과서에서 찾을 수 있는 게 아니었다. 20년 전이라면 암폰은 정맥주사로 클로로퀸을 투여받고 몇 시간 지나지 않아 강력한 항말라리아제가 기생충들을 죽이기 시작했을 것이다. 하지만 세월이 흘러 클로로퀸이 광범위하게 사용되면서 약물에 반응하지 않는 저항성 열대열 말라리아가 등장했다.

의사는 클로로퀸 사용은 염두에도 두지 않았다. 대신에 암폰을 치료하기 위해 의사는 350년 이상 말라리아 치료제로 사용되어 온 식물성 알칼로이드 약병을 열었다. 바로 키니네였다. 키니네는 의사의 의료 물품 세트에 남아 있는 전부였다. 중증 열대열 말라리아에 쓸 수 있는 유일한 약이었다. 하지만 키니네는 독성이 높았고, 상대적으로 효과가 느렸으며, 이 경우 무엇보다 유산을 유발하기도 했다. 키니네에는 췌장을 자극해 인슐린을 생산하게 하는 부작용도 있었다. 이렇게 생산된 인슐린은 암폰 혈액 내에 한줌밖에 남지 않은 당분마저 '태워 버려' 쇼크, 나아가 회복 불능의 혼수상태에까지 이르게 할 수 있었다. 하지만 아스피린을 투여하든 키니네를 투여하든, 모든 화학요법이 그렇듯이 불확실한 임상적 타협이 불가피했다. 결국 간호사는 잘 잡히지도 않는 암폰의 혈관 안으로 키니네를 서서히 밀어 넣을 수밖에 없었다.

암폰에게는 혈액이 당장 필요했다. 상클라부리 병원에는 냉장 혈액 보관소가 따로 없었다. 때문에 응급 의료 상황을 위한 혈액은 원래 저장고에 담겨 있었다. 살아 있는 상태로 말이다. 실험실에서는 환자의 혈액형을 확인하고, 가족 가운데 혈액형이 맞는 사람을 찾아 사용하곤 했다. 암폰의 경우처럼 가족이 없는 경우, 병원 관계자들이 혈액 제공자로 헌신하곤 했다. 암폰은 흔한 혈액형이라 똑같은 혈액형을 가진 간호사들이 여럿 있었다. 이 간호사들 가운데 한 명인 찰롱은 주저 없이 헌혈을 자청했다. 찰롱은 암폰과 동갑내기인 남자 간호사였고, 2년간 정부 종합병원에서 간호사 교육 프로그램을 마쳤다. 찰롱은 간호 일을 사랑했고, 무슨 일이든 항상 첫 번째로 자원했다. 그는 병원의 활력소였으며, 아픈 사람들을 전적으로 그리고 헌신적으로 돌보는 데 온 힘을 다했다. 그의 웃음, 발랄하고 차분한 모습은 밤이나 낮이나 필요할 때면 언제나 거기에 있었다.

찰롱에게서 채혈한 혈액 한 팩이 암폰의 혈관으로 흘러들었다. 몇 분 지나지 않아 혈색이 돌아왔다. 약했던 맥박도 조금 호전되었고, 혈압도 상승했다. 암폰이 살아날 수 있다는 희망이 조금씩 보이기 시작했다. 잠시 후 암폰에게 혈액 한 팩을 더 수혈해 주었다. 이번 혈액은 애정 넘치는 '곱', 타이어로 '여우'라는 별명이 붙은 쾌활하고 날씬한 간호사에게서 얻은 것이었다.

세 번째 문제, 조산은 심각한 딜레마를 던져 주었다. 아직 출산 과정의 초기 단계라 이를 멈추는 약물을 써볼 수 있었다. 하지만 의사는 태아의 심장 박동을 감지할 수 없었다. 아직 태어나지 못한 아기는 이미 사망했을 가능성이 높았다.[62] 어쩌면 낙태를 하는 편이 나을지도 몰랐다. 중증 말라리아로 방문한 임신부를 치료할 때마다 젊은 의사는 윤리적이며 법적인 난제에 봉착했고, 결정을 내려야 했다. 여러 사람들의 관찰로는, 낙태를 통해 기생충 감염이 심한 '독성' 태반을 제거하면 항말라리아 화학요법에 반응해 어머니가 살아날 가능성이 더 높았다. 하지만 이는 관찰에 따른 것이었을 뿐, 정확히 의료 시술 지침에 나와 있는 내용은 아니었다. 낙태는 민간 개업의들이 자주 시술하기는 했지만 타이 내에서는 엄연히 불법이었다. 하지만 암폰은 벌써 진통이 시작된 상태였고 태아는 사망했을 가능성이 높았기 때문에 키니네로 인해 빨라진 유산이 자연적으로 진행되도록 놔두기로 결정했다.

암폰은 산부인과 병동으로 옮겨졌고 침대 주변에는 칸막이가 처졌다. 병동 간호사는 암폰 곁을 떠나지 않고 지켰다. 자정 무렵, 아직도 암폰은 혼수상태인 가운데 출산이 임박했음을 알리는 신호들이 나타났다. 급히 출산실로 옮겨져 조산사들이 지켜보는 가운데 사망한 미숙아를 낳았다. 사내아이였다.

아침이 되자 암폰이 눈을 떴다. 혼수상태에서 벗어났고 고열도 가라앉

---

62 중증 말라리아에 감염된 임신부 내 태아가 왜 사망하는지는 정확히 알려져 있지 않다. 말라리아 기생충이 태반을 통과해 태아의 순환계로 들어가는 경우는 극히 드물기 때문에 태아가 말라리아에 감염되는 것이 원인이라 보기는 어렵다. 아마도 자궁을 가마솥으로 바꿔 놓는 임신부의 고열, 그리고 기생충과 염증으로 태반의 혈관이 틀어 막혀 혈액 순환 장애가 일어나 태아에게 전달되는 산소량이 부족해지는 등의 현상이 태아의 사망에 복합적으로 작용하는 것이 아닐까.

았다. 혈액 도말은 기생충이 줄어들었음을 나타냈다. 아직도 기생충은 있었지만, 키니네가 제 역할을 하고 있었다. 헤마토크릿은 25퍼센트까지 상승했다. 여전히 빈혈이 심했지만 수혈과 지속적인 포도당 정맥 주사 이후 상태가 호전되고 있었다. 의사는 암폰의 머리맡에서 무슨 일이 있었는지를 설명해 주었다. 암폰의 정신은 아직도 또렷하지 않았다. 생각의 갈피를 잡기도 어려웠지만, 병원에 있으며 보살핌을 받고 있다는 것은 이해했다.

그날 암폰의 상태는 안정되었다. 혈액 내 기생충이 꾸준히 줄어들었다. 생명이 경각에 달린 환자를 다룰 때면 언제나 그렇듯이 칙칙하게 긴장감이 퍼져 있던 의료진의 분위기도 많이 밝아졌다. 암폰은 살아남을지도 모른다. 그렇게들 생각했다. 곱은 자기가 계획하고 있는 파티에 대해 이야기했다. 보트를 타고 호수 주변을 유람하는 파티라고 했다. 산더미처럼 쌓인 음식, 노래, 물장구도 즐길 수 있다고 했다. 긴장되었던 분위기는 한결 덜해졌고 일상의 모습으로 돌아왔다. 의사 두 명이 외래 환자를 살펴보고, 처방약을 채워 주고, 부러진 팔을 맞춰 주었다. 늦은 오후, 바쁜 하루가 끝났다. 의료진들은 한 간호사의 집에 모여 열띤 카드놀이를 즐겼다. 다른 간호사 한 명이 모두를 위해 커다란 솥에 치킨 그린 카레를 끓여 왔다.

이른 아침 어느 즈음, 암폰이 죽었다. 그녀의 지친 심장이 더 뛰기를 멈춘 것이다. 야간 당직을 서고 있던 간호사는 아직도 취침용 '사롱'을 입고 있는 의사를 급히 호출했다. 의사는 병원 근처에 있던 집에서 황급히 달려왔다. 암폰을 살리기 위해 가능한 모든 방법이 동원되었다. 의료진은 말 한마디 없이 최선을 다해 반시간 넘게 노력했지만 성과는 없었다. 새벽 4시, 거대하고 무기력한 우울감에 짓눌린 채 의료진은 자리를 떴다. 암폰은 시체 보관소 죽은 아들 옆자리에 뉘어졌다.

그날 밤, 또 다른 카렌 여성이 아이를 낳았다. 이 여성에게 어떤 개인적인 사정이나 슬픔이 있었는지는 알 수 없지만, 첫 동이 터올 무렵, 그녀는 아픈 몸을 억지로 침대에서 일으킨 채 갓난아이를 버려두고 병원에서 도망쳤다. 아침 햇살 아래 찰롱은 병원 베란다 벤치에 앉아 갓난아기를 조심스레 안고 흐느끼고 있었다. 그의 앳된 얼굴에 눈물이 흘러내렸다.

9
원숭이, 사람, 말라리아의 삼박자

문자 기록이 나타나기도 전, 수천 년 동안 말라리아는 임신한 여성을 죽이는 연쇄 살인마였다. 말라리아는 아이들도 죽였다. 유행이 극심한 지역에서는 갓난아기들 가운데 40퍼센트 이상이 급성 말라리아로 사망하기도 한다. 또한 말라리아는 면역적으로 '때 묻지 않은' 성인들(북적이는 제3세계 도시에서 새로운 농경지를 개척하기 위해 떠난 사람들, 열대 국가들에서 민주주의를 수호하기 위해 싸우는 서방세계 군인들, 여행객들, 사업가들)도 죽인다. 1990년, 우주로 로켓을 쏘아 올리고 유전자조작을 하는 시대에 2억5천만 명이 말라리아에 감염되어 적어도 250만 명 이상이 사망하고 있다. 불필요한 죽음이다. 말라리아는 에이즈와 다르다. 완치 가능한 항말라리아 약물이 분명히 존재한다. 말라리아는 암과 다르다. 말라리아의 발병 원인에 대해서는 속속들이 알려져 있다. 말라리아는 유행병처럼 번져 가는 약물중독과도 다르다. 충분한 자원만 주어진다면 성공적인 항말라리아 사업이 도입될 수 있다.[63]

---

63 [역주] 2013년 기준으로 세계보건기구는 연간 2억7백만 명이 말라리아에 감염되며, 62만7천

이 거대한 죽음은 작디작은 기생충에 의해 일어난다. 원충의 일종인 열원충에 속하는 이 기생충이 매개체인 모기와 협력해 벌이는 일이다. 말라리아 기생충에 감염되는 것은 인간만이 아니다. 뱀부터 대부분의 척추동물들은 나름의 열원충 종에 감염되어 있다. 제1, 2차 세계대전 사이에 항말라리아 효과를 가진 약물들을 시험하기 위해 조류 말라리아가 널리 이용되었다. 가장 가능성이 높고 독성이 약한 약물을 이후 인간에게도 시험해 보았다. 독일인들은 실험동물로 카나리아를 선호했고, 영국인들은 닭을 선호했다. 하지만 이런 차이가 보여 주는 사회문화적 중요성은 그리 크지 않을 것 같다. 때때로 칠면조 떼가 말라리아로 몰살당하는 일도 있었다. 하와이에서 조류가 급감하고 일부 종이 멸종한 것은 19세기 후반에서 20세기 초반 아시아 조류를 무분별하게 들여오면서 이와 더불어 조류 말라리아가 유입되었기 때문이라는 가설도 있다. 어쨌든 하울리(유럽인)[64]들이 배에 실린 식수통으로 밀수해 들어오기 전까지만 해도 이 원시의 섬에는 모기조차 없었다.

하지만 이 말라리아는 어디까지나 조류 말라리아다. 그리고 개인적으로, 그리고 기생충학적으로 종의 기원만큼이나 궁금한 부분은 바로 우리

명 이상이 사망한 것으로 추정하고 있다. 말라리아로 인해 사망한 사람 가운데 48만2천 명이 5세 미만의 아동이며, 사망 건의 90퍼센트 이상이 사하라 이남 아프리카에 집중되어 있다. 2000년 중반부터 말라리아로 인한 사망자는 감소 추세에 있지만 문제는 여전히 심각하다.

64 [역주] 하와이 토박이 원주민들이 외부 백인들을 경멸조로 부르는 말. 데소비츠는 20년 이상 하와이 대학에서 기생충학을 가르치며 여생을 보냈다.

친척, 유인원이나 원숭이 말라리아이다. 생물학자들, 특히 나이 들고 분자 생물학과 조금 거리가 있는 생물학자들과 잡담을 나누다 보면 언제나 인간과 그네들의 오랜 벗, 연구 대상으로 삼고 있는 동식물의 기원을 추측하는 쪽으로 화제가 넘어가기 마련이다. 의료 기생충 학자들은 특히 이런 화제에 대해 할 말이 많다. 인간과 기생충은 대부분 함께 진화해 왔기 때문이다. 좋은 친구와 좋은 와인이 있다면, 초기 진화의 수수께끼에 대한 열정적인 논의가 오가기도 한다. 영장류 말라리아는 역사 이전 파충류의 기생충에서 시작해 모기에 의해 옮겨진 것일까, 아니면 모기 기생충이던 것이 나중에 파충류에 자리 잡게 된 것일까?[65] 하지만 조직 내 기생충에 대한 화석 기록은 남아 있지 않기 때문에 앞으로 오랜 세월 논란거리로 남게 될 것이다.

물론 원숭이, 인간, 그리고 말라리아를 한데 묶는 진화의 시나리오는 훨씬 간단하고 논리적으로 정리할 수 있다. 일단 자연 상태에서 인간을 감염시키는 말라리아의 목록을 만들어 본다. 그리고 유인원이나 여우원숭이, 안경원숭이 같은 다른 영장류 말라리아 중에 형태적으로 비슷한 종이 있는지 하나하나 찾아본다. 말라리아(열원충) 기생충 종들이 가진 형태의 유사성을 살펴보면 진화의 시간표를 그려 볼 수 있다. 여기서 진화상의 위

---

65 이 가설은 말라리아 기생충이 장내 세포에 침입하는 데서 시작해 이후 백혈구나 적혈구에 기생하기 시작했다는 데 기반을 두고 있다. 말라리아 기생충과 연관된 원충 기생충(구포자충)은 장내 상피조직에만 기생하며, 여전히 인간을 포함한 다양한 척추동물에서 발견된다. 이 중 하나인 와포자충은 에이즈 환자의 주요 사망 원인 중 하나다.

치를 정확히 확인하려면 교차 감염 실험을 해보면 된다. 이 실험적 시나리오대로라면 인간 말라리아는 침팬지·고릴라·오랑우탄 등의 유인원들을 감염시킬 수 있어야 한다. 반면에 긴팔원숭이 같은 원시 영장류는 감염시킬 수 없을지도 모른다. 역으로 유인원들을 감염시키는 말라리아는 인간에게도 감염력이 있어야 한다는 이야기가 된다. 또한 원숭이 말라리아는 다른 원시 영장류 친척들은 감염시킬 수 있을지 몰라도 유인원인 인간은 감염시킬 수 없다. 이론적으로는 깔끔하지만 불행히도 현실은 논리를 좌절시켰다. 현실에는 뒤죽박죽이 된 혼란스러운 관찰 결과와, 겉보기에 비논리적인 숙주-기생충 관계가 형성되어 있었다.

전부는 아니지만 일부 인간 말라리아 기생충들은 유인원 및 원시 영장류를 감염시킬 수 있었다. 인간 말라리아와 흡사하게 생긴 영장류 말라리아의 일부는 인간을 감염시키는 데 성공했지만, 다른 유사한 말라리아들은 실패했다. 인간과 '6촌' 관계에 있는 아시아나 아프리카 원숭이들은 인간 말라리아에 전혀 감염되지 않았다. 반면에 남아메리카의 '8촌' 원숭이들은 감염에 취약했다. 아시아 원숭이에서 발견되는 말라리아로 인간 말라리아 종과 흡사한 기생충 가운데 하나는 인간을 감염시켰다. 또한 다른 유사한 형태의 말라리아들은 인간을 감염시키지 못했다. 원숭이 말라리아 중에는 인간 말라리아와 형태적으로 전혀 닮지 않은 기생충도 있다. 그런데도 인간을 감염시킬 수 있었다. 일을 더 복잡하게 만들자면, 말라리아의 관점에서 봤을 때 유인원들이 인간에게 위협이 되었다기보다는 인간이 유인원에게 더 큰 위협이 되었다는 설득력 있는 증거들이 있다. 일부 유인원이나 남아메리카 원숭이에서 발견되는 말라리아 기생충 가운데에는 인간 말라리아와 비슷한 정도가 아니라 똑같은 기생충이 있다. 이런 식의 감염은 인간 열원충을 옮기던 모기가 다른 유인원을 물어 토착화된 것으로 추측하고 있다.

유인원 말라리아에 대한 연구는 기생충 학자들의 장난감인 과학적 호기심만을 충족시키기 위한 것이 아니었다. 원숭이 말라리아는 인간에게 위협이 되기도 했지만, 동시에 큰 도움이 되기도 했다. 원숭이 말라리아가 인간에게 도움을 준 것은 바로 매독 치료와 관계가 있다.

제1차 세계대전 이전 시기는 마치 지금처럼 지적·예술적·성적 모험의 시대였다. 그리고 그 시기는 매독이 활개치던 시대였다. 1905년, 독일의 프리츠 샤우딘Fritz Schaudinn은 매독 환자의 뇌와 혈액, 조직에서 나사 모양의 가느다란 미생물을 발견했는데, 트레포네마 팔리덤*Treponema pallidum*이라는 이름을 붙였다.[66] 다른 수많은 의학적 문제처럼, 원인에 대한 지식이 곧장 치료에 대한 지식으로 이어지는 것은 아니었다(예방이라면 몰라도 치료는 아니었다). 1912년, 마침내 파울 에를리히가 '606', 즉 살바르산을 합성해 내어, 화학요법이라는 과학 분야를 선도하기 시작했다. 살바르산은 유기 비소제로 매독에 처음으로 사용된 효과적인 치료법이었다.[67] 그 결과 살

66 당시 미생물학자들은 융합 학문을 했으며, 여러 종류의 병원균들에 관심을 가졌다. 후일 샤우딘은 말라리아 생활사 연구를 시작했는데, 여기서는 완전히 분탕질을 쳐놓았다.

67 19세기 말, 독일에서 유행하기 시작한 유기 염료 사업은 화학요법을 태어나게 한 도약판이었다. 에를리히는 특정 염료가 특정 미생물에 달라붙어 염색한다는 사실을 깨달았다. 이 생각은 특정 염료가 '마법의 총알'(말 그대로 유도탄)처럼 특정 치료제로 사용될 수 있다는 생각으로 이어졌다. 에를리히가 매독을 치료할 수 있는 '마법의 총알'을 성공적으로 찾아낼 수 있었던 데는

바르산은 페니실린에게 권장 치료제의 자리를 내주었다. 하지만 매독 균이 뇌나 다른 중추신경계로까지 손을 뻗친 말기 매독을 치료하는 데 있어서는 살바르산이나 페니실린이나 만족할 만한 효과를 보여 주지 못했다.[68] 혈액이 중추신경계에 공급되는 과정 자체가 약물이 피에서 혈관 벽을 통해 신경 조직으로 옮겨가는 것을 어렵게 만들기 때문이다. 이를 혈액-뇌 장벽이라 한다.

누군가는 제1차 세계대전 이전의 빈을 스트라우스와 스트루델[69]의 도시로 생각할지도 모르지만, 도시의 어두운 이면에는 매독 마비 환자로 가득 찬 정신병원과 신경과 병원들이 있었다. 이 남녀들은 뇌에 들어간 나선형의 미생물 때문에 미친 사람들이었다. 어떤 사람들은 눈이 멀었고, 어떤 사람들은 전신 마비가 왔으며, 많은 사람들은 매독 말기에 나타나는 운동 실조로 다리를 내던지는 듯한 모양새로 걷곤 했다. 헨리크 입센Henrik Ibsen의 연극 〈유령〉[70]에는 페미니즘에 대한 이야기뿐만 아니라 운동 실조 때

이런 아이디어가 일조했다. 살바르산은 변형된 염료 제조법을 기반으로 한다. 연결이 중요하다, 연결이! 1858년, 윌리엄 퍼킨(William Henry Perkin)이라는 화학자가 이제 갓 태동하고 있던 유기화학을 이용해 키니네를 구성하고 합성하려는 시도를 하고 있었다. 이 과정에서 우연치 않게 첫 번째 콜타르 염료를 만들어 냈다. 이것이 합성염료 사업으로 이어졌고, 염료 사업은 에를리히로 이어졌으며, 마침내 새로운 매독 치료제와 말라리아 치료제가 개발되었다.

68 매독은 흔히 '부스럼', 즉 생식기의 궤양이나 발진으로 시작한다. 시간이 흐르면 궤양은 낫기 시작하고 몇 달, 심지어는 몇 년에 걸쳐 임상적 휴지기에 들어간다. 그 와중에 매독균(혹은 스피로헤타)은 중추신경계를 침범한다.

69 [역주] 스트라우스는 오스트리아의 유명 작곡가, 스트루델은 과일이 들어간 빵을 말한다.

70 입센은 이 연극을 1881년에 썼다. 샤우딘이 매독의 원인균을 발견하기 24년 전이다. 어쨌든 그 시절에도 매독의 임상 증상이나 전파 경로는 잘 알려져 있었다. 입센은 〈유령〉을 '아버지의

문에 고생하는 사람의 애처로운 이야기도 등장한다. 연극의 결말에서 젊은 오스왈드 알빙은 눈앞이 희미해지며 경련의 전조가 닥쳐오는 것을 느끼면서 어머니에게 "태양을 주오!"라고 외친다. 말기 환자들에게 화학요법은 별 희망을 주지 못했기 때문에, 최소한 병의 진행을 늦출 수 있는 대체요법이 절실하게 필요했다(트레포네마가 일단 신경계를 파괴하고 나면 심각한 신경 장애를 되돌릴 수 있는 방법은 없다). 그런 대체 요법 중 하나가 고열 요법이었다.

샤우딘이 매독을 일으키는 트레포네마를 발견한 지 얼마 지나지 않아 '시험관' 배양액에서 이를 배양할 수 있는 기술이 개발되었다. 이 연구 과정에서 매독 균이 온도에 민감하다는 사실을 관찰했다. 미생물은 정상 체온인 37도에서 온도가 조금만 상승해도 죽어 버렸다. 사람은 충분히 버틸 수 있는 온도라도 미생물은 '튀겨'졌다. 빈 대학의 신경학 교수였던 율리우스 바그너 폰 야우레크Julius Wagner Von Jauregg는 자신의 운동 장애 환자에게 고열 요법을 써볼 수 있겠다는 생각을 하게 되었다. 하지만 대체 어떻게 체온을 40도에서 40.5도 이상으로 여러 시간에 걸쳐 올릴 수 있을까? 그리

원죄'에 대한 이야기로 썼고, 오스왈드는 매독을 부랑자 아버지에게서 물려받았다. 즉 오스왈드의 어머니는 임신 중 매독에 감염되어 태아에게 매독을 옮기게 되었고, 그녀 자신은 증상이 나타나지 않은 채 평생을 보냈다는 의미가 된다. 그뿐만 아니라 오스왈드는 나이가 들어 매독 증상이 나타나기 전까지는 증상 없이 지냈다. 물론 다 가능한 이야기지만, 만약 의사가 무엇을 살펴야 하는지 제대로 알고 있었다면 신생아인 오스왈드에게서 선천성 매독의 증후를 발견했어야 한다. 물론 오스왈드가 파리에서 보낸 2년 동안 감염되었을 가능성도 얼마든지 있다. 오스왈드가 엄마에게 자신이 올바른 청년이었다고 강변하지만 말이다.

고 당연히 환자가 '구워지기' 전에 열을 내릴 수 있는 믿을 만한 방법도 필요했다. 1915년에는 전자레인지는커녕 운동 실조 환자에게 적용할 만한 현대적인 의료 기술 따위도 찾아볼 수 없었다. 하지만 모든 기술적 요건을 충족시키는 훌륭한 체온 상승 기기가 하나 있었다. 바로 말라리아 기생충이었다! 말라리아 기생충만 한 것이 없었다. 심지어 '약한' 종조차도 인간 숙주에게서 고열을 일으킬 수 있었다. 발열원으로는 최고였다.[71] 그리고 기생충이 가열찬 업무를 마치고 나면, 재빨리 체온을 낮추고 기생충을 제거할 수 있는 키니네가 있었다.

1917년, 폰 야우레크는 마비 환자들에게 비교적 가벼운 삼일열 말라리아를 앓고 있는 환자들의 혈액을 주사했다. 감염 혈액을 접종한 지 며칠 후, 환자들은 말라리아의 첫 번째 공격으로 고열과 오한을 시작했다. 고열은 5~6시간 후에 가라앉았고, 48시간 후에 시계처럼 정확한 주기로 돌아왔다. 폰 야우레크는 이런 사이클이 3~4회가량 반복되도록 놔둔 다음에 치료제인 키니네를 투여했다. 효과는 놀라웠다. 악화 일로였던 말기 매독이 진행을 멈추었다. 환자의 상태가 특별히 나아지지는 않았지만, 이제 적

71 말라리아가 어떻게 체온을 상승시키는지에 대해서는 어느 부분 하나 속 시원히 밝혀진 것이 없다. 현재 가설은 적혈구가 파괴되면서 빠져나오는 기생충의 일부를 대식세포가 집어삼키려는 과정에서 수용성 인자인 발열원, 인터류킨-1이 분비되기 때문인 것으로 추정하고 있다. 더불어 발열이라는 기전 자체도 완벽히 이해되고 있는 것은 아니다. 인간과 말라리아 사이에 또 하나 흥미로운 부분은, 면역이 없거나 부분 면역만을 가진 인간들이 말라리아에 얼마나 민감한가 하는 것이다. 면역이 없는 인간의 경우 혈액 내에 기생충이 별로 없더라도 고열 증상이 나타난다. 그에 반해 다른 동물들은 말라리아에 감염되더라도 체온이 그렇게 높이 오르지는 않는다.

어도 더 나빠지지는 않았다. 더불어 가벼운 신경 장애를 앓고 있던 사람들은 거의 일상생활로 돌아갈 수 있었다. 말라리아 요법을 이용하는 기관들이 유럽 전체에 우후죽순 생겨났고, 미국의 여러 기관에서도 이 방법을 도입했다. 말라리아 요법을 통해 수천, 수만 명에 달하는 매독 감염자들이 필연적이고 고통스러운 죽음에서 벗어날 수 있었다. 이 공로를 인정받아 1927년, 바그너 폰 야우레크는 노벨상을 수상했다. 말라리아를 이용한 치료법에 대해 첫 논문을 발표한 지 10년 만이었다.

말라리아 요법은 효과가 뛰어났지만 기술적인 어려움이 있었다. 가장 큰 문제점은 기생충이 들어 있는 혈액을 보관하는 방법이었다. 급속 냉동고가 있는 오늘날에야 감염된 혈액을 극저온에서 장시간 보관할 수 있고, 필요할 때마다 꺼내 녹여 쓸 수 있다. 하지만 폰 야우레크의 시대에는 '마비 환자 체내'에서 유지시키거나, 전용 시설이 갖춰져 있다면 얼룩날개모기를 '보유고 숙주'로 써야만 했다. 당시만 하더라도 기생충을 미생물처럼 시험관 안에서 배양할 수 없었고(심지어 오늘날에도 삼일열 말라리아는 시험관 안에서 장기간 배양되지 않는다), 인간 말라리아를 '주차'시켜 놓을 만한 원숭이나 쥐 같은 실험동물들도 없었다. 문제의 해결책은 우연찮게 찾아왔다. 1932년 캘커타의 원숭이 사업 경기에 변화가 일어났을 때였다.

캘커타열대의학학교는 실험을 위해 관례적으로 붉은털원숭이를 구입해 왔다. 하지만 1932년, 붉은털원숭이가 희귀해졌고 가격도 비싸졌다. 이 문제를 타개하기 위해 캘커타 동물 매매상들은 싱가포르에서 수입한 말레이산 이루스 원숭이를 시장에 대량으로 풀어 놓았고, 학교에도 납품했다. 정기적으로 사육장 원숭이들의 혈액을 검사하던 학교 원충학자들은 일부 말레이산 원숭이의 혈액에 새로운 말라리아로 추정되는 기생충이 들어 있음을 발견했다. 원숭이는 말라리아와 관련된 임상 증상을 보이지 않았다. 기생충과 자연 숙주가 함께 진화하면서 흔히 그렇듯이 조화로운 균형 상태에 이르렀음을 반증하는 것이었다. 하지만 감염된 이루스 원숭이의 혈액을 인도 붉은털원숭이에 접종하자 기생충은 낯선 숙주 안에서 폭발적으로 증식했고, 며칠 지나지 않아 붉은털원숭이는 기생충의 파상 공세로 죽었다.

캘커타 학교 과학자들은 새로운 원숭이 말라리아(나중에 플라스모디움 놀시아이*Plasmodium knowlesi* 라는 이름이 붙었다)가 인간을 감염시킬 수 있을지 궁금해졌다. 붉은털원숭이에게 어떤 일이 벌어졌는지 똑똑히 봤음에도 불구하고 사람에게 기생충을 감염시켜 볼 시도를 했다니 대단한 용기임에는 분명하다. 하지만 당시는 식민 시대였고, 인체 실험 문제에 대해 무관심하기 짝이 없었다. 로버트 놀스와 동료인 모한 다스 굽타Mohan Das Gupta는 감염된 원숭이의 혈액 일부를 인간 '자원자'에게 접종했다. 우연찮은 생물학적 행운으로 인간 피험자는 거칠고 무차별적인 붉은털원숭이 감염증을 일으키지 않았다. 기생충은 몇 번의 주기를 거쳐 고열을 일으켰고, 추가 피해는 입히지 않은 채 중단되어 자가 회복되었다. 더불어 이 원숭이 말라리아는 인간 말라리아처럼 48시간 주기로 고열을 일으키는 대신 24시간 주기로 나타났다.[72]

---

72 [역주] 지금 놀시아이 말라리아는 자연 상태에서도 인체 감염을 일으키는 것으로 알려져 있다.

이제 마비 환자들에게 딱 맞는 열원충도 나타났다. 이 기생충은 비교적 피해는 적었지만 충분한 고열을 일으켰다. 또한 고열이 이틀 주기가 아니라 하루 주기로 나타났기 때문에 더 짧고 집중적인 치료가 가능했다. 이제 놀시아이 열원충을 의학계에 밀어 넣는 데는 확고한 결의와 과감한 실험 정신만이 필요했다. 첫 번째 만용에 가까운 실험은 예상치 못한 곳에서 진행되었다. 루마니아의 부쿠레슈티였다.

1920년대에서 1930년대 사이에는 전 세계 말라리아 학자들을 엮어 주는 네트워크가 존재했다. 지리적으로 떨어져 있더라도 네트워크 안에서 학자들은 학회지에 실리는 논문뿐만 아니라 활발한 서신 왕래를 통해 서로의 연구에 대해 잘 알고 있었다. 이 시기에는 아무리 동떨어진 지역이라도 말라리아라는 공통의 문제로 한데 엮여 있었기 때문이다. 매독 치료를 위해 말라리아가 유럽으로 유입된 것이 아니라, 영국부터 그리스까지, 유럽 전체가 토착 말라리아에 신음하고 있었다. 또한 이 시기에 록펠러 재단이 중요한 보건 프로그램을, 유럽을 포함한 전 세계에 걸쳐 설립하고 지원하기 시작했다. 이런 노력은 국제연맹[73]의 말라리아 위원회가 지원하고 있었다.

사일열 말라리아와 매우 흡사하게 생겨 현미경 진단에서는 오진되는 경우가 많다. 동남아시아 지역, 특히 말레이시아 일부 지역에서는 전체 말라리아 감염의 70퍼센트가 놀시아이 말라리아 때문인 것으로 밝혀졌다.

73 [역주] 1920년부터 1946년까지 지속된 국제기구로 현 유엔의 전신. 1919년, 제1차 세계대전 종전 후 파리 평화 회의에서 발족했다.

루마니아에는 말라리아 연구소가 하나 있었는데, 루마니아 역시 말라리아 유행지인 동시에 매독 마비 환자를 치료하기 위해 말라리아를 이용하고 있었다. 연구소 소장이었던 미하이 시우카Mihai Ciuca 교수 또한 국제적 서신 왕래에 참여하고 있었는데, 인도 카르날에 위치한 로스 현장 실험 연구소에서 일하고 있던 존 신턴에게 편지를 보냈다. 시우카는 새로 발견된 원숭이 말라리아, 즉 놀시아이 열원충을 매독 환자에 시험해 볼 수 있겠느냐며, 감염된 원숭이를 부쿠레슈티로 배송해 줄 수 있는지를 물었다. 신턴은 감염된 원숭이가 꼭 필요하지는 않을 것 같다며, 감염된 혈액을 펀자브에 위치한 카르날에서 부쿠레슈티까지 싱싱한 상태 그대로 항공 우편으로 보낼 수 있을 것 같다고 답장했다. 항공 우편이라니. 이때는 1935년이었다! 오늘날 피곤에 절은 항공 여행자들도 카르날에서 부쿠레슈티까지 싱싱한 상태로 가기는 힘들 것이다.

1937년, 시우카는 매독 말기 환자들을 대상으로 놀시아이 열원충을 접종하기 시작했다. 원숭이 말라리아를 이용한 고열은 스피로헤타의 진행을 늦추거나 멈추는 데 굉장히 성공적이었다. 원숭이와 인간 말라리아를 이용한 말라리아 요법은 1950년대 중반, 항생제 화학요법으로 대체될 때까지 꾸준히 쓰였다. 스피로헤타 균에 맞서 싸우는 원충은 수천 명의 생명을 구했다. 1922년과 1950년 사이, 영국의 호턴 병원 한 곳에서만 1만 명 이상의 매독 마비 환자가 말라리아 요법으로 치료를 받았다. 말라리아 요법에는 커다란 장점이 또 하나 있었다. 매독 환자들을 치료하는 과정에서 새로운 항말라리아 화학요법제나 말라리아 치료제를 시험해 소중한 자료들을 얻을 수 있었다는 점이다. 이렇게 매독 환자들은 열대 말라리아 유행 지역에서 수백만의 목숨을 구하는 데 기여하게 되었다.

이제 일부 영장류 말라리아가 인간을 감염시킬 수 있다는 데는 의문의 여지가 없었다. 새로운 원숭이나 유인원 열원충이 발견될 때면, 인간에게 감염시켜 인간 감염력을 시험해 보았다. 1966년에 이르러서는 자연 상태의 원숭이와 유인원에 기생하는 열원충 가운데 10종이 인간을 감염시킬 수 있다는 사실이 밝혀졌다. 대부분의 감염 시험은 감염된 영장류의 혈액을 인간에게 직접 접종하는 방식으로 이루어졌다. 이제 남은 물음은 과연 실험실 너머 실제 열대 세계, 인간과 원숭이가 한 공간에서 생활하는 지역에서 원숭이가 인간 이웃에게 말라리아를 넘겨주고 있을까 하는 것이었다. 얼룩날개모기는 감염된 원숭이를 물어 열원충에 감염되고, 다시 인간을 물어 말라리아를 전파시키고 있을까?

물론 지난 세월 만들어져 말라리아 검사를 거친 수백만 장의 혈액 슬라이드 중에 '인간'의 것이 아닌 말라리아 기생충이 발견되었다는 보고는 없었다. 하지만 놀라운 일은 아니다. '현실'적으로 그런 감염을 제대로 간파해 낼 수 있는 사람은 없을 테니 말이다. 만약 당신이 '토착민'이라고 가정해 보자. 고열이 나서 말라리아에 걸린 것 같다면 말라리아 치료소가 있는 가까운 보건소를 찾기 마련이다. 치료소는 혈액 슬라이드를 만들고, 양성이면 항말라리아제를 처방해 준다. 치료소에서 혈액 슬라이드를 만들고 검사하는 검사원들은 상당히 숙련된 사람들이라 현미경 렌즈 안에서 기생충을 찾는 데는 빠르고 정확한 눈을 가지고 있다. 하지만 이들은 검사원일 뿐 숙련된 말라리아 학자는 아니다. 지역 보건소에서 일하는 검사원이 현미경 아래서 '웃기게 생긴' 기생충을 봤다 하더라도 귀찮은 상관을 떨쳐 버리기 위해 대충 '사람' 말라리아 비슷한 것이라 해버리고 만다. 그뿐만 아니라 인간과 원숭이 말라리아를 구분하는 차이점은 상당히 미묘할 수 있어, 현장 말라리아 학자들의 경험을 뛰어넘는 높은 전문성을 필요로 하곤 한다.

1960년대, 말라리아 박멸을 위한 세계적인 캠페인이 한창이었다. 이 바쁘고 고된 시기에 원숭이 말라리아가 가진 인수공통감염증의 가능성에 대한 관심은 거의 없었나. 당시 분위기는, 원숭이는 자기네 나무에서 자기네 모기에게 물리고, 인간은 자기네 동네에서 자기네 모기에게 물린다는 것이었다. 두 영장류는 수직적으로 계층화된 생태적 구획으로 깔끔하게 나뉘어 있다는 생각이었다. 하지만 1960년, 원숭이 말라리아가 인간 사이에 발병하면서 아시아 원숭이들이 가진 동물 병원성 감염증의 가능성이 다시 한 번 재조명되었다. 감염된 사람은 말라리아 학자였고, 발병이 일어난 곳은 메릴랜드, 베데스다였다.

베데스다에 위치한 미국국립보건원 소속 과학자들은 아시아 원숭이의 말라리아인 시노몰지 열원충*Plasmodium cynomolgi*의 생태에 대해 연구하고 있었다. 현미경으로 본 시노몰지 열원충은 인간 삼일열 말라리아인 삼일열원충*Plasmodium vivax*의 도플갱어나 다름없을 정도로 똑같이 생겼다. 삼일열원충이 아시아 원숭이를 감염시킬 수 없다는 점은 두 종이 다른 종이라는 증거였지만, 시노몰지 열원충이 인간을 감염시킬 수 있는지 없는지는 당시에는 알려지지 않았다. 당시 연구의 한 갈래는 기생충이 어떻게 얼룩날개모기 안에서 자라나는지, 그리고 어떻게 모기가 원숭이와 원숭이 사이에 기생충을 전파시키는지를 알아보고 있었다. 이를 위해 곤충학자는 우리에 갇힌 상태에서도 자유롭게 짝짓기를 하고 번식하는 '가축화'된 얼룩날개모기를 길러 냈다. 그리고 연구소 곤충장에서 길러진 이 모기들이 실험을 위해 공급되었다. 당시 관리는 그리 엄격하지 않아서 그 시절 미국 국립보건원을 방문하면 탈옥한 모기들이 윙윙거리며 돌아다니다 사람을 무는 일이 흔했다. 길 잃은 얼룩날개모기에 대해 걱정하는 사람은 없었다. 혹여나 모기가 감염되어 있다 하더라도 실험실 연구자들의 건강에는 심각한 위협이 되지 않는, 겨우 원숭이 시노몰지 열원충일 뿐이었다.[74]

1960년 5월 5일, 실험실 연구자 중 한 명인 돈 에일스Don Eyles 박사는 테네시 주 멤피스에 있다가 베데스다 연구소에 있는 친구와 동료들에게서 급한 연락을 받았다. 밥 코트니Bob Coatney 박사는 에일스에게 자신에게 고열과 두통이 나타났고, 직접 혈액 슬라이드를 관찰해 본 결과 말라리아에 걸렸다고 말했다. 그는 자신이 감염된 말라리아가 시노몰지 열원충이 틀림없다고 했다. 며칠 후, 코트니의 실험실에 있던 검사원 몇 명이 고열과 이빨이 덜덜 떨릴 정도의 오한을 비롯한 말라리아 증상을 경험했다. 이들 역시 시노몰지 열원충에 감염되어 있었다. 그들은 말레이 정글 마을 원주민들이 그랬던 것과 똑같은 방식으로 모기 매개체에 의해 감염되었던 것

---

74 [역주] 학교 지하에 위치한 모기 사육장에 가면 수백 개의 우리가 들어차 있다. 가로세로 30센티미터의 정육면체 그물로 둘러싸인 우리는, 한쪽 입구가 코끼리 코처럼 생겼다. 이 부분은 적당히 말아 고무줄로 고정해 두었기 때문에 모기들이 빠져나오지 않을까 항상 걱정이 됐다. 그래도 교수님들은 항상 절대 모기가 빠져 나올 일은 없다고 안심시켜 주었다. 하지만 사육장에 다녀온 날이면 항상 어딘가 모기에 물려 있었다.

이다.

코트니는 거의 20년 가까운 세월을 새 항말라리아제의 효능을 시험하는 데 보내왔고, 이를 이용한 말라리아의 예방과 치료에 집중해 왔다. 결국 언제나 문제는 사람에게도 효과가 있을까 하는 점이었다. 이 문제를 풀기 위해 애틀랜타 연방 감옥에서 굉장한 프로그램이 진행되었다. 수감 중인 자원자들을 대상으로 말라리아를 감염시키고 시험 단계의 항말라리아제로 치료해 보는 것이었다. 이 실험은 미국인들의 높은 이타성을 단적으로 보여 준다. 말라리아는 미국에서 이제 심각한 보건 문제가 아니었지만, 미국인들은 열대 지역 사람들을 위해 그들의 몸을, 불쾌하고 심지어는 위험하기까지 한 실험에 맡겼다. 어떤 제안이 있었던 것도 아니다. 수감된 자원자들은 수형 기간 동안 더 나은 조건의 생활을 보장 받은 것도 아니었고, 감형 제안이 있었던 것도 아니다. 또 하나 놀라운 점은, 정부가 이 프로그램을 눈감아 주었을 뿐만 아니라 법령에 의해 합법화되었다는 사실이다.[75] 미국은 말라리아에 대한 인체 실험을 권장하는 법령을 제정했던 유일한 국가였다.

우연 감염에 흥미를 느낀 코트니는 애틀랜타 수감자 자원자들에게 접근할 수 있게 된 김에, 이들을 시노몰지 열원충에 감염시켜 보기 시작했다. 그 결과 원숭이 말라리아는 삼일열 말라리아와 임상적으로 상당히 비슷하다는 점을 발견할 수 있었다. 고열이 48시간 주기로 나타났으며 두통,

---

75 Section 4162 of title 18 U. S. Code; Public Law 772 of the 80th Congress.

잦은 복통이 발생했고, 시간이 지나자 비장이 비대해졌다. 만약 말레이 '토박이'들이 시노몰지 열원충에 감염되었다면 삼일열 말라리아와 명확히 구별할 방법은 없었다. 동물 병원성 감염증이라는 먹구름이 역학의 지평선에 그 모습을 드러내기 시작했다.

1965년 일어난 또 다른 사건이 한층 짙은 먹구름을 드리웠다. 이 이야기는 열대 지역을 막 방문하고 돌아온 여행객들이나 사업가들이 '주말성' 말라리아나 다른 급성 여행 관련 질환으로 의료 시설을 찾을 때 염두에 두어야 할 교훈이기도 하다. 이는 어느 젊은 미국인 측량사의 이야기다. 미 육군에 민간 측량사로 고용된 이 사람은 말레이 정글에서 측량을(그것도 밤에!) 하느라 닷새를 보냈다. 미 육군 측량사가 말레이 정글에서 무얼 하고 있었으며, 밤에 대체 무슨 측량을 할 수 있었는지는 알 수 없다. 어쨌든 그는 정글의 야간 지도 같은 것을 만드는 작업을 마치고 나자 쿠알라룸푸르에 나타나 일주일간 임무 보고를 했다. 보고를 마치자 집에 돌아가도 좋다는 허가가 났지만, 바로 돌아가는 대신 방콕을 들러 며칠간 가열찬 휴가를 보내기로 마음먹었다. 3일 후, 방콕을 제대로 즐긴 그는 제대로 숙취에 시달리며 '하늘을 나는 터널'(군용 항공 수송기인 707은 창문도 없고, 좌석은 역방향인 데다 식사로는 치즈 샌드위치나 쿠키를 준다)을 타고 캘리포니아 트래비스 공군기지로 귀환했다. 비행기가 착륙할 무렵 우리의 측량사는 오한, 발한, 두통, 후두염까지 상태가 최악이었다. 그는 방콕에서의 젊은 혈기와 3등실도 안 되는 날아가는 터널 속에서의 비행이 빚어낸 당연한 결과라고 생각했지만, 어쨌든 기지 응급 치료소를 방문할 만큼 상태가 좋지 않았다. 정신없이 바빴던, 기지의 젊은 의사는 상기도 감염이라는 진단을 내리고는 항생제 몇 알을 쥐어 주었다. 그러고는 다음 비행기를 타고 메릴랜드, 실버 스프링에 있는 집으로 돌아가 말레이 정글, 팟퐁로드,[76] 상기도 감염 바이러스로 지친 심신을 회복시키라고 조언해 주었다.

토요일인 다음 날, 측량사는 자리에서 일어나자마자 실버 스프링으로 돌아갔다. 하지만 상태는 하루 전보다 더 나빠져 있었다. 슬슬 걱정이 되기 시작한 측량사는 일반 개업의인 주치의에게 전화를 걸었다. 의사는 의대 시절 세 시간짜리 기생충학 강의에서 고열, 말라리아, 열대 지역 여행이 서로 관계가 있다고 배웠던 것을 어렴풋이 기억해 냈다. 의사는 측량사의 혈액으로 슬라이드를 만들었다. 그리고 이제 자신이 직접 현미경 검사를 수행하는 몇 안 되는 의사로서 적혈구 내에 여러 말라리아 기생충이 들어 있음을 발견했다. 의사는 정확한 진단을 내릴 만한 지식은 없었지만, 참고 서적에는 만약 열대열원충에 감염되었을 경우에는 진행이 빠르고 치명적일 수 있다고 적혀 있었다. 환자에게는 전문적인 진단·간호·치료가 필요했고, 무엇보다 '정부' 담당 건이었기 때문에 의사는 측량사를 가까운 월터 리드 육군 병원으로 전원시켰다. 고열로 떨면서 우리 측량사는 월터 리드 병원으로 이동했지만, 병원에서 들은 소리라고는 고작 주말에는 입원이 불가능하다는 말뿐이었다. 육군 의사는 도시 반대쪽 베데스다에 있는 미국국립보건원 임상 연구 병원에 가보라는 말을 해주었다. 미국국립보건원 사람들은 말라리아를 좋아하니까 치료해 줄지도 모르겠다면서. 메

76 [역주] 방콕의 대표적인 밤 문화 거리로 각종 먹을거리를 파는 야시장이 들어서 있다.

스꺼운 데다 열은 39.5도까지 치솟았고, 눈앞이 깜깜해질 정도의 두통이 밀려오는 가운데 우리의 순례자는 베데스다에 도착했고, 마침내 병상과 치료제가 주어졌다.

항말라리아 치료가 시작되기 전, 어떤 말라리아 종인지, 무엇보다 그의 증상이 분명 말라리아 기생충 때문인지를 확인해야 했다. 실험실 검사원이 염색된 혈액 필름을 현미경으로 들여다보자 별로 치명적이지 않은 사일열원충*Plasmodium malariae*(고열 주기가 72시간마다 돌아오는)처럼 생긴 기생충이 모습을 드러냈다. 담당 의사는 애틀랜타 미국국립보건원 말라리아과에 있던 밥 코트니가 수감자 자원자들을 대상으로 새로운 항말라리아 약품을 시험하기 위해 사일열원충을 찾고 있다는 것을 떠올렸다. 그래서 클로로퀸을 투여하기 전에 환자 혈관에서 혈액 일부를 채취해 냉장 보관한 후, 월요일이 되자마자 항공우편으로 애틀랜타에 보냈다.

월요일, 코트니는 자원한 수감자들에게 혈액을 접종했다. 며칠 후, 자원자들은 예상대로 고열을 보이기 시작했고, 코트니는 사일열원충에 감염된 적혈구를 볼 수 있으리라 예상하며 혈액 도말을 만들었다. 하지만 놀랍게도 코트니가 발견한 것은 의문의 여지없이 놀시아이 열원충, 즉 원숭이 말라리아였다. 임상적으로도 고열이 하루 주기로 돌아왔다. 측량사가 방콕에서 돌아온 뒤 계속 아팠던 것도 이해가 가는 일이었다. 감염의 수수께끼가 풀리자마자 코트니는 이것이 첫 번째 동물원성 말라리아 확진 사례라는 것을 깨달았다. 불가능할 것만 같은 일들과 의학적 오류의 연속이 결국 이 기생충을 전문가인 코트니의 손에 떨어지게 만들었고, 결국 자연 상태에서 원숭이 말라리아가 사람을 감염시킬 수 있다는 사실의 발견으로

이어졌던 것이다.[77]

물론 감염이 가능하다는 사실 자체만으로는 심각한 보건 문제라고 볼 수 없었다. 누군가 말레이 정글 안에 있는 캄풍(말레이어로 마을)들로 돌아가 실제 지역 주민들이 원숭이 말라리아에 감염되고 있는지를 확인해 볼 필요가 있었다. 돈 에일스Don Eyles 외에, 원숭이 말라리아에 풍부한 경험을 가지고 있는 데다 현명한 말라리아 학자로서 미국국립보건원의 연구팀을 이끌 수 있는 적임자가 또 있을까? 1960년대, 에일스의 팀은 쿠알라룸푸르 의학연구소에 자리를 잡고 원숭이나 긴팔원숭이들의 혈액 슬라이드를 닥치는 대로 확인하면서 새로운 종의 영장류 말라리아를 연신 발견해 내고 있었다. 에일스 팀원들은 감염된 원숭이/긴팔원숭이의 혈액을 자신들에게 직접 접종해 보았다. 그리고 이어진 오한과 고열을 상세히 기록해 적어도 일부 새로운 종들, 예를 들어 긴팔원숭이 말라리아(이후 아일시 열원충 *Plasmodium eylesi* 이라는 이름이 붙었다)는 인간을 감염시킬 수 있음을 밝혀냈다. 이런 자가 감염 실험들은 현장 연구가 절실하다는 점을 더욱 부각시켜 주었다.

말레이 정글에서 현장 연구를 한다는 것은 절대 쉽지 않았다. 길도 없

77 이 이야기에는 의사와 환자 간의 소통에 문제가 있을 때 어떤 결과가 발생할 수 있는지를 보여주는, 귀 기울여 들을 만한 기묘한 후기가 있다. 측량사는 자신이 말라리아에 걸릴 수 있다는 것을 예측했을 뿐만 아니라 말레이 정글에 들어가는 첫날부터 클로로퀸을 가지고 들어갔다. 그런데 정작 클로로퀸을 먹지는 않았는데, 언젠가 주치의가 의사의 명확한 지시 없이는 어떤 약도 절대 먹지 말라고 한 이야기를 기억해 냈기 때문이었다.

는 정글이 끝도 없이 펼쳐졌고, 산은 빽빽한 숲으로 가득 차있었으며, 넓은 강은 정글 늪지대로 흘러들었다. 이런 곳으로 휴가를 왔던, 타이의 비단 사업가이자 전시 첩보 요원이었던 짐 톰슨[78] 같은 사람들이 정글 속 오솔길을 따라 어슬렁거리며 아침 산책을 나갔다가 자취도 없이 사라져 버리곤 했다. 게다가 원주민들은 (말라리아 연구진들에게) 불친절했다. 당시 말레이는 국가 차원에서 말라리아 박멸 캠페인이 진행되는, 혼란스러운 과도기에 놓여 있었고, 마을 사람들은 말라리아 없는 세상이라는, 올 것 같지도 않은 약속 대신 손가락만 찔러 대는 데 신물이 나있었다. 욱신거리는 손가락보다 더 나빴던 것은 디디티를 살포하고 한 달쯤 지나면 집 지붕이 무너져 내리는 현상이었다.

말라리아는 알았지만, 지붕이 무너지는 것은 전혀 다른 문제였다. 말라리아 연구자들이 무슨 복잡한 생물학적 설명을 해줘 봤자 지붕이 새로 얹어지는 것도 아니었다. 어떤 일이 일어났는가 하면, 마을 집 지붕은 아탑(말레이어로 니파야자수 잎)으로 만들어졌는데, 지붕에는 야자수 잎을 갉아먹는 애벌레들이 있었다. 평상시에는 애벌레를 잡아먹는 기생벌이 해충의 개체 수를 별 피해가 되지 않는 수준으로 억제하고 있었다. 불행히도 기생벌은 디디티에 굉장히 취약했지만 애벌레는 저항성이 높았다. 말라리아

78 [역주] 20세기 중반 타이에서 활동한 미국인 사업가로, 사양길에 접어들었던 타이의 비단 산업을 1950~60년대 다시 일으킨 입지전적 인물로 꼽힌다. 당시 아시아에서 가장 유명한 미국인이라는 수식어가 붙어 있기도 했다. 1967년 말레이시아 숲 속의 별장에서 감쪽같이 사라져 많은 궁금증을 자아냈다.

연구자들이 집에 살충제를 뿌리자 기생벌은 죽고 애벌레들이 폭발적으로 증가했다. 결과적으로 지붕이 무너져 내렸다. 말라리아 연구자들은 더는 캄퐁에서 환영받지 못했고, 주민들은 예의바르게 주의를 줘도 듣지 않을 때는 연구자들을 무력으로라도 쫓아 내버렸다.

이 같은 외교적 문제뿐만 아니라 자연 상태에서 원숭이로부터 사람으로 말라리아가 전파되는지를 알아보는 실험에도 어려움이 있었다. 실험실이나 병원 등 깔끔하게 정리된 상황에서 전파 연구를 하는 것과, 마을에 들어가 마을 사람들을 대상으로 채혈을 하고, 감염 중 일부가 원숭이에서 유래했음을 밝히는 것은 전혀 다른 문제였다. 당시에는 형태적으로 유사한 두 종을 분류할 수 있도록 도와주는 생명공학 기법인 유전자 지표가 없었다. 유일한, 그리고 가장 확실한 방법은 마을 사람들에게서 채혈한 혈액을 '깨끗한' 원숭이에 접종시켜 보는 것이었다. 반드시 영장류 말라리아가 없는 인도 지역에서 수입된 붉은털원숭이여야 했다. 만약 접종을 받은 동물에서 감염이 나타난다면 동물원성 말라리아에 대한 확증을 얻는 셈이었다. 기억할지 모르겠지만, 진짜 인간 말라리아는 아시아 원숭이에게 감염되지 않는다.

이 대단한 실험을 맥윌슨 워렌MacWilson Warren이 이끄는 미국국립보건원팀이 실제로 해냈다. 맥은 붙임성이 좋은 젊은이였다. 맥은 말레이 사람들에 대한 진심 어린 애정과 관심, 그리고 '불의 시험'(말레이 전통 음식 중 하나인 엄청나게 매운 카레를 걸쭉한 양념과 함께 먹을 수 있는가를 보는)을 통과해 주민들의 믿음을 얻었다. 인도에서 공수한 원숭이들은 쿠알라룸푸르 연구소에 모셔 두었다. 연구팀은 1천2백 명의 정글 캄풍 주민들에게서 정맥혈을 채취했다(말레이 시골 사람들이 얼마나 피 뽑는 것을 싫어하는지를 고려하면 이것만으로도 대단한 업적임에 틀림없다). 혈액 샘플은 냉장 상태로 쿠알라룸푸르까지 최대한 빨리 수송되어 원숭이에 접종되었다. 하지만 감염된 원숭이는 한 마리도 없었다. 인간 중에 원숭이 말라리아에 감염된 사람은 없었던 것이다. 연구팀은 적어도 말레이에서는 원숭이가 인간에게 말라리아를 전파시킨다는 증거는 없으며, 항말라리아 사업에 영장류에 의한 전파를 막는 일까지 추가할 필요는 없겠다는 결론에 이르렀다.

이는 1960년대의 일이었다. 여전히 원숭이 말라리아가 인류 보건에 위협이 되지 않는다는 명제가 참인지는 알 도리가 없다. 1960년대 이후, 다른 열대 지역에서와 마찬가지로 말레이에서도 많은 면적의 숲이 베어졌다. 열대 우림은 파괴되었으며 나무에 사는 원숭이의 서식처도 사라졌다. 하지만 이 원숭이 가운데 일부는 생존의 명수로 새로운 환경에 재빨리 적응할 수 있을 만큼 영리하고 강인했다. 일부는 도시 생활자가 되었다. 도시에서 원숭이들은 짓궂은 도둑-거지 무리가 되어 자신들의 영역을 지키고 있다. 마치 인간 불량배들이 그러하듯 말이다.

환경 변화는 인간과 원숭이를 가깝게 만들었다. 숲과 평원의 경계는 희미해졌고, 새로운 환경이 교차되는 가운데 인간과 원숭이의 영역이 한데 섞이기 시작했다. 아프리카에서는 열대 우림이 파괴되면서 일어난 환경의 변화가 반쯤 길들여진 원숭이와 모기들을 야생 환경으로부터 떼어 놓으면서; 새로운 매개성 질환이 등장했다. 바로 황열병이다. 근래 일어나고 있는 환경 변화가 원숭이-모기-인간으로 이어지는 동물원성 말라리아에 비슷한 결과를 가져왔는지는 영원히 알 수 없을지도 모른다. 이제는 과거 에

일스 팀이 말레이에서 진행했던 것 같은 고예산/광범위 연구를 진행할 만한 자원이나 관심, 전문가도 없다. 말라리아에 대한 과학자들의 관심 분야는 분자 수준으로 옮겨가 버렸다. 여전히 주제는 인간, 원숭이, 말라리아의 삼박자이지만, 이제는 '말라리아Malaria와 돈 되는 분자Money-Making molecule'의 두 박자로 해석하는 편이 옳을지도 모르겠다.[79]

79 [역주] 요즘 말라리아는 돈이 되는 분야 중 하나로 손꼽힌다. 각국 정부나 민간 재단에서 말라리아 연구에 막대한 양의 자금을 지원하고 있기 때문이다. 제3세계에서 가장 주목받는 세 가지 질병인 에이즈(AIDS), 결핵(Tuberculosis), 말라리아(Malaria)를 합쳐 ATM(현금인출기)이라고 반 농담처럼 부르기도 한다.

10
말'아리아는 공기를 타고

죽은 사람은 말이 없다. 그리고 말라리아가 죽음을 불러오고 나면, 이 작디작은 살인마들은 흔적도 없이 사라져 버린다. 말라리아는 뼈에 별다른 특징을 남기지 않기 때문에 고인류학자들이 수천 년 지난 유골에서 말라리아를 진단해 낼 수 있는 '나이테'도 없다. 따라서 언제, 어떻게 말라리아가 우리 조상에게 처음으로 나타났는지는 모호한 추측 이상이 되기 어렵다. 인류의 요람은 아프리카다. 우리는 모두 아프리카계 아메리카인인 셈이다(혹은 아프리카계 유럽인이나 아프리카계 아시아인). 우리의 기원인 아프리카에서 다른 유인원과 원인이 갈라지기 시작한 것은 약 450만 년 전의 일이다.

그리고 약 2백만 년 전, 올두바이 계곡의 루시Lucy가 나타났다. 104센티미터의 날렵한 키, 뇌는 작아도 커다란 머리, 유인원과 인간의 외형을 섞어 놓은 듯한 모습이었다. 루시로부터 원인의 계보가 이어져 내려와 약 150만 년 전, 아프리카의 루시들은 호모 에렉투스*Homo erectus*로 교체되었다. 뇌도 컸고, 키도 160센티미터가 넘었지만 여전히 유인원처럼 가슴이 두툼했다. 하지만 호모 에렉투스에게는 다른 유인원이나 원인 조상들과 다른 행동 특성이 하나 있었다. 이는 인간의 특징이기도 하며 먼 훗날 관광이라는 산업을 만들어 내기도 했다. 호모 에렉투스는 동물들이 묶여 있던 영역 개념에서 벗어나 자신의 의지에 따라 떠돌기 시작했다. 마치 인간처럼 말이다.

홍해는 호모 에렉투스 이주민들을 막지 못했다. 1백만 년 전, 에렉투스가 아프리카를 벗어나 아시아로 여행을 떠났을 때 두 대륙은 이어져 있었다. 동아시아에서 출발해 에렉투스는 아시아 대륙 구석구석을 돌아다녔다 (초기 고고학에서 유명세를 떨쳤던 베이징 원인이 바로 이들이다). 아시아에서 에렉투스는 처음으로 말라리아에 걸려 봤을 것이다. 아프리카에는 원숭이 말라리아가 굉장히 드물 뿐만 아니라, 현재 발견되는 것들도 인간의 기생충과는 너무도 다르기 때문에, 논리적으로 생각해 보면 인간이 아프리카에서 '자라날' 무렵에도 말라리아는 진화적 압력이 아니었다고 볼 수 있다. 반대로 앞 장에서 언급했듯이, 아시아, 특히 동남아시아는 여러 영장류 말라리아의 '고향이자 출생지'일 뿐만 아니라 몇몇 기생충들은 현재 인간 말라리아와 형태적으로 매우 흡사하다. 게다가 인간을 감염시키는 것도 가능하다. 이 가운데 두 원숭이의 말라리아가 '인간화'되어, 시노몰지 열원충은 (약한 삼일열 말라리아를 일으키는) 삼일열원충이 되었고, 이누이 열원충 *Plasmodium inui*은 사일열원충이 되었다.[80]

80 이 기생충들은 무섭기는 해도 치명적이지는 않다. 감염되어 사망하는 경우는 극히 드물고, 심지어 면역이 없는 사람들도 회복한다. 진화의 과정에서 인간은 자연적인 혈액 특성, 예를 들어 겸상적혈구빈혈증, 더피 항원을 얻었고, 더불어 감염 증상을 억제해 주며 선천적 저항력을 더욱 높여 주는 G-6-PD(glucose-6 phosphate dehydrogenase) 결핍증 같은 특성들도 획득했다.

인간이 처음으로 진짜 인간이 된 장소가 아프리카인지 아시아인지는 확실치 않지만, 하와이 대학의 베키 캔Becky Cann 박사와 디엔에이 탐정들이 옳다면 인류는 일단 호모 사피엔스 네안데르탈리스*Homo sapiens neanderthalis*로 진화했다. 그리고 20만 년 전, 단 한 명의 돌연변이 여성이 현생 인류인 호모 사피엔스 모두의 어머니가 되었다. 어쩌면 남성우월주의가 구약성서를 오독했고, 사실 최초의 인간은 이브였고 그녀가 아담에게 갈비뼈(디엔에이 형태로)를 주었던 것일지도 모른다. 인간, 즉 네안데르탈과 사피엔스는 아시아에서 유라시아로, 그리고 유럽으로 퍼져 나갔다. 그리고 아마 말라리아도 함께 가져간 것으로 추정된다. 저 멀리 북쪽 시베리아와 브리튼 섬에 이르기까지, 인류가 퍼져 나간 지역에서 기다리고 있던 토착 얼룩날개모기는 기생충을 두 팔 벌려 환영해 주었다.

이 책에서 나는 식민지 시대부터 1940년대까지 말라리아는 미국병이었다고 말했다. 대륙 회의[81]에서 최초로 승인한 군사 예산 중 하나는 바로 워싱턴 장군의 병사들을 보호하기 위해 3백 달러어치의 키니네를 구입하

이와 관련해 『뉴기니 촌충과 유대인 할머니』, 5장 "콩, 유전자, 말라리아"를 참고. 결국 호모 에렉투스가 새로운 질병(말라리아)에 감염되었다 하더라도 종의 존속을 위협할 정도는 아니었을 것이다.

[역주] G-6-PD 결핍증은 유전 질환의 일종으로 일정 부분 저항성을 부여해 준다. 하지만 잠두 같은 콩에 들어 있는 단백질과 반응해 적혈구가 파괴되고 빈혈이 일어나기도 하며 심한 경우 쇼크사에 이를 수도 있다. 역설적으로 일부 항말라리아제는 G-6-PD 결핍증 환자의 적혈구를 파괴하기도 하므로 주의가 필요하다.

81 [역주] 미국 독립을 전후로 열린 13개 식민지의 대표자 회의로, 독립선언을 채택하고 미국 초기 헌법을 기초했으며, 독립 전쟁을 지도해 독립을 쟁취했다.

는 것이었다. 남북전쟁 당시 매년 북군 백인 병사의 절반, 흑인 병사의 5분의 4가 말라리아에 걸렸다. 아메리카 대륙의 열대 지역은 여전히 말라리아 유행 지역이다. 그렇다면 말라리아가 서반구 해안에 처음 모습을 드러낸 것은 언제쯤일까? 저명한 말라리아 학자들은 콜럼버스가 구대륙에서 백인과 흑인 이민 홍수의 물꼬를 열기 전부터 아메리카 대륙에 인간 혹은 원숭이 말라리아가 있었는지에 대해 오랫동안 논쟁을 벌여 왔다. 대부분의 의견은 콜럼버스 이전 시기에는 아메리카에 인간이나 원숭이 말라리아가 없었다는 쪽이다. 아마 아시아 이주민들이 알래스카를 건너 2만 년이 넘는 시간 동안 [남아메리카 남단 끝에 위치한 섬인] 남쪽 티에라 델 푸에고까지 천천히 걸어오면서 기생충은 '얼어 죽었을' 가능성이 높았다. 마야·올멕·아즈텍의 '의학서'에는 말라리아와 관련된 어떠한 기록도 찾을 수 없다. 게다가 말라리아가 넘쳐 나는 지역에서 이런 위대한 문명이 건설될 수 있었을지도 의문이다. 1519년, 코르테즈가 멕시코 침략을 앞두고 파나마 지협에 병사들을 주둔시켰을 당시, 왕인 찰스 5세에게 보낸 보고서에는 말라리아가 문제가 된다는 이야기는 전혀 없었다. 침략 후 두 세대가 지난 16세기 이후, 유럽인 이민자들과(20세기 직전까지만 하더라도 템스 강 하구도 말라리아 유행 지역이었다는 것을 기억하자) 유럽인들의 '이상한 관습'인 노예제는 신세계에 말라리아를 여러 차례 들여왔다. 그리고 기생충에게는 신세계의 얼룩날개모기들이 기다리고 있었다.[82]

---

82 [역주] 16세기 유럽 열강에 의해 아프리카 노예들이 아메리카 대륙으로 강제 이주당하면서 아

인간 말라리아의 기원에 대한 우리의 이론은 어디까지나 인간의 진화와 이동, 그리고 영장류 말라리아 기생충의 생태에 대한 지식을 기반으로 한 논리적 추론이다. 이 줄거리, 논리의 흐름은 '진짜' 말라리아, 고대 중국인들에게 '열병의 어머니'로 알려진 열대열원충*Plasmodium falciparum*과 만나는 순간 산산조각 난다. 열대열원충은 굉장히 독특한 기생충으로 고릴라 말라리아(레키노아이 열원충*Plasmoium reichenowi*, 인간을 감염시키지는 못한다) 하나를 제외하면 조류나 짐승 말라리아 중에 닮은 기생충도 없다. 하지만 디엔에이 유사성을 살펴보면 열대열원충은 원숭이보다는 조류 말라리아 기생충에 가까워 보인다.

그렇다면 아프리카에서 나타난 첫 번째 인간은 치명적인 악성 삼일열(열대열) 말라리아에 노출된 채 어떻게 살아남을 수 있었고, 궁극적으로 번성할 수 있었을까? 생존의 이유는 어쩌면 아직 손상되지 않은 광대한 숲 생태계, 그리고 농업 사회 이전의 작은 유목, 수렵 채집 무리를 이루고 살고 있었기 때문일지도 모른다. 오늘날 아프리카에서 말라리아의 주요 매개체가 된 감비아 얼룩날개모기*Anopheles gambiae*는 아프리카에 오랫동안 존재해왔다. 하지만 위협이 될 만한 숫자는 아니었다. 감비아 얼룩날개모기는 해가 잘 드는 웅덩이에 알을 낳는다. 잘 보존된 빽빽한 숲 안에서는 이런 번식처가 많지 않았고, 어둡고 축축한 숲 안에는 말라리아 매개 모기

프리카에 있던 여러 기생충들도 함께 옮겨 왔다. 서아프리카에서 실명을 일으키는 주요 기생충 가운데 하나인 강변사상충이 대표적인 예로, 주로 중남미의 커피 농장에서 자주 발병하고 있다.

가 별로 없었다. 수렵 채집인의 생활 방식 역시 항말라리아적이었다. 사회 구성원의 숫자는 말라리아 보균자가 모기를 통해 감염을 재순환시키기 힘들 만큼 적었다. 더욱이 수렵 채집인들은 유목 생활을 했기 때문에 근방의 모기들을 감염시킬 만큼 한 장소에 오래 머물지 않았다. 아프리카 초기 인류는 말라리아에 감염되어 있었을지도 모르지만, 만약 우리 시나리오가 맞는다면 감염자의 숫자는 적었고, 말라리아에 감염되어 죽는 사람은 그보다 더 적었을 것이다. 물론 그들이 수렵 채집인으로 남아 그들을 보살펴주는 숲을 본래 모습 그대로 고이 보존해 왔다면 그랬을 것이라는 이야기다. 2천 년 전, 아프리카인들은 과거의 생활 방식을 버리고 주변 환경을 해체해 가기 시작했다. 그러고는 생명을 위협하는 말라리아로 인해 스스로 파괴될 수 있는 환경을 만들기 시작했다.

사회구조와 환경이 변화하기 시작한 것은 아시아로부터 또 다른 인류가 이동해 오면서부터이다. 말레이 사람들은 놀랍게도 이중 선체로 된 항해용 카누를 타고 여러 차례에 걸쳐 5천4백 킬로미터가 넘는 대양을 넘어 마다가스카르에 자리 잡았다. 말레이인들은 얌·타로·바나나·코코넛 같은 새 작물들을 들여왔다. 결과적으로 정착이라는 생활 방식이 시작되었고, 농업이 채집을 대신했다. 기르기 쉬운 작물들은 얼마 지나지 않아 아프리카 본토에도 상륙했고, 숲 속의 흑인들은 이를 열광적으로 받아들였다. 그리고 아프리카 열대 우림이 파괴되기 시작했다. 타로나 얌을 재배할 밭을 만들기 위해 나무를 베었다. 숲 한가운데에 섬처럼 습지들이 생겨났는데, 습지는 말라리아 매개 모기인 감비아 얼룩날개모기가 번식하기에 안성맞춤이었다. 암컷 모기들은 인간에 의해 길들여져, 한 곳에 정착한 농민들을 고정적인 혈액 공급원으로 삼게 되었다. 만약 또 다른 이주, 또 다른 저항성 유전자의 유입이 아니었다면 첫 번째 아프리카 농업 개척자들은 사라졌을지도 모른다.

오래전에는 아시아와 아프리카가 육지로 이어져 있었다. 고향인 인도에서 출발한 베도이드 원주민들은 비정상적인 형태의 헤모글로빈을 생산하는 유전자를 아프리카에 들여왔다. 이것이 겸상적혈구 유전자였다. 헤모글로빈은 적혈구 내에서 실질적인 '업무'를 담당하는 구성 성분이다. '순수하게' 양쪽 부모에게서 비정상 유전자를 물려받은 경우 아이는 심한 겸상적혈구빈혈증으로 죽는 경우가 많았다. 하지만 한쪽 부모에게서는 정상 헤모글로빈 유전자를, 반대쪽 부모에게서는 겸상적혈구 헤모글로빈 유전자를 물려받았다면 열대열 말라리아의 병독성으로부터 어느 정도 보호해주는 역할을 했다. 이를 '겸상 적혈구 보인자'라 한다. 겸상 적혈구 보인자인 아이들은 정상 헤모글로빈을 가진 아이들과 마찬가지로 열대열원충에 감염은 되지만 겸상 적혈구 보인자의 적혈구 내에서는 기생충이 제대로 자라나지 못한다. 증상은 약화되고, 살아남은 아이는 마침내 어른이 되어 획득한 면역을 통해 보호받게 된다.

냉정하게 '죽음의 균형'에 대해 이야기하는 것은 도덕적으로 옳지 못하게 느껴질 뿐만 아니라 쉬운 일도 아니다. 하지만 이것이 바로 가난한 농경 사회에 겸상 적혈구 유전자가 기여하는 방식이다. 이 유전자는 집단의 생존을 가능하게 해준다. 하지만 이 생존에 대한 비용은 악성 말라리아로 죽어 가는 수많은 정상 헤모글로빈 유전자의 아이들, 그리고 양쪽 부모에게서 모두 겸상 적혈구 유전자를 받아 겸상 적혈구 빈혈증으로 죽어 가는 수많은 아이들이 감당한다. 겸상 적혈구 유전자는 비단 사회를 유지할 수 있게 해줄 뿐만 아니라, 반대로 기생충 '보균자'를 꾸준히 공급해 주어 아프리카에서 말라리아가 끊이지 않고 지속적으로 전파될 수 있도록 도와준다. 이제 정황 증거와 추측을 기반으로 하는 시나리오는 여기서 마무리하고 '확실한' 사실을 가지고 말라리아의 역사에 대해 알아볼 차례다.

이 확실한 사실들은 바쁘게 문자 기록을 남기던 손가락들 덕분이다. 기원전 6000~5500년경, 인간이 처음으로 기록을 남기기 시작한 시점부터 이들은 여러 의학적 문제들에 대해 적어 왔다. 이런 푸념은 점토판·파피루스·양피지에 남겨졌다. 최초의 문명인 수메르 인들은 티그리스 강과 유프라테스 강 사이의 비옥한 계곡에서 태어났다. 이곳은 땅뿐만 아니라 말라리아도 비옥했다. 쐐기문자로 남아 있는 수메르의 의학 기록을 살펴보면 말라리아의 특징인 고열에 대한 기록을 자주 발견할 수 있다. 이웃한 요르단 계곡 역시 말라리아 유행이 극심했다. 구약 성서 시대, 아시리아 약탈자들은 '양떼에 뛰어든 늑대'처럼 요르단을 유린했다. 1960년대 영화처럼, 구약 성서에는 나쁜 놈들은 패배하고 죽음의 천사가 아시리아 대군을 강타했다는 이야기가 등장한다. 현대 말라리아 학자들은 악성 열대열 말라리아 기생충이 검은 천사로 변장한 것이라고 생각한다.

설명하기 어렵지만, 고대 의학의 역사를 풍부하게 담고 있는 구약 성서, 탈무드, 성경, 혹은 주석서 어디에도 말라리아가 이스라엘이나 근방 지역의 유대인들을 괴롭혔다는 내용은 없다. 유대인들은 말라리아가 유행하는 요르단 계곡을 지나, 말라리아가 유행하는 유프라테스 계곡을 지나, 말라리아가 유행하는 바빌론으로 끌려갔다. 하지만 문자 기록 어디에도 야훼에게 열병에 대해 불평하고 있지 않다. 어쩌면 유대인들은 외국에서 만난 질병에 대해 이야기하고 싶지 않았는지도 모르겠다. 완고한 유대인들과 디아스포라들은 타향살이 중에 만난 자연 현상에 히브리어 이름을 붙이는 것을 완강히 거부해 왔다. 시나이반도에서 만난 뱀에게는 히브리어 이름이 붙었지만, 폴란드에서 만난 뱀에게는 붙지 않았다. 어쩌면 이런 분류학적 회의론이 질병에도 적용되었는지 모르겠다. 아니면 말라리아는 그저 유대인의 질병이 아니었는지도.

수메르 인들이 말라리아 열병에 걸려 오한과 고열에 시달리고 있을 즈음, 중국인들도 똑같은 문제에 시달리고 있었다. 중국 의서의 고전, 기원전 2700년에 쓰인 『황제내경』黃帝內經에는 삼일열, 사일열 말라리아에 대한 정확한 설명과 증상 후 나타나는 비장 비대증에 대한 기록이 적혀 있다. 『황제내경』은 말라리아가 음양의 조화가 깨져서 일어난다고 설명하고 있다. 그리고 약초로 만든 치료제도 처방해 주었다.

기원전 1600년경의 베다에도 치명적인 열병에 대한 언급이 많이 남아 있어 인도 역시 이미 말라리아의 손아귀에 있었음을 알 수 있다. 하지만 그때만 해도 유럽은 말라리아에서 자유로웠다. 그리스에서 시작해 대륙 전체를 말라리아가 집어삼키는 것은 1천 년쯤 후의 일이다. 기원전 600년경에 그리스의 도시국가들은 서로 분쟁 중이었고, 말라리아가 유행하던 지중해·아시아·아프리카 지역과 교역을 하고 있었다. 이 시기는 그리스가 진정 영화로웠던 때였다. 때문에 다양한 말라리아 감염자들(무역상·노예·군인)이 그리스와 기생충을 기다리고 있던 그리스 얼룩날개모기에게 지속적으로 유입되었다. 기원전 4세기에 들어서자 말라리아는 주요 보건 문제가 되었고, 의학 역사학자들은 이를 그리스 문명이 몰락한 원인 중 하나로 추측하기도 한다.[83] 당시 위대한 의학자인 히포크라테스는 주기적인 열병에 대한 정확한 기록과 함께 이를 하나의 독립적인 질병으로 보았다. 그뿐만 아니라 질병과 환경 사이의 관계에 대해 논하기도 했다. 그는 최초의 역학자로서, 주기적인 고열(말라리아)을 일으키는 환자들이 습지 주변에 밀집해 있다는 것을 밝혀내기도 했다.[84]

히포크라테스는 당시로서는 최신의 '과학적' 사고방식을 바탕으로 주기적인 고열의 원인은 체액(피, 점액, 흑색 담즙, 황색 담즙)의 균형이 어긋났기 때문이라고 생각했다. 히포크라테스는 만성 말라리아의 영향에 대해서도 기록했는데, 고인 습지에서 물을 마셨기 때문에 체액이 엉켜서 일어난다고 믿었다. 지금도 말라리아로 피폐해진 마을을 방문해 환자들을 검진하다 보면 2천5백 년 전에 "크고 경직된 비장, 딱딱하게 말라 열이 나는 복부, 그리고 어깨·쇄골·얼굴은 바싹 여위어 있다."라고 쓴 히포크라테스의 말이 머릿속에서 메아리친다. 하지만 히포크라테스라는 천재는 여기서 한

83 [역주] 그리스는 1974년 말라리아를 박멸하는 데 성공했다. 하지만 2012년 그리스 정부는 말라리아가 재토착화되어 그리스 내에 유행하기 시작했음을 인정했다. 이는 2009년 이후 극심한 경제 불황에 보건 재정을 25퍼센트 이상 삭감한 탓으로 추측하고 있다. 경제 불황을 타개하기 위해 재정을 긴축하는 정책 방향이 건강에 어떤 악영향을 미칠 수 있는지를 보여 주는 사례 중 하나이다.

84 유럽에서 말라리아를 매개하는 얼룩날개모기는 대부분 습한 소택지에서 번식한다. 유럽에서 말라리아는 '습지 열'이었다. 하지만 아시아나 아프리카 같은 다른 말라리아 토착 지역에서는 얼룩날개모기들이 작은 웅덩이부터 시냇물, 호수, 물을 가득 댄 논까지 굉장히 다양한 장소에서 번식한다.

걸음 더 나아갔다. 그는 외부 요인이 체액의 불균형을 유발한다는 기발한 추측을 해냈다. 축축한 악취가 풍기는 습지에서 올라오는 독기가 주기적인 고열을 유발하는 근본적인 원인이 아닐까?

기원전 200년대, 권력과 문명(그리고 말라리아)의 중심은 아테네에서 로마로 옮겨갔다. 이로부터 3백 년 전, 테베레 강 왼쪽 강변 언덕에 점점이 달라붙어 있던 마을들이 연합하여 역사에 길이 남을 도시를 형성하기 시작했다. 언덕 아래에는 폰타인 습지(이후 캄파냐 디 로마Campagna di Rome로 불린다)가 있었다. 습지 너머에는 아펜니노 산맥부터 티레니아 해까지 라티움의 평원이 놓여 있었다. 기원전 200년경부터 1930년대 초반 무솔리니가 습지에서 물을 빼기 전까지 캄파냐는 전 세계에서 말라리아 유행이 가장 심한 지역 중 하나였다. 말라리아와 로마의 관계는 떼려야 뗄 수 없는 것이라 로마인들은 이 질병을 아예 로마의 전매특허로 생각해 '로마 열병'이라는 이름도 붙였다. 심지어 '말라리아'malaria라는 이름 또한 로마에서 유래했다. 말라리아가 지금의 이름으로 불리게 된 것은 18세기 중엽이 지나서였다(이전에는 학질, 간헐열, 습지열, 로마 열병, 죽음의 열병 같은 다양한 이름으로 불렸다). 누가 처음으로 ('나쁜' 혹은 '악한' 공기라는 뜻의) 말라리아라는 명칭을 사용했는지에 대해서는 논란이 있다. 이 명칭은 독기가 원인이라는 가설에서 나왔다. 첫 번째 언급은 영국 작가, 호레이스 월폴Horace Walpole이 1740년 로마에서 쓴 편지에서 찾을 수 있다. "말'아리아mal'aria라고 불리는 흉측한 것이 여름이면 로마에 찾아와 목숨을 앗아간다." 1743년 프란체스코 자키에Francesco Jacquier, 그리고 1753년 프란치스코 토티Francisco Torti가 로마에서 출판한 의학서를 보면 말'아리아라는 단어를 사용하는 것을 볼 수 있다. 19세기 말을 지나 20세기에 이르러 자존심 세고 토론하기 좋아하는 프랑스, 영국 및 다른 국가의 과학자-의사들이 말라리아를 연구할 때, 결국 모든 길은 로마로 이어졌다.

11

말라리아를 찾아서

_독기에서 모기까지

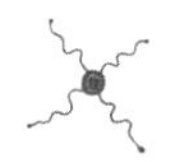

오늘 아침도 여느 때와 다름없는 실험실의 일상이 지나갔다. 병원에서 내게 혈액 도말을 보내왔다. 2주 전 타이 시골로 여행을 다녀온 42세 여성에게서 채취한 혈액이었다. 어제 밤늦게 병원 응급실을 찾은 이 여성은 고열, 오한, 깨질 듯한 두통을 호소했다. 우리 학교를 졸업한 젊은 응급실 당직 의사는 늙은 기생충학 교수가 했던 말("언제나 여행 여부를 물어봐라", "여행 후 원인 불명의 고열이 나타나면 말라리아를 의심해라", "말라리아는 대단한 모방꾼이다. 다리 골절만 빼고 거의 모든 증상으로 나타날 수 있다")을 기억해 냈다. 의사는 환자를 입원시키고 혈액 도말을 만들어 이 늙은 기생충학 교수에게 보내 진단을 확인받도록 지시했다. 혈액 도말을 메탄올로 고정시키고, 한 시간 동안 용액으로 염색했다. 그리고 실험실에 없어서는 안 될 실험 기구, 헤어드라이어로 말렸다. 연구용 쌍안 라이카 현미경에 혈액 필름을 올리고, 필름 위에 오일 한 방울을 떨어뜨렸다. 고배율 오일 대물렌즈를 조심스럽게 슬라이드에 가져다 대었다. 그리고 강력한 빛이 집광 렌즈를 통해 들어와 슬라이드를 비추었다.

접안렌즈를 들여다보자 담황색 적혈구들과, 세포질은 파란색으로 핵은 붉은색으로 선명하게 염색된 백혈구가 눈에 들어왔다. 정교하게 만들어진 손잡이를 돌려 다른 부분으로 슬라이드를 옮기자 일부 적혈구 안에 틀림없는 열대열원충이 들어 있었다. 마치 작은 반지 도장처럼 루비 색의 핵이 가느다란 파란 고리 사이에 박혀 있었다. 파란색과 붉은색 핵이 섞여 있는 바나나 모양 기생충도 있었다. 바나나 모양은 생식 모세포로 얼룩날개모기 안에 들어가 계속 성장할 유성 형태였다. 보이지는 않았지만 '포자' 단계인 분열체 기생충들이 다른 장기의 모세혈관에 깊숙이 숨어 있다는 것도 알고 있었다. 이 여성은 말라리아에 걸려 있었다. 의사에게 전화를 걸어 내 진단을 전해 주었고, 치료 계획에 대한 가벼운 조언도 해주었다.

진단 과정 자체는 일상적인 일이라 별 생각 없이 이루어진다. 어떤 말라리아 학자든, 혹은 잘 훈련된 검사원이라도 기생충을 확인하고, 각각의 발달 단계에 따라 성장 상태를 분류하고, '해부학적' 특징에 따라 네 가지 인간 말라리아 중 하나로 진단할 수 있다. 나 역시 현미경을 보고 진단을 내리고 별다른 생각 없이 다음 일로 넘어갔다. 이날의 다른 계획은 이 장(11장)을 쓰기 시작하는 일이었다. 바로 말라리아의 진짜 모습을 밝혀내는 역사적 과정에서 벌어진 길고 혼란스러운 논쟁에 대한 이야기 말이다. 오늘날에도 제대로 밝혀지지 못하고 있는 이 원충 기생충의 수많은 형태와 단계에 초기 연구자들은 얼마나 혼란스러웠을까. 게다가 이 연구자들은 당시의 도구를 이용해 기생충을 분류하고 생활사를 확인하는 지루한 작업을 해야 했다. 당시 현미경의 배율은 보잘것없었고, 선명도는 내 여섯 살배기 손녀에게 크리스마스 선물로라도 주지 않을 수준이었다. 심지어 '미생물학 이전의 암흑기'인 지난 5천 년의 기나긴 세월 동안에도 설명은 있었다. 말라리아의 영향을 받아온 모든 문화권은 이 질병의 원인에 대해 자신만만한 설명을 내놓았다. 중국인들은 주기적인 고열, 즉 말라리아는 틀림없이 음양의 조화가 이루어지지 못해서라고 생각했다. 히포크라테스와 추종자들은 습지의 독기와 썩은 물이 체액을 불균형하게 만들어 말라리아가 일어난다고 보았다. 독기와 말라리아에 대한 잘못된 생각은 뿌리 깊은 문화적 믿음이 되어 말라리아 학자들을 좌절시키기도 한다. 만약 사람들이 말라리아의 원인이 습지의 독 때문에, 썩은 물을 마셔서, 긴꼬리원숭이의 오줌으로 물이 오염되어서, 혹은 초록색 바나나를 먹어서라고 굳게 믿고 있다면 어떻게 항말라리아 약을 먹이고, 모기장 아래에서 잠을 자게 하고, 집에 살충제를 살포할 수 있도록 설득할 수 있단 말인가. 그리고 한 가지 새겨 둬야 할 점은, 이 사람들에게는 이런 설명들이, 이 책을 읽고 있는 독자들에게 미생물이 원인이라는 설명만큼이나 탄탄한 과학적 기반을 가진 설명이라는 것이다. 이들은 과학적으로 생각하고 있다고 믿고 있기 때문에, 만약 이들에게 말라리아가 악령의 저주나 신의 복수 때문에 일어난다고 생각하느냐고 물어보면 당신이 터무니없는 질문을 한다고 생각할 것이다. 이렇게 뿌리 깊은 믿음은 보건 사업에 심각한 영향을 미칠 수 있다. 예를 들어 1966년, 필리핀 국가 말라리아 박멸 프로그램이 파국을 맞은 이유는 마을 주민들이 현미경 진단을 위해 손가락에서 피를 뽑거나 집에 살충제를 살포하는 것을 거부했기 때문이다. 말라리아가 피로와 오염된 물 때문에 발생한다는 것을 누구나 알고 있는데 누가 이런 말도 안 되는 일에 참여하려 하겠는가.[85]

파스퇴르 이전 시대에도 흥미진진한 말라리아 원인 가설들이 수없이 등장했었다. 약 기원전 50년경, 걱정 많은 남편인 마커스 텐티우스 바로 Marcus Tentius Varro는 사랑하는 부인, 푼다비아Fundavia에게 건강하게 잘 사는 법에 대해 짧은 책을 써주었다. 그는 푼다비아에게 저지대 습지대 근처에는 물과 공기를 오염시키는 눈에 보이지 않는 작은 동물들이 살고 있으니 멀리하라고 적고 있다. 이 동물들이 체내에 들어와 말라리아의 고열을 일으킨다고 했다. 세부적인 내용은 물론 수상쩍지만, 공중 보건적 측면에서 이 조언은 오늘날의 그것만큼이나 훌륭하다. 게다가 말라리아가 보이지 않는 병원성 미생물에 의해 일어난다는 바로 씨의 견해는 놀라운 선견지명이었던 셈이다.

미생물학 이전 시대에 등장했던 마지막 말라리아 가설은 칼 린네Carolus Linnaeus의 것으로 볼 수 있다. 린네는 스웨덴의 식물학자이자 의사로, 우리가 어떤 생물을 제대로 된 학명으로 부르거나 식물이나 동물로 분류해 넣을 때마다 항상 존경심을 표하게 되는 사람이다. 린네는 계몽운동 시대의 지식인이었다. 자연과학과 의학은 뗄 수 없는 관계에 있었다. 지금 시대처럼 한 분야에만 전문화된 의사들은 당시 두 분야 모두에서 전문가였던 린네처럼 되기가 쉽지 않다. 웁살라 대학에서 린네는 의학 교수인 동시에 식물학 교수였다. 린네는 질병과 생물 모두를 분류하고 명명하는 학자였다. 그는 생물학의 이명식 학명법을 제정한 사람이다(현 인류를 속-종으로 부르면

85 이로부터 몇 년 전, 필리핀 말라리아 프로그램에서 디디티를 독성이 더욱 강한 딜드린으로 바꿔 마을 가축들이 죽는 경우가 많았다는 사실을 고려하면 주민들의 비협조적인 태도를 이해할 수 있다.

'호모' '사피엔스'가 된다). 기본적으로는 분류학자였지만, 1735년 하드윅 대학에서 발표한 의학 박사 학위 논문은 말라리아에 대한 것이었다. 히포크라테스 이래 해부학자들이나 다른 초기 의사들은 급성 '습지열'에 걸려 사망한 사람들의 비장·간·뇌가 검은색에 가까운 회색으로 변해 있는 것을 관찰했다.[86] 히포크라테스는 이런 색깔이 검은 담즙, 즉 말라리아가 일으키는 나쁜 체액 때문이라고 보았다. 박사 논문에서 린네는 다른 설명을 내놓았다. 18세기에 들어 체액 이론은 의학에서 점차 설 자리를 잃어 가고 있었다. 린네는 검은 빛의 장기들을 보았고, 점토 색 빛깔에 흥미를 가지게 되었다. 상상력이 날개를 폈고, 여느 훌륭한 대학원생이 그러하듯 사람이 진흙 섞인 물을 마시게 되면 이 진흙이 장기 내의 작은 혈관에 박히게 된다는 가설을 세웠다. 이로 인한 혈관 폐색과 자극 때문에 말라리아 증상이 나타난다는 것이었다.

하지만 린네가 말라리아는 별것 아닌 평범한 진흙 같은 무생물에 의해 발생한다는 가설을 내세우고 있을 때, 광학과 과학, 숙련공들은 지금까지 보지 못했던, 사람들의 상상 속에만 있던 작디작은 세계를 놀랍고도 북적거리는 현실로 만들어 내고 있었다.

1674년, 델프트의 렌즈 연마공인 안톤 반 레벤후크Anton van Leeuwenhoek는 마침내 미생물의 세계에 초점을 맞출 수 있었다. 이 굉장한 네덜란드인

86 적혈구 내에서 열원충은 헤모글로빈을 열심히 먹어 소화시킨다. 비활성화된 '대변'은 헤마틴이라고 하는데, 감염된 적혈구가 모이는 장기(비장·간·뇌)에 헤마틴이 쌓여 회색빛을 띠게 된다.

은 직접 제작한 현미경 아래 보이는 작은 세계에 지칠 줄 모르는 호기심을 가지고 있었다. 런던왕립학회에 보낸 일련의 긴 서신들은, 레벤후크가 온갖 장소에서 발견한(빗물, 후추 달인 물, 자신의 썩은 이빨, 개구리 똥, 그리고 뜻하지 않게 자신의 설사에서 첫 번째 병원성 원충, 람블 편모충*Giardia lamblia*을 발견한다) '미소 동물'animalcule에 대해 언급하고 있다. 하지만 일부 '미소 동물'들이 질병을 일으킨다는 사실을 파스퇴르가 발견하기까지는 또다시 2백 년의 세월이 흘러야 했다. 좋은 와인을 망쳐 놓는 메스꺼운 이스트, 누에를 죽이는 원충, 무엇보다 마침내 동물과 인간을 감염시키는 박테리아 미생물들. 1870년, 파스퇴르에서 시작해 로베르트 코흐와 독일 연구진들이 특정 미생물, 특히 박테리아가 특정 질병의 원인이 된다는 혁명적인 법칙을 확립하게 된다. 이 대단한 발견은 박테리아 감염이 모든 질병은 아니더라도 대부분의 질병의 원인이 된다는 보편적인 생각으로 자리 잡게 된다. 미생물을 확인하고 분리해 내는 데 필요한 것은 오로지 근면함뿐이었다.

1870년대 당시 과학의 시대정신은 모든 질병은 박테리아에 의해 일어나는 것이므로, 누군가 말라리아 박테리아를 '찾아내는' 것도 시간문제라고 생각했다. 1879년, 이탈리아 연구자인 에드윈 클렙스Edwin Klebs와 코라도 토마시-크루델리Corrado Tomasi-Crudeli는 말라리아가 습지에서 발생한다는 '사실'에 근거해 문제에 접근했다. 즉 박테리아는 습지의 물 안에 있거나 썩은 흙 안에 가라앉아 있을 게 분명했다. 이들은 폰타인 습지에서 물을 채취해 토끼에게 주사해 보았다. 토끼는 병에 걸렸고, 고열과 비장 비대증을 보였다. 죽어 가는 토끼에게서 박테리아도 분리해 냈다. 클렙과 토마시는 이 박테리아가 분명 말라리아 박테리아일 것으로 생각하고 바실러스 말라리*Bacillus malariae*라는 이름을 붙였다. 과학계는 기립 박수를 보냈고, 누구 한 명 실험 내용을 재현할 수 없었음에도 결과를 그대로 받아들였다. 말라리아의 원인을 찾는 오랜 탐색은 끝났다. 범인은 박테리아였다. 간절히 바라자 이루어진 셈이다.[87]

1년 후인 1880년, 알제리에 파견되어 있던 프랑스 육군 의사가 처음으로 말라리아 기생충을 직접 눈으로 관찰하게 된다. 하지만 관찰은 그저 시작일 뿐이었다. 말라리아 기생충의 한살이가 완전히 밝혀지기까지는 또다시 70년이라는 혼란스럽고, 때로는 혼돈에 가까운 세월이 흘러야 했기 때문이다. 한살이를 밝혀 가는 역사는 흥미진진하기 그지없지만, 여기서 조심스럽게 이야기를 멈추도록 하자. 그리고 말라리아 기생충의 한살이에 대한 개괄, 그러니까 한 편의 희극 오페라 말'아리아, 혹은 음라리아Mlaria의 대본을 보도록 하자. 음라리아는 어떤 연구자의 자동차 장식 번호판에 적혀 있는 문구이기도 하다. 어쨌든 '나는 추리소설의 마지막 장부터 들춰 보는 짓은 절대 하지 않는다' 하는 사람들은 생물학 강의 노트는 무시하고 본에서 벌어지는 라브랑 박사의 모험으로 넘어가도 좋다.

말라리아 기생충의 한살이 가운데 중요한 부분들은 그림으로 표시해

---

87 오늘날에도 불완전한 근거를 바탕으로 "간절히 바라면 이루어진다."는 식의 사례가 있다. 오랫동안 종양학에서는 헤르페스 바이러스가 자궁경부암의 원인이라고 굳게 믿어 왔다. 최근에 들어서야 전혀 다른 바이러스, 인유두종바이러스가 실제 원인이라는 사실이 비로소 밝혀졌다. 그리고 에이즈의 원인은 HIV 바이러스가 아니며, 진짜 원인은 발견되지 않았다고 굳게 믿고 있는 반대론자들도 있다.

그림 | 말라리아 기생충의 한살이

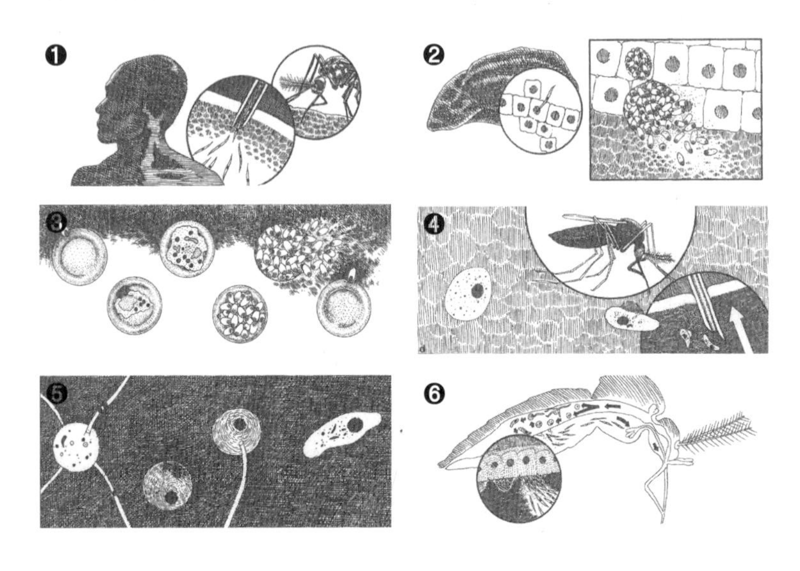

두었다(그림 ❶~❻). 인간은 네 말라리아 기생충 종의 숙주이다(앞서 언급했듯이, 아주 드물게 원숭이 말라리아에 감염되는 예외적인 상황이 있기도 하다). 바로 열대열원충, 삼일열원충, 난형열원충*Plasmodium ovale*,[88] 사일열원충이다. 각각의 종들은 서로 상당히 다른 병원성(열대열원충이 가장 병독성이 높으며 치명적인 종이다)과 역학적 특성을 지니고 있으며, 중요한 요소인 형태, 발달, 숙

---

88 난형열원충은 생활사나 임상 증상이 사일열원충과 흡사하다. 난형열원충은 비교적 드문 말라리아 기생충으로 서아프리카 일부 지역의 풍토병이다.

주-기생충 관계 역시 미묘하게 다르지만, 네 종 모두 기본 생활사 자체는 똑같다.

인체 감염은, 감염된 얼룩날개모기가(암컷 모기들만 흡혈에 참여하신다. 점잖기 그지없는 수컷 분들은 평생을 섹스와 과즙만을 찾아 날아다닌다) 흡혈할 때, 침샘에 저장되어 있던 가느다란 말라리아 기생충(포자소체sporozoite)을 혈액에 주사하면서부터 시작된다. 일반적으로 수천 개의 포자소체가 주입되면(그림 ❶) 혈액을 타고 간으로 이동한다. 간에 도달하면 각각의 포자소체가 순환계에서 빠져나와 간 조직을 구성하는 '기초' 세포들에 침입한다. 간세포 안에서 포자소체는 둥글게 뭉쳐져 '포자'를 형성한다. 약 2주 동안 포자는 반복해서 분열하고(이 과정을 분열 생식schizogony이라고 부른다), 작은 포낭 안에 수천 개에 달하는 '포자들'이 생겨난다. 결국 숙주세포인 간세포는 폭발적으로 증가하는 기생충을 견디지 못하고 파괴된다(그림 ❷).

이 2주는 임상적으로는 휴면 상태이지만, 환자의 몸 안에서는 말라리아의 씨앗이 끊임없이 분열하고 있다. 고열도 없고 아픈 기색도 없지만, 이 상태는 빠르게 곤두박질치게 된다. 극도의 오한과 고열을 동반한 발한 등 첫 번째 임상 증상은 포낭이 터지면서 수천, 수만의 '포자'들이(분열소체merozoite) 혈액 안으로 쏟아져 들어오며 나타난다(그림 ❸). 각각의 분열소체는 이제 적혈구 표면에 달라붙어 파고 들어간다. 적혈구 내에서 초기 기생충은 핵이라는 보석이 박힌 작은 고리처럼 보인다(고리 단계ring stage). 기생충은 적혈구 내의 헤모글로빈을 아메바와 비슷한 방식으로 탐욕스럽게 집어삼킨다. 기생충이 자라나고 '몸뚱이'인 세포질이 커지면서 적혈구의 절반 이상을 자치하게 된다(영양형 단계trophozoite state).

발달의 다음 단계는 세포질 내에서 무성생식으로 핵이 8개에서 24개(핵의 숫자는 기생충 종마다 다르다)의 분리된 조각들로 '분쇄'(분열 생식)되는 과정이다. 그리고 복잡한 재구성 단계를 통해 세포질이 각각의 핵 주변에 합쳐져 '포자'를 형성한다. 이것이 바로 분열소체다. 망가진 적혈구는 터져 버린다. 혈류 안으로 풀려난 분열소체들은 새 적혈구를 공격해 침입한다.

이 과정은 여러 번에 걸쳐 반복되는데, 자연 혹은 획득 면역, 항말라리아 화학요법, 혹은 죽음(면역이 없는 사람이 열대열 말라리아에 걸려 치료를 받지 못했을 때)이 이 과정을 멈춰 줄 때까지 계속된다. 더불어 발달 단계에는 놀라운 동조성이 있다. 자라나는 말라리아 기생충들은 성장 단계에서 마치 군무를 추는 발레 단원들처럼 함께한다. 모두 함께 동시에 고리 단계에 있다가, 동시에 영양형이 되고, 동시에 분열소체로 터져 나와 수백만 마리가 한꺼번에 새 적혈구들을 침입한다. 이런 발달 단계의 동조성이, 감염된 인간의 두드러진 증상, 즉 주기적인 고열을 일으킨다. 열대열원충·삼일열원충·난형열원충은 48시간, 사일열원충은 72시간의 고열 주기를 보인다.

몇 번의 무성생식 세대를 거치고 나면 일부 분열소체들이 전혀 다른 형태의 발달 단계에 들어선다. 암컷과 수컷의 유성생식 단계(생식모세포game-tocyte)에 들어서는 것이다. 어떤 기전으로 일부 분열소체들만 유성생식 단계로 넘어가게 되는지, 어떤 유전적 재구성이 일어나 완전히 다른 형태와 기능을 갖게 되는지는 아직도 흥미진진한 수수께끼로 남아 있다. '유성' 분열소체는 적혈구를 침입해 고리 단계로 넘어간다. 여기까지는 다른 모든 고리 단계 기생충들과 다르지 않다. 하지만 핵분열이 일어나는 대신 엄청나게 비대해져 세포질이 숙주 적혈구 전부, 혹은 대부분을 채우게 된다(그림 ❹). 혈류를 도는 생식모세포들은 암컷 얼룩날개모기의 뱃속에 들어갈 때까지 그 이상의 변화를 멈춘다.

모기의 뱃속에서 숙주 적혈구 세포가 소화되면서 무성생식형 기생충들은 모두 죽음을 맞이한다. 하지만 생식모세포는 이제 자기 세상을 만나 숙주 적혈구 세포막을 벗고 나온다. 암컷 생식모세포(생식세포gamete)는 휴면 상태에 있는 것처럼 보이지만, 초고배율 현미경을 통해 주의 깊게 들여다보면 작게 흔들리며 세포질을 번뜩이고 있는 모습을 볼 수 있다. 수컷 생식모세포는 놀라운 성장을 하게 된다. 핵은 계속해서 분열하고, 세포질이 재구성되며, 세포 표면에서 가는 실들이 나와 꿈틀대기 시작한다. 이들은 '정자', 즉 수컷 생식세포들이다. 그리고 이 성장 과정을 편모방출exflag-ellation이라고 부른다. 정자들은 '아버지'의 몸을 빠져나와 암컷 '난자'-생식세포로 헤엄쳐 뚫고 들어가 수정시킨다(그림 ❺).

수정된 난자는 길게 늘어나 꿈틀대는데, 이를 보고 옛날 말라리아 학자들은 '여행하는 연충'이라는 묘한 이름을 지어 주었다. 이 연충은 곤충의 위벽을 뚫고 나가 바깥쪽 표면에 달라붙는다. 여기서 기생충은 작고 둥근 진주 모양의 포낭이 된다(난포낭oocyst). 14일에서 21일에 걸쳐 난포낭 내에서는 여전히 격렬한 핵-세포질 재구성이 이루어진다(이 기간은 온도, 말라리아 종, 모기 종의 영향을 받는다). 그리고 마지막에는 수천, 수만 마리의 감염성 선형 기생충, 즉 포자소체들이 나타난다. 다 자란 난포낭은 폭발하면서 포자소체들을 곤충의 체강 안으로 뿜어낸다. 흡혈 중 고인 혈액이 굳어 곤충의 목구멍을 틀어막지 않도록 항응고제가 든 침을 주입하는 침샘은 체강에까지 뻗어 있다. 포자소체들이 침샘에 침입해 들어가면 이제 얼룩날개

모기는 '장전'을 마친 셈이다. 모기가 다음 인간 숙주를 흡혈할 때면 포자소체들이 침과 함께 혈류 안으로 흘러들어 간다(그림 ❻). 이것이 바로 당신이 말라리아에 걸리는 과정이다.[89] 자, 그럼 다시 역사의 흐름 속으로 돌아가 보자.

군대에서는 의사가 정말 필요하다. 전투가 시작되면 군의관 앞으로 단골손님이 순식간에 몰려든다. 팔다리를 절단하고, 화살과 총알을 제거하고, 붕대를 감아 주는 등등. 전투 시이사이에도 군의관은 대체로 가정의학과 의사보다는 할 일이 많은 편이다(그래도 내 생각에 로마 군단병이나, 내가 겪었던 제2차 세계대전 당시의 병사들이나 군 의학에 기대하는 바는 별로 없었으리라 생각한다. 허리 위로는 아스피린, 그 아래로는 칼라민 로션[90]을 쥐어 주는 식이기 때문이다). 군대는 특히나 감염성 질환 때문에 괴롭힘을 당하는 경우가 많았는데, 치료나 관리도 골칫거리였다. 답답한 병영 생활에서는 공기로 전파되는 질병이 순식간에 퍼져 나갈 수 있었다. 병사들의 생활은 빡빡하기 그지없어 전통적으로 성매매가 유일한 해방구가 되어 주었다. 군의관에게는 문제였다. 바이론 파웰Byron Farwell은 『라지의 군대』*Armies of the Raj* (1989)라는

---

89 모기를 통한 전파는 말라리아가 감염되는 '일반적' 경로이다. 말라리아는 의료 시술 중 수혈 과정에서도 감염될 수 있고, 심지어는 약물 중독자들이 주사 바늘을 함께 사용하다가 감염되는 경우도 있다. 그리고 감염된 어머니에게서 기생충이 태반을 뚫고 이동해 태아가 감염되는 선천성 말라리아 감염도 있다. 하지만 이는 말라리아 유행이 극심한 지역에서도 상당히 드문 경우다.

90 [역주] 수두에 걸리면 흔히 바르는 분홍색 연고이다. 주로 벌레 물린 데 가려움증을 가라앉히거나 가벼운 화상에 소염제로 쓰인다. 항생제로서의 효과는 낮은 것으로 알려져 있지만, 별다른 약이 없던 시절에는 대부분의 피부 질환에 사용되기도 했다.

책에서, 19세기 무렵 인도에 주둔하고 있던 영국 병사들 가운데 50퍼센트 가량이 매년 성병으로 병원에 입원했다고 적고 있다. 마지막으로 국외에 주둔 중이거나 주둔했던 병사들은 국외 질병에 감염될 위험이 높아진다. 따라서 군에서는 서양의 우리가 '열대 의학'이라 부르는 분야에 큰 관심을 가지고 있다. 열대 질병의 생태·치료·관리에 대한 중요한 연구들 중 다수가 군 관련 연구 시설에서 나오고 있다. 지역 토착민들을 괴롭혀 오던 중요한 질병들 중에는 국외에서 들어온 점령군, 그리고 이 점령군에 소속된 외국인-의사에 의해 원인이 밝혀진 경우가 많다. 이 책의 앞부분에서 도노반 리슈만편모충이 칼라아자르의 원인이라는 증거가 처음 밝혀진 것도 한 병사의 희생 때문이라는 사실을 보았다. 말라리아도 그랬다.

군인 가족은 일종의 카스트를 형성한다. 군인이라는 직업은 아버지에게서 아들로, 세대를 거쳐 이어져 내려온다. 말라리아의 발견에 있어 두 명의 선구자, 프랑스의 찰스 루이스 알퐁스 라브랑, 영국의 로널드 로스 모두 군의관이었으며, '군인 집안의 자식'들이었다. 라브랑은 1845년 파리에서 태어나 알제리에서 자라났으며, 아버지와 할아버지 역시 군의관이었다. 1867년, 스트라스부르 대학에서 의학을 전공하고, 집안의 기대를 따라 프랑스 육군에 입대했다. 하지만 입대 직후 프로이센-프랑스 전쟁 때 메츠가 함락 당하는 과정에서 독일군에게 포로로 잡히는 수모를 겪는다. 잠깐 동안 전쟁 포로로 잡혀 있었으나 곧 석방되어 부대에 복귀할 수 있었다. 1878년, 33세의 나이로 알제리의 본이라는 도시로 파견된다. 여기서 그는 말라리아의 진짜 원인체를 밝혀내 일대 사건을 일으킨다.

북아프리카 해안은 말라리아 유행 지역이었다. 고립된 오아시스에서 번식이 가능하도록 적응한 얼룩날개모기가 있었고, 해안 지역 농장의 관개수로에서 번식할 수 있는 종도 있었다. 프랑스는 이 지역에 쌀농사를 도입했고, 얼룩날개모기는 파리 떼처럼 불어났다. 그 뒤로 상당한 시간이 지나서야 식민 정부는 생태계에 저지른 오류를 바로 잡기 위해 쌀농사를 금지했다. 클리닉에서, 병원에서, 시체 보관소에서, 라브랑은 매일같이 말라리아와 대면해야 했다. 그는 말라리아의 원인과 병리학에 큰 흥미를 느끼기 시작했다. 어쩌면 파리 육군의학학교에서 유행병에 대해 몇 년간 강의하는 동안 (그의 아버지가 그랬듯이) 수수께끼에 집착하는 연구자의 습성이 스며들었는지도 모르겠다. 본에서 라브랑은 진료 시간에 '아스피린과 칼라민'만 쥐어 주는 여느 군의관이 아니었다. 그는 어찌어찌 현미경을 손에 넣을 수 있었다. 이 현미경은 당시 현미경들과 마찬가지로 광학 완구 수준이나 다름없었다.

1880년 11월 6일 아침, 제8 포병대대에 소속되어 있던 24세의 병사 한 명이 라브랑 대위의 진료실로 찾아와 3주 전에 키니네로 (아마도 불완전하게) 치료를 받았는데도 불구하고 여전히 열병이 계속된다고 호소했다. 라브랑은 병사에게 일회 분의 키니네를 쥐어 주었지만, 그 전에 약간의 혈액을 채취해 현미경 슬라이드 위에 떨어뜨려 보았다. 다른 의사들도 말라리아 환자에서 채취한 신선한 혈액을 관찰했었지만(당시에는 염색 기법이 없었다), 라브랑은 다른 의사들은 관찰하지 못했던 무언가를 목격했다. 라브랑의 눈 아래에는 초승달 모양의 몸체(열대열원충의 생식모세포)가 있었는데, 놀랍게도 몇몇 둥근 몸체의 표면에서는 실 같은 무언가가 꿈틀대며 춤추고(수컷 생식모세포의 편모 방출) 있었다. 라브랑은 말라리아의 원인이 되는 기생충을 당시로서는 처음으로 목격한 사람이 되었다. 당시 그가 적은 그대로의 (번역된) 말을 빌리자면, "나는 이 몸체 주변에 가느다랗고 투명한 실들이 굉장히 활발하게 움직이고 있다는 사실에 놀랐는데, 그것은 의심의 여지없이 살아 있는 생명체임이 틀림없었다."[91] 또한 창백한 유리질의 고리 모양 몸체가 간헐열(말라리아) 환자의 적혈구 안에 들어 있는 것도 보았다. 이는 놀라운 관찰력이었다. 현대 말라리아 학자들은 라브랑의 현미경은 배율이 너무 약해서, 그가 면밀히 관찰해 보고한 내용이 필요로 하는 배율의 절반도 되지 않는다고 주장하기도 한다.

1880년 11월 23일, 그는 자신이 관찰한 내용 전부를 파리의 프랑스 의학학회에 보고했다. 보고서는 곧장 거센 경멸과 불신에 맞닥뜨려야 했다. 내용 자체가 너무 기묘하고 뒤죽박죽이었기 때문이다. 유리질 고리, 초승달 형태, 춤추는 실들. 하나의 병원성 미생물이 이렇게 다양한 형태를 가질 수 있단 말인가? 당시 입증된 과학에서 이런 생명체는 관찰된 적도, 보

91 라브랑이 그 누구도 알지 못했던 시기에 말라리아 기생충이 가장 활발하고 눈에 띄는 단계인 편모 방출을 목격할 수 있었던 것은, 다른 여러 위대한 발견들이 그러하듯 과학적 논리가 뒷받침되었다기보다는 우연에 가깝다. 수컷 생식모세포가 생식세포로 변화하는 과정, 즉 편모 방출은 얼룩날개모기의 소화관 내에서처럼 슬라이드 위 실내 온도에서도 활발히 일어난다(수정도 일어나기는 하나 그 이상의 발달단계를 거치지는 않는다). 하지만 편모 방출이 시작되는 것은 약 15분 후부터이다. 다른 연구자들은 신선한 혈액 슬라이드만을 관찰하다 아무것도 보지 못하고는 그대로 비렸을 것이다. 반면에 라브랑은 무슨 이유에서인지는 알 수 없지만 슬라이드를 관찰하기 전까지 15분을 기다렸음이 틀림없다. 어째서? 라브랑은 그 15분 동안 무엇을 하고 있었을까? 환자를 치료하고 있었을까? 화장실이라도 다녀왔을까? 라브랑도, 그의 자서전 작가도 이 잃어버린 15분에 대한 수수께끼를 명확히 밝히지는 않았다.

고된 적도 없었다. 더 나쁜 점은 라브랑은 별다른 경력이 없는, 그저 본에 있는 아무개일 뿐이었다. 게다가 라브랑의 그림 실력이 끔찍했다는 점도 별 도움이 되지 않았다. 그의 보고서에 첨부되어 있던 그림들은 조야하고 별 믿음이 가지 않는 원시 미술이었다.

이탈리아인들은 라브랑의 주장을 기각시키는 데 기민하게 움직였다. 그들이야말로 명실공히 말라리아의 수호자들이었다. 말라리아는 이탈리아의 것, 말하사면 로마 얼빙이사 클렙/토마시 크루넬리의 박테리아였다. 이탈리아 과학자들은 이 건방진 프랑스 놈이 보고한 말라리아 원인체는 사실 변형된 적혈구나 백혈구에 불과하다는 입장을 고수했다. 라브랑은 그가 본 것이 진짜 병원체임을 확신했고, 자신의 주장을 밀고 나갔다. 다음 해, 본과 콩스탕틴에서 일하면서 192명의 말라리아 환자를 대상으로 148개의 혈액 샘플을 수집했고, 다양한 미생물들을 관찰했다. 그 결과 학회에 140장 분량의 보고서를 제출했다. 하지만 그림 실력도, 과학 경력도 나아진 것이 없었다. 라브랑의 이론은 계속해서 퇴짜를 맞았다. 1882년, 라브랑은 이 이론의 사도로서 로마에 위치한 산스피리토 병원을 찾아갔다. 산스피리토 병원의 침상은 말'아리아 환자들로 가득 차있었다. 그리고 여기서도 마찬가지로 그의 고리, 둥근 몸체, 초승달 형태, 편모들을 보여주었지만 이탈리아 과학자들은 자신들이 본 것을 믿지 않고 부정했다. 말'아리아는 이탈리아 박테리아여야만 했다!

이제 1884년. 학회에 첫 번째 말라리아 보고서를 보낸 뒤 4년이라는 세월은 좌절의 연속이었다. 그리고 이 해에 일어난 광학 현미경의 새로운 발명은 라브랑의 기생충에 분명한 초점을 맞춰 주었고, 그 존재에 의문을 가지던 사람들도 차츰 믿기 시작했다. 1884년, 독일의 칼 차이스는 오일 렌즈[92]를 개발해 냈다. 그 결과 현미경 배율은 세 배 이상 높아졌다. 이제 라브랑이 발견한 말라리아 미생물을 누구나 볼 수 있었다. 그럼에도 불구하고 이후 10여 년간 반대론자들은 끊이지 않았다. 1887년에 이르러서도 러시아 동물학자이자 면역학의 아버지인 일리야 메치니코프Elie Metchnikoff가 러시아 말라리아 환자에게서 채취한 혈액 슬라이드를, 의학 미생물학의 아버지인 독일의 로베르트 코흐에게 진위 판단을 위해 가져간 일이 있었다. 거만한 코흐는 성격 급한 메치니코프를 복도에 한 시간이나 세워 두고는 슬라이드를 면밀히 관찰했다. 그러고는 그것이 말라리아 기생충이라고 생각하는 사람은 멍청이가 틀림없다고 선포했다.

1886년, 이탈리아 학자들은 마침내 라브랑의 미생물이 말라리아의 원인임을 인정하고 연구를 '정리 정돈'하는 중요한 다음 단계를 주도한다. 하지만 최초의 발견을 놓쳤다는 불쾌감은, 후속 이탈리아 논문에서 라브랑의 공로를 완전히 빼놓는 식으로 표현되었다.[93] 하지만 확인 작업 이후에

---

92 [역주] 슬라이드와 현미경 렌즈 사이에 기름을 떨어뜨려 배율과 해상도를 높이는 렌즈다. 주로 말라리아나 리슈만편모충처럼 세포 내에 기생하는 작은 기생충들을 관찰할 때 사용된다.

93 1885년 이후 라브랑은 인간 말라리아에 대해서는 별다른 연구를 하지 않는다. 1903년 코르시카에서 항말라리아 사업을 진행하는 모임을 만들기는 했다. 말라리아를 시작으로 원충에 푹 빠진 라브랑은 진정 위대한 원충학자가 된다. 이후 삶에서 그의 사랑이 된 것은 바로 편모 원충[아프리카 수면병을 일으키는 파동편모충(trypanosome)이 이런 편모충의 일종이다]이다. 1907년에는 노벨상을 수상하는데, 단지 말라리아 기생충을 발견한 것뿐만 아니라 병원성 원충에 기여한 커다란 공로를 인정받아서였다. 그는 상금으로 받은 1만 프랑 전부를 파스퇴르 연구소(1894년, 군대가 그를 관리직에 앉히려 하자 퇴역했다)에 있는 자신의 실험실에 전부 투자했다.

도 수수께끼들은 남아 있었다. 여전히 이 작디작은 짐승에 대해 석연치 않은 점들이 많았다. 라브랑은 편모를 성장의 마지막 단계, 다 자란 기생충으로 보고 여기에 집중했다. 이 꿈틀대는 편모는 원시적인 조류algae를 떠올리게 만들었고, 그래서 기생충에게 식물 학명인 오실라리아 말라리*Oscill-aria malariae*라는 이름을 붙여 주었다. 하지만 동물학자들은 이 기생충이 원충임을 분명히 알고 있었다. 말라리아 역사에서 나타나고 사라지기를 반복하는 메치니코프는 심지어 원충이라는 생물군(구포자충coccidia)에 정확히 분류해 넣기도 했다.[94] 해답은 지평선 위로 떠오르기 직전이었지만, 하리코프 시계공의 아들[바실 다닐레프스키Basil Danilewsky]이 말라리아 연구를 혼란의 도가니로 몰아넣고 여기서 헤어 나오는 데 10년 가까운 세월이 흘러야 했다.

이때(1886년)까지 모두가 말라리아 환자에게서 말라리아 기생충을 찾고 있었다. 그러는 와중에 러시아 스텝 지대 대평원에서 동물학자이자 의사인 바실 다닐레프스키가 1884년에서 1889년 사이 조류 혈액을 관찰하

라브랑은 1922년 사망했다. 그의 나이 77세, 여전히 선인장을 닮은 대극과 식물(euphorbia) 수액에 있는 원충을 연구하던 중이었다. 마지막 순간까지도 그는 원충학자 중의 원충학자였다.

94 1960년, 내가 싱가포르 대학 의대에 기생충학 교수로 있었을 때, 세계보건기구에서 말라리아 기념 우표를 보낸 적이 있다. 봉투에는 세계보건기구가 말라리아 '5인방'이라고 생각하는 라브랑, 로스, 그라시, 신턴, 메치니코프 등 다섯 명의 그림이 그려져 있었다. 그리고 받는 사람 란에 내 주소로 '싱가포르, 중국'이라고 되어 있었다. 세계보건기구에 대해 많은 것을 설명해 주는 일화라고 생각된다.

[역주] 싱가포르가 중국에 있다고 생각할 만큼 세계보건기구가 외부 상황에 무지하다는 뜻. 지금은 많이 나아졌지만 현실과 동떨어진 탁상공론뿐이라는 비판은 여전히 계속되고 있다.

던 중 인간 말라리아와 똑같아 보이는 원충 기생충을 발견했다. 이탈리아 말라리아 학자들은 다닐레프스키에게서 힌트를 얻어 말라리아가 인수공통감염증일 가능성을 탐구하기 시작했다. 본래 조류에 기생하던 기생충이 모종의 경로를 통해 인간에게 넘어왔다는 것이었다. 인간 말라리아가 유행하는 지역에서 감염된 조류를 찾아내는 것이 '증거'가 될 터였다. '전형적인' 기생충은 스페인 참새, 종다리, 코르시카의 검은방울새, 올빼미, 이탈리아 캄파냐 참새에서 찾을 수 있었다. 말라리아는 조류에게나 인간에게나 흔한 감염증이었다. 그리고 일부 살아 있는 기생충이 적혈구 내에서 아메바처럼 움직였기 때문에 이름은 오실라리아에서 헤마미바Haemaoeba로 바뀌었고, 이 과정에서 다시금 온전한 이탈리아 기생충이 되었다.

말라리아에 통일된 개념을 적용하는 것은 좋았지만, 사실 이탈리아 학자들은 임상적으로 인간 말라리아는 전혀 다른 세 가지 형태로 나뉜다는 점을 알고 있었다. 일단 '라 테르자 베니나 프리마베르데'la terza benigna primaverde, 즉 봄에 주로 발생하는 말라리아 열병이 있었다. 고열은 48시간 주기로 나타났고 환자는 무척 아파하기는 했어도 별다른 문제없이 회복했다. 그리고 라 피브레 페르니시오사 에스티보 어텀날레la febre perniciosa estivo autumnale, 즉 여름과 가을에 걸쳐 나타나는 말라리아가 있었다. 이 역시 48시간 주기로 고열이 나타났지만, 병의 진행도 빠르고 훨씬 치명적이었다. 마지막으로 비교적 드물지만 치명적이지는 않은, 72시간 고열 주기의 말라리아가 있었다. 임상의학자들과 병리학자들이 제기한 물음은 이것이었다. 어떻게 전혀 다른 말라리아 삼부작이 하나의 병원체에 의해 일어날 수 있으며, 새와 인간 사이에 그리도 흔할 수 있을까? 1890~91년, 너저분한 러시아 군 병리학자 한 명이 이탈리아 학자들에게 말라리아 기생충 종의 다양성을 확인하고 규정할 수 있는 방법을 제공해 주었다.

병리학자인 드미트리 로마노프스키Dmitri Leonidovich Romanowsky 박사는 실험실 물건을 관리하는 데 그리 큰 관심을 두지 않았던 모양이다. 그는 당시 널리 쓰이던 염색약인 메틸렌블루와 에오신을 이용해 조직 영구 염색을 하고 있었다. 어쩌다 그는 메틸렌블루 뚜껑을 닫는 것을 깜박했는데, 다음에 쓰려고 보니 염색약에 곰팡이가 잔뜩 피어 더러워져 있었다. 그러나 저러나 이 더러워진 염색약을 그냥 사용해 에오신과 함께 염색했다. 그런데 놀랍게도 조직의 세포질은 깨끗한 메틸렌블루가 내는 색과는 다른 밝은 파란색으로 염색되었고, 세포핵은 진한 붉은색으로 염색되어 있었다. 우연찮게도 메틸렌블루가 숙성(산화)된 결과 강력한 염색약으로 탈바꿈한 것이다.[95] 그리고 말라리아 환자의 혈액 필름을 똑같은 염색약으로 염색하자 같은 효과가 나타났다. 염색하지 않은 상태에서는 희미하게만 보이던 말라리아 기생충의 외형이 이제는 현미경 아래에서 뚜렷하게 보였다. 푸른 세포질에 붉은 핵, 그리고 배경의 숙주 적혈구는 옅은 핑크빛 갈색으로 나타났다. 더불어 칼 차이스 씨의 놀라운 렌즈 덕분에 이제야 비로소 기생충을 고배율로 관찰해 각각의 발달 단계에 따라 형태·모양·크기를 비교할 수 있게 되었다.

---

95 메틸렌블루가 산화되어 담청색 염색약이 되는 산화와 숙성 과정의 화학적 미술은 지금도 분명히 밝혀지지 않았다.

파두아 대학 병리학 교수로 있던 카밀로 골지Camillo Golgi는 삼일열 말라리아와 사일열 말라리아가 두 개의 다른 말라리아 기생충 종에 의해 일어난다는 것을 각각의 특징과 진단적 외형의 차이를 비교해 명백히 보여 주었다. 골지는 처음으로 삼일열 말라리아의 세포 내 원형질 환류와 아메바형 움직임, 그리고 사일열 말라리아의 활발한 움직임과 꽃 모양 형태를 관찰해 내기도 했다. 로마노프스키 염색법은 골지의 보고를 아름답게 확인해 주었다. 하지만 악성 여름-가을 열병을 일으키는 원인 기생충의 정체는 그를 교묘히 피해 갔다. 이로 인한 좌절감 때문인지는 몰라도 골지는 말라리아를 떠나 신경계로 분야를 옮겼다. 이런 업종 변경은 별로 나쁜 선택이 아니었던 것이, 골지는 신경생리학 연구에 대한 공로로 1906년 노벨상을 수상하게 된다.[96]

열대열 말라리아의 정체에 대한 연구는 이제 이탈리아 말라리아 학자 중 가장 유명한 사람, 조반니 바티스타 그라시가 이어받게 된다. 불행히도 그라시의 기생충 삼위일체 아이디어는 주제를 완전히 혼란에 빠뜨리고 만다. 그라시는 열대열 말라리아는 밝혀진 세 기생충 종 모두에 의해 일어나며, 이 중 하나가 바로 참새를 감염시키는 것과 같은 기생충이라 믿었다.

마지막으로, 정말 마지막으로 1892년, 로마의 두 학자, 해부학자인 아미고 비냐미Amigo Bignami와 병리학자인 에티오레 마르치아파바Ettiore Marchia-

96 [역주] 생물학에 자주 등장하는 골지체, 골지 세포 등은 그의 이름에서 온 것이다. 신경세포인 뉴런과 신경계 구조를 규명하는 데 많은 업적을 남겼다.

fava가 협력 연구를 통해, 라브랑이 12년 전에 보았던 초승달 형태와 고리 형태가 한 종의 기생충이 변형한 발달 단계의 일부라는 것을 증명해 내면서 삼위일체는 진정 일치된다. 그 기생충은 분류학적 논란과 재확인을 거친 후, 오늘날 죽음의 열병이라 불리는 열대열 말라리아를 일으키는 열대열원충으로 불리게 된다.

그래서 1895년, 말라리아의 원인이 원충 기생충 때문임은 기정사실화 된다. 하지만 아직 이 기생충이 섹스를 즐기고 있다는 사실이 밝혀지지는 않았다. 무엇보다 어떻게 기생충이 A에서 B로 이동하는지, 즉 사람과 사람 사이에 감염을 어떻게 획득하고 전파하는지는 미궁에 빠져 있었다.

12
사람과 모기
_영국 이야기

말라리아의 전파 개념을 밝히는 데 있어 독기 이론은 계속해서 짙은 안개를 드리우고 있었다. 처음에 라브랑은 히포크라테스의 입장을 그대로 받아들여 말라리아 기생충은 물이나 토양을 통해 전파되는 오염 물질이라 믿었으며, 알제리의 물과 토양에서 기생충의 흔적을 찾는 데 많은 시간을 허비했다. 그러는 와중에 모기에 의해 전파된다는 가설이 점차 힘을 얻기 시작했다. 1884년, 심지어 라브랑조차도 모기 감염 가설을 좇기 시작한다. 이제 필요한 것은 실험을 통해 증명하는 것이었다.

모기가 말라리아의 운송 수단이라는 아이디어는 역학적 통찰력을 통해 줄줄이 튀어나왔다. 실제 현장에 있던 말라리아 관찰자들이 말라리아-습지-독기만큼이나 말라리아-습지-모기 사이에 깊은 연관이 있다는 것을 지적했기 때문이다. 원주민들은 이미 이런 사실을 알고 있었고, 아프리카나 아시아로 여행을 떠났던 초기 여행자들은 고향에 돌아와서 무식한 원주민들이 모기가 말라리아를 옮긴다고 믿더라는 놀라운 이야기를 전해 주곤 했다. 원주민들이 얼마나 무식했는지는 19세기 독일 식민지 개척자들이 동아프리카 식민지에 진출하면서 일어난 일을 통해 확인할 수 있다.

개척자들은 말라리아가 없는 고원지대에 농장을 차렸다. 하지만 그곳까지 가려면 말라리아 유행이 극심한 해안가 항구를 지나가야 했다. 그리고 항구에서 고원지대 농장까지 약 2주 정도 걸어가야 했다. 이 시간은 감염된 모기에 물리고 나서 말라리아 기생충이 간에서 완전히 성장하는 데 걸리는 시간과 정확히 일치한다. 잠복기에는 말라리아와 관련된 어떤 증상이나 증후도 나타나지 않는다. 따라서 개척자들은 고원지대에 도착하자마자 말라리아의 공격으로 쓰러지기 시작했다. 분명 말라리아가 습하고 더운 해안 지대에서, 시원하다 못해 추운 고원지대로 옮겨오는 과정에서 급격한 기후 변화를 겪기 때문에 일어난다는 사실을 증명해 주는 것이나 다름없었다. 음부mbu(스와힐리어에서 모기)가 말라리아를 옮긴다는 무식한 원주민들의 이야기는 말도 안 되는 소리였다.

별다른 실험적 증거는 없더라도 말라리아가 모기에 의해 전파된다는 주장을 지지하는 미국 학자들이 있었다. 1807년, 아일랜드에서 이주해 온 의사, 존 크로퍼드John Crawford는 『볼티모어 옵저버』*Baltimore Observer*에 "모기에서 유래한 말라리아 질병"이라는 글을 게재했다. 누구보다 모기 전파자 가설을 가장 열렬히 지지했던 사람은 앨버트 프리만 아프리카누스 킹Albert Freeman Africanus King이라는 휘황찬란한 이름의 미국 의사가 아닐까 싶다. 1882년, 킹은 월간 『파퓰러 사이언스』*Popular Science Monthly*에 말라리아의 원인이 무엇이든 간에 모기가 옮기는 것이 틀림없다는 의견을 실었다. 휘황찬란하며 통찰력 넘치는 킹에 대한 또 다른 일화 하나. 킹은 링컨이 포드 극장에서 저격당한 날 밤 그 자리에 있었고, 저격 직후 죽어 가는 링컨을 돌보았다. 하지만 킹은 당시 조지 워싱턴 대학의 산부인과 교수라 응급 의학이나 외상 치료에 익숙하지 않았다.

이제 모기 같은 흡혈 곤충이 말라리아 기생충 같은 병원체를 한 사람에게서 다른 사람으로 옮기는 모습을 상상해 보자. 온혈 동물의 세포 안에 있는 기생충이 어떻게 곤충처럼 완전히 이질적인 생명체로 옮겨가고, 그 안에서 복잡한 발달 단계를 거쳐 다시 온혈 동물을 감염시킬 수 있는 형태로 변할 수 있는지를 상상하는 것은 그리 쉬운 일이 아니다. 한낱 기생충이 그렇게 대단한 생물학적 곡예를 부릴 수 있다는 것 자체를 생각하기 어렵기 때문이다.[97]

일부 기생충이 인간을 감염시키려면 꼭 무척추동물 내에서 변태를 통한 성장 단계를 거쳐야만 한다는 사실을 처음 증명한 것은 러시아 학자들이었다. 이 관찰 결과를 중국 내 연구자인 스콧이 지지해 주었고, 미국 텍사스에 위치한 연구자들이 마지막 매듭을 짓게 된다. 1870년, 러시아의 알렉세이 페드첸코Alexei Pavlovich Fedchenko가 민물 갑각류인 물벼룩 안에서 메디나충*Dracunculus medinensis*의 유충을 처음으로 찾아냈다. 당시 그는 이 발견이 얼마나 중요한 의미를 갖는지 잘 몰랐지만, 후대 기생충 학자의 연구에서 이 물벼룩을 사람이 삼켰을 때 감염이 일어난다는 사실이 밝혀졌

---

97 인간에서 모기로 옮겨가 성장하는 과정에서 말라리아 기생충은 형태뿐만 아니라 생활 방식, 화학적 생리 반응, 항원성에 있어 근본적인 변화를 겪는다. 분자생물학적·유전학적으로 어떤 원인이 있는지, 어떻게 조절되는지 지금도 제대로 알려져 있지 않다.
[역주] 최근 연구(Joice et al. 2014)에 따르면 간이나 적혈구뿐만 아니라 골수에까지 말라리아 기생충이 잠복할 수 있는 것으로 알려졌다. 말라리아 생활사는 기생충을 공부하면서도 좀체 익숙해지기 어렵다.

다. 사람의 몸 안에서 유충은 60센티미터 길이의 암컷과 2.5센티미터 길이의 수컷으로(암컷을 수정시키고는 곧장 죽어 버린다) 자라난다. 암컷은 잠시 몸 안을 헤집고 돌아다니다가는 피부를 뚫어 '종기'를 만들고 수없이 많은 유충을 내뿜는다. 감염된 사람은 종기 주변에 상당한 통증을 느끼게 되고, 종기를 물에 담가 통증을 완화시키곤 한다. 여기서 '물'이란 주로 아프리카나 아시아 마을에서 사람들이 물을 긷는 곳이다. 이제 식수원 안에 자리잡고 있던 갑각류들이 유충을 먹는다. 전통적인 치료 방식은 기생충을 막대에 감아 서서히, 하루에 한 번, 혹은 두 번씩 감아 가며 빼내는 것이다.[98] 메디나충이 토착화된 지역에서는 사람들이 다리에 기생충이 둘둘 감긴 막대기를 달고 다니는 모습을 심심치 않게 볼 수 있다. 말라리아 이야기는 아니지만 그래도 흥미로운 여담이라 생각한다.

1870년에 이르러서는 열대 지역의 코끼리 남(혹은 여), 즉 상피병으로 인해 기괴하게 부풀어 오른 사람들이 가느다란 기생형 선형동물(선충)인 사상충에 감염된 것임이 밝혀졌다. 성충은 림프관에 살며 암컷이 혈류 안으로 매일 같이 수천 마리에 이르는 미세한 유충(미세사상충)을 뿜어낸다는 사실도 드러났다. 하지만 1870년까지도 사상충이 A에서 B로 이동하는 방법, 즉 새로운 감염이 일어나는 방식은 밝혀지지 않았다.

영국 학자 패트릭 맨슨은 불과 22세의 나이에 의사로 활동하다가 주중

98 [역주] 메디나충 치료는 지금도 이렇게 이루어진다. 유행 지역은 의료 시설이 없어 수술로 제거하는 것이 힘들기 때문이다. 전체 기생충을 빼내는 데 짧게는 며칠에서 길게는 2주일 이상이 걸릴 때도 있다.

대영제국 관세청 의사로 발탁되었다. 관세청 의사로 중국 샤먼厦門에서 13년을 보내는 동안 사상충증을 포함해 극동 아시아에서 볼 수 있는 수많은 열대 질환들을 진단하고 치료하는 데 최선을 다했다. 맨슨은 연구라는 병에 걸렸다. 호기심은 사상충 전파 문제로 이어졌고, 1876년 영국에서 휴가를 보내고 돌아오는 길에 그는 최신형 현미경 하나를 들고 왔다.

페드첸코의 메디나충 연구에 대해 이미 알고 있던 맨슨은 모기 분포와 사상충 감염 분포가 지리적으로 맞아떨어진다는 점을 눈치챘다. 그뿐만 아니라 24시간이라는 미세사상충의 독특한 주기성 역시 모기가 사상충의 전파자라는 의심을 더해 주었다. 미세사상충은 밤에만 말초 혈액에 나타난다. 모기가 주로 흡혈을 하는 시간이다.[99] 이 가설을 확인하기 위해 사상충에 감염된 정원사, 힌로의 피를 모기에게 먹여 보았다. (어쩌면 이 실험 때문에 선례가 남았는지도 모르겠다. 적잖은 세월이 흐른 뒤, 방콕 열대의학학교의 전직 학장은 사상충에 감염된 건물 '관리인'을 고용했다. 그리고 실험 차원에서 관리인의 피를 모기에게 먹이거나, 학생 시연용으로 혈액을 채취하곤 했다. 그는 계속 사상충에 감염되어 있었고, 불평하지 않는다는 조건으로 안정적인 고용을 약속받았다.)

다음 날, 맨슨이 힌로를 흡혈한 모기를 해부해 현미경으로 들여다봤을 때 미세사상충은 멀쩡히 살아남았을 뿐만 아니라 모기의 가슴과 머리에까지 침입해 더 커져 있었다. 맨슨은 모기가 사상충의 중간숙주라는 사실을

---

99 [역주] 사상충이 활동하는 시간은 모기의 활동 시간과 깊은 연관이 있다. 지역에 따라 낮이나 새벽에 활동하는 모기가 많은 지역은 사상충 역시 낮이나 새벽에 활동한다. 이런 발견에 힘입어 시간생물학이라는 분야도 나타났다.

거의 밝혀냈지만 완벽하지는 않았다. 미세사상충에 감염된 모기가 사람을 물어 감염이 일어나는지를 알아보는 결정적인 실험은 하지 않았기 때문이다. 하지만 그는 모기가 '보모'라는 가설을 만들었다. 모기의 생태에 대해 거의 아는 것이 없었던 맨슨은 암컷 모기가 물에 알을 낳자마자 죽고, 죽은 암컷은 미세사상충과 함께 물속에 수장된다고 믿었다. 사실 모기 암컷은 처음 알을 낳은 이후에도 몇 주 이상 생존할 수 있지만, 맨슨에 따르면 사람들이 죽은 보기와 살아 있는 미세사상충이 들어 있는 물을 마시면 감염된다는 것이었다.

맨슨은 런던으로 돌아와 열대 의학 전문가로 진료를 계속했다. 곧 그는 최고의 전문가가 되었고 풍부한 지식과 카리스마 넘치는 성격 때문에 그를 따르는 젊은 의사들이 곁에 모여들게 되었다. 이 젊은이들은 그의 생각에 깊은 영향을 받아 열대로 돌아가서는 맨슨의 실험안을 실제로 수행하는 손과 발이 되었다. 그리고 적당한 사람을 기다리고 있던 실험안은 바로 말라리아 기생충이 어떻게 전파되는가 하는 문제였다. 맨슨은 사상충에서 아이디어를 얻어 말라리아 역시 모기 '보모'에 의해 전파된다고 생각했다. 사상충에 있어서나 말라리아에 있어서나 맨슨은 모기라는 퍼즐은 맞췄지만, 가장 중요한 '들고 나는' 전파 경로에 대해서는 미국 연구진들이 충분한 단서를 제공해 주었음에도 잘못 생각하고 있었다.

1893년, 시어볼드 스미스Theobald Smith와 프레드 킬번Fred Kilbourne은 소에서 나타나는 텍사스열이 진드기에 의해 전파된다는 논문을 발표했다. 원인체인 바베스 열원충*Babesia*(말라리아 열원충과 근연 관계에 있는 기생형 원충)은 말라리아 기생충과 비슷한 방식으로 적혈구 내에서 살아가고 있었다.

스미스와 킬번은 바베스 열원충이 흡혈 중인 진드기에 먹힌 다음, 거미류(진드기는 거미에 가까우며, 곤충이 아니다) 안에서 일정 기간 발달 단계를 거치고 나면 다른 동물 내에 다시금 주사된다는 사실을 밝혀냈다.[100] 이 같은 관찰 결과를 통해 흡혈 절지동물들이 병원체의 생활사에서 주도적인 역할을 하고 있다는 인식이 확립된다. 하지만 맨슨은 말라리아 매개 모기가 수동적인 역할을 한다는 잘못된 생각에 계속 사로잡혀 있었다. 모기 안에서 말라리아 기생충은 저항성 높은 '포자' 형태로 성장한다는 것이 그의 믿음이었다. 모기가 익사하면 포자가 물을 오염시키고, 물을 마시면 감염이 완성된다는 믿음이었다. 이런 오해는 맨슨의 연구 집단에 얽혀 인도에 나가 있던 '심부름꾼' 군의관 로널드 로스 대위를 크나큰 혼란과 어려움으로 몰아넣고 만다.

로널드 로스는 성공과는 거리가 멀어 보이는 인물이다. 동물학에 무지해서 모기의 어느 쪽이 머리고 어느 쪽이 꼬리인지도 제대로 구분하지 못했는데, 모기 종을 분류하는 것은 말할 필요도 없었다. 그는 자기주장도 강한 편이었고 거만한 데다, 모기에서 말라리아 기생충을 찾는 외골수 기질 때문에 괴짜 취급을 받았다. 의사로서도 그리 실력이 좋은 편은 아니었던 모양이다. 그럼에도 불구하고 1898년 7월, 고문에 가까운 여러 해의 연

100 한편 진드기와 바베스 열원충 사이에는, 모기와 열원충 사이에서는 볼 수 없는 현상이 하나 있다. 바베스 열원충은 별다른 피해 없이 암컷 진드기 안에 있는 알에 침입할 수 있다. 때문에 다음 세대 진드기들은 이미 바베스 열원충을 지니고 태어나며, 곧바로 새로운 숙주가 될 소들을 감염시킬 수 있다. 이와 같은 수직 전파는 열원충에 감염된 모기에서는 일어나지 않는다.

구 끝에, 바로 이 사람이, 말라리아 기생충이 진짜로 모기에 의해 전파된다는 사실을 밝혀내는 기념비적 발견의 주인공이 된다.

로널드 로스는 군대에도 의학에도 그리 큰 관심이 없었다. 그는 스스로 탐미주의자에 시인이며 극작가라고 생각했다. 말년에도 빅토리아 시대 말기 사교계를 연상시키는 억지스러운 시들을 꾸준히 써댔다. 인도 내 영국군 장군이었던 그의 아버지는 아들을, 군인은 아니라도 시인만큼은 만들지 않겠다고 결심했다. 싸우지 않더라도 적어도 의사는 될 수 있겠지 생각하며 17세 난 아들을 세인트폴 대성당의 그림자와 스미스필드 고기 도매시장 사이에 위치한 고색창연한 학교인 바츠(성 바르톨로뮤 병원 및 의대)에, 말 그대로 질질 끌고 갔다.[101]

평범한 학생이었던 로스는 의학계의 사다리에서 제일 아래 단계에 있는 의사, 즉 약제사협회 면허 소지자 자격을 얻게 된다.[102] 1881년, 21세가 된 젊은 의사 로스는 인도 의료단 내 군의관으로 소속된다. 8년 후, 우리는 로스가 식민지에서 극도의 우울감에서 헤어 나오지 못하는 모습을 볼 수 있다. 그의 삶에는 방향이 없었다. 하루에 몇 시간 동안은 흔한 질병에 걸

---

101 [역주] 성 바르톨로뮤 병원 및 의대는 오랜 역사를 자랑한다. 1123년 창립해 유럽에서 가장 오래된 병원으로 손꼽히고 있으며, 런던 시내 한복판에 고풍스러운 건물을 아직도 유지하고 있다.

102 영국에서는 의사가 되는 '몇 가지 시험 방법'이 있다. 제일 똑똑한 부류는 의학 학사(Bachelor of Medicine)와 외과 학사(Bachelor of Surgery)(M.B., B.S.) 공동 학위를 받는다. 다음으로 똑똑한 이들은 정식 학위는 없지만 왕립 외과학교의 회원(Member of the Royal College of Surgeon)과 왕립 의사학교 면허 소지자(Licentiate Royal College of Physicians)(M.R.C.S., L.R.C.P.)를 공동 획득하게 된다. 로스처럼 학업 성적이 간신히 통과할 정도인 이들은 일찌감치 면허 시험을 치는데, 이것이 바로 약제사협회 시험이다.

린 환자를 치료해 주고, 독신 남성들이 할 만한 운동 경기를 즐기고, 그만의 시와 수학 세계를 오롯이 추구하는 것으로는 충분치 않았다. "내 조랑말들은 안장도 없이 헤매고, 내 책들은 읽히지 않네."라는 시구가 그의 상태를 종합해 주고 있다.

1889년, 휴가를 받아 돌아온 로스는 시인의 삶을 살기 위해 인도와 의학을 버릴 생각을 품고 있었다. 하지만 휴가 동안 일어난 두 사건이 삶에 새로운 활력소가 되어 주었다. 첫째로 그는 부인인 로사 베시 블록삼Rosa Bessie Bloxam을 만났다(이후 로스의 든든한 버팀목이 되어 주었다는 것을 제외하면 그녀에 대해 알려진 것은 별로 없다). 감히 로스의 성생활에 대해 물어볼 만큼 간 큰 사람은 없었지만, 결혼이 식민지에서의 기나긴 금욕 생활에 종지부를 찍었음은 분명하다. '다른 계급' 병사들은 세탁부의 딸들을 희롱하거나 저잣거리 홍등가를 드나드는 것이 허용되었다. 하지만 독신 장교들은 그렇지 않았다. 장교들은 성적 충동을 멧돼지 사냥이나 폴로 같은 격렬한 활동으로 승화시켜야 했다. 기혼 장교들의 정숙한 영국 부인들이 독신 장교들의 일거수일투족을 언제나 지켜보고 있었기 때문이다. 원주민 처녀와의 가벼운 농탕질로도 식민성에서의 경력은 물거품이 될 수 있었다. 매년 겨울이 되면 증기선을 타고 인도를 찾는 세련된 아가씨들과의 불장난은 용인되었다. 이 아가씨들은 친척을 찾아왔다는 핑계를 대곤 했지만, 사실은 영국에서 남편감을 구하지 못하자 인도 식민성에서 일하는 미혼(게다가 덜 까다롭고 더 열정적일) 남성들과 잘되기를 바라며 오는 경우가 많았다. 블록삼 양에게는 다행히도, 로스는 미혼 장교들 사이에서 '낚시꾼'으로 불리던 외지 아가씨에게 별 관심이 없었던 모양이다. 하지만 휴가 동안 결혼보다 로스를 더욱 기운차게 만든 사건은 바로 공중 보건과 미생물학 고급 과정이었다. 로스는 공중 보건 학위 과정을 수강하고, 성 바르톨로뮤에서 두 달간 미생물학 훈련을 받았다. 그는 이제 나름의 권위자가 되었다고 생각했다.

권위를 얻으려면 자기 나름의 특별한 분야가 있어야 했다. 로스는 자신이 무지하다는 사실에도 굴하지 않고 말라리아를 선택했다. 만약 당신이 열병 환자로서 로스 대위를 찾았다면 상당히 불행한 환자가 되었으리라. 1893년, 라브랑이 말라리아 기생충을 발견한 지 13년 되는 해, 그리고 이탈리아 학자들이 기생충의 존재를 인정한 지 7년이 지난 후에도 로스는 말라리아가 장내 감염이라는 주장을 믿어 의심치 않았다. 일종의 박테리아 감염이라 생각하고는 칼로멜[103]을 처방해 주었다. 라브랑 일동은 틀렸다. 혈액 내 기생충은 말라리아와 아무 연관이 없다. 조악한 그림으로 표현된 라브랑의 기생충은 우연히 생겨난 인공물이다. 1893년, 로스는 펜을 들어 『인도의학잡지』에 자신의 의견, 즉 말라리아는 장내 감염이라는 주장을 담은 논문을 발표했다. 1894년, 로스는 다시 휴가를 얻어 런던으로 돌아갔다. 여기서 맨슨을 만난 로스는 말라리아 학자로서 다시 태어나게 된다.

맨슨은 로스에게 아름답게 염색된 표본을 당시 최고급 렌즈로 보여 주

---

103 [역주] 염화수은의 약품명이다. 매독 치료를 비롯해 18~19세기에는 만병통치약처럼 사용되었다. 독성이 높은 약품으로 근래에는 수은 중독의 위험 때문에 사용하지 않고 있다.

며 말라리아 기생충이 진짜 어떻게 생겼는지를 알려 주었다. 로스는 열원충 원인설의 신봉자로 순간 돌아섰고, 맨슨은 말라리아에 얽힌 진짜 수수께끼는 원인이 아니라 전파에 있다고 설명해 주었다. 이후 로스는 꾸준히 자신의 스승을 찾았고, 1894년 10월경에는 맨슨과 로스가 이야기를 나누며 옥스퍼드 가에서 하이드 파크 코너로 걸어 내려가는 모습을 심심찮게 볼 수 있었다. 맨슨은 말라리아 전파 경로로 자신이 세운 '모기 보모' 가설을 설명해 주었고, 로스에게 곤충에서 기생충을 찾아내라고 열심히 설득했다. 로스는 그때만 해도 미래에 대한 확신이 없던 상태라 『폭풍 속의 영혼』이라는 로맨틱 소설을 쓰고 있었다. 하지만 휴가의 막바지에 이르러서는 결국 맨슨의 카리스마에 사로잡혀 연구의 사도가 되기로 결심했다.

1895년 3월 28일, 가족을 남겨둔 채 로스는 P&O[104] 증기선 밸러랫 호에 승선했다. 식민지로 가는 배 안에는 항상 이상한 승객이 한 명씩 있기 마련인데, 밸러랫 안에서는 로스가 바로 그 이상한 승객이었다. 영국을 떠나오기 직전 현미경을 구입한 로스는 새로 산 장비 겸 장난감으로 동료 승객들의 혈액에 말라리아가 있는지를 검사해 봐야겠다고 우겨댔다. 갑판에 뛰어들어 자살한 날치들을 해부했고, 밸러랫에 거주하는 바퀴벌레조차도 로스의 현미경으로부터 안전하지 못했다. 인도에 도착하자 로스는 세쿤데

---

104 [역주] 패닌슐라앤드오리엔탈기선(Peninsular & Oriental Steam Navigation Company)은 1837년 설립된 선박 업체로 지금까지 운영되고 있다. 로스 시절에는 인도와 영국을 오가는 주요 항로를 담당하고 있었으며, 5백 척이 넘는 배를 소유한 최대 선박 회사가 되었다. 오늘날에는 아일랜드와 잉글랜드, 영국, 프랑스를 오가는 도버 항로 등을 운영하고 있다.

라바드Secunderabad로 발령이 나 있었다. 도시의 작은 연대 병원에서 그는 모기 안의 열원충을 찾기 위한 기나긴 여행길에 오르게 된다.

로스가 연구에 흥미를 보이자 동료 장교들 사이에서 그는 괴짜 취급을 받았다. 인도 의료단으로서 갖춰야 할 마땅한 몸가짐에 대해 정통해 있던 놀스는 캘커타에서 세쿤데라바드에 있는 로스에 대해 후일 이렇게 적었다. "1895년에 군 의무 장교가 연구에 흥미를 갖는 것은 일탈로 여겨졌다. 폴로나 멧돼지 사냥이 훨씬 중요한 일이었다." 나도 나이지리아에서 잠자리에 매혹되어 있던 장교 한 명을 만난 적이 있는데, 주변에서는 괴짜 취급을 받고 있었다. 크고 구부정한 모습, 잠자리를 쫓으며 비틀거리는 걸음 때문에 마을 사람들은 앙갈루(새매)라는 별명을 붙여 주었다. 로스는 고용인이나 병원 간호사들을 보내, 병에서 사육해 성충으로 키워 내기 위한 모기 '굼벵이'(유충)나 성충 모기를 잡아오게 하면서 세쿤데라바드의 '잠자리 매니아' 취급을 받았으리라.

고용인들은 가장 많고 가장 잡기 쉬운 모기들을 잡아 왔다. 곤충학에 무지했던 로스는 이 모기를 '회색 모기'와 '얼룩빼기 모기'로 분류해 버렸다. 회색은 아마 열대집모기였고, 얼룩빼기는 이집트 숲모기*Aedes aegypti*였으리라. 두 모기 모두 불쾌하고, 특정 바이러스나 기생충 질환을 인간에게 옮기기는 하지만, 모두 인간 말라리아를 옮기기는커녕 얼룩날개모기 내에서처럼 정상적인 발달 단계의 일부를 유지하는 것조차 불가능하다.

1년 동안 로스는 초승달(열대열원충의 생식모세포)이 들어 있는 말라리아 환자의 피를 회색 모기와 얼룩빼기 모기에게 먹여 보았다. 매일 곤충을 해부해 맨슨이 '보모 모기'에게 있을 것이라고 예상했던 '포자'를 찾아보았다. 당신이 현미경 아래로 모기를 들여다보며 해부하는 로스라고 상상해 보자. 익숙하지 않은 사람에게는 그야말로 혼란의 도가니다. 현미경 렌즈를 가득 채우고 있는 것은 세포와 조직 조각들, 장내 미생물들이다. 발달 단계에 있는 말라리아 기생충을 이런 혼란의 도가니 속에서 찾아내기란 쉬운 일이 아니다. 매일 해부를 반복하면서 로스는 모기를 구성하는 정상 조직과 세포들을 구분하는 법을 서서히 배워 갔다. 마침내 모기의 소화기 내에서 편모를 방출하면서 춤을 추는 열원충을 발견해 냈지만, 그게 전부였다. 기생충이 그 이상 성장했다는 증거는 어디에도 없었다.

어찌되었든 로스는 맨슨의 '보모' 모기/포자-오염수 이론을 믿었다. 그는 현지인(역사책에는 '자원자'라고 적혀 있지만) 몇 명을 수배해 '모기 물'을 한 컵씩 먹였다. 로스의 불행은 이 자원자 중 한 명, 럿치만이라는 20세 인도인이 말라리아 환자의 피를 빨고 죽은 모기가 든 물을 마신 지 11일 만에 실제로 고열 증상을 나타내기 시작했다는 것이었다. 로스는 이제 자신이 럿치만에게 '말라리아를 주었다'고 확신하게 되었다. 하지만 고열은 금세 사라졌고, 혈액 내에서 말라리아 기생충을 찾을 수 없었다. '말라리아화'된 물을 마신 다른 자원자들은 아무런 변화도 없었다. 럿치만은 우연일 뿐이었다. 하지만 로스(와 맨슨)는 럿치만이 '특별'했으며, 럿치만이 '특별'한 말라리아 물을 마셨다는 생각을 떨치지 못했다. 그리고 이제 조금만 더 연구하면 제대로 된 '혼합액'을 만들어 낼 수 있으리라 믿었다. 남은 한 해 동안 로스는 잘못된 길을 계속 좇았고 결국 맨슨이 럿치만은 이례적인 경우였으니 이제 포기하라는 편지를 써 보냈다. 로스는 다른 곳에서 편모형(수컷 생식세포)을 찾아봐야 했다. 스승의 조언을 따라 로스는 고통의 나날을 보내며 회색 모기와 얼룩빼기 모기에서 초승달 다음에 나타나는 편모형을 찾아 "이마와 손에서 흐르는 땀으로 현미경 나사가 녹이 슬고 마지막 남은 접안경마저 조각날 때"까지 헤맸다. 1897년 8월 16일까지 모든 관찰 결과는 편모형이 죽는 것으로 마무리되었다.

8월 16일, 고용인이자 수집가인 마호메드 벅스Mahommed Bux가 로스에게 지금까지 보지 못했던 모기 열 마리를 모아다 주었다. 갈색에 날개에는 얼룩이 있었고, 몸체 끝이 뾰족했다. 흡혈을 할 때는 머리를 아래로 내리고 꽁무니를 세워 몸이 일직선이 되었다(회색 모기나 얼룩빼기 모기, 즉 집모기나 숲모기들은 이와 달리 흡혈할 때 '곱추'처럼 구부정한 형태가 된다). 얼룩날개모기들이었다. 갈색 얼룩 날개 곤충들은 벅스와 같은 종파에 속해 있던 후세인 칸Husein Khan의 피를 빨았다. 칸은 세쿤데라바드 병원에 말라리아로 입원해, 혈액에 초승달 모양의 원충이 있는 환자였다.

25분 후, 모든 모기가 흡혈을 마쳤고, 두 마리를 죽여 해부해 보았다. 아무것도 없었다. 이제 여덟 마리 남았다. 24시간 후, 우리 안에 두 마리가 죽어 있었고, 두 마리를 더 꺼내 해부해 보았다. 아무것도 없었다. 이제 네 마리 남았다. 4일째인 1897년 8월 20일, 한 마리가 자연사했고 남은 세 마리 가운데 한 마리를 해부해 보았다. 있었다! 작고 둥근 포자가 위 벽 밖에 붙어 있었던 것이다. "운명의 천사가 마침내 내 머리 위에 손을 얹었다."가 이 극적인 순간에 대해 로스가 남긴 설명이었다. 다음 날 마지막 모기가 제물이 되었다. 단순히 위 벽에 포자가 있었을 뿐만 아니라 하루 전보다 더 커져 있었고, 이제 말라리아 색소 알갱이들도 안에 있었다. 살아 있었을 뿐만 아니라 자라나고 있었던 것이다. 이럴 수가! 그가 해냈다! 거의 그랬다. 이제 지난 2년간 로스를 끈질기게 따라다니던 불운과 혼란의 천사를 운명의 천사가 물리쳤다.

로스는 발견에 대한 짧은 글을 『영국의학저널』*British Medical Journal*에 보냈다. "말라리아 혈액을 흡혈한 두 모기 안에서 발견한 독특한 색소 침착 세포에 대하여"라는 제목이 달린 노트는 1897년 12월 18일자 저널에 실렸다. 여분의 얼룩날개모기들과 며칠의 여유가 있었다면 로스는 말라리아 생활사의 진짜 모습을 밝혀낼 수 있었을지도 모른다. 하지만 그런 일은 일어나지 않았다. 첫째, 로스는 그가 본 것이 전부라고 생각했다. 즉 포자가 마지막 단계라고 생각했다. 맨슨이 처음부터 옳았고, 이 포자 안에 말라리아의 '씨앗'이 담겨 있는 게 분명했다. 럿치만은 정말로 포자가 들어 있는 '말라리아화'된 물을 마시고 감염된 것이 틀림없었다.

둘째, 로스는 인간 말라리아 기생충이 얼룩진 날개 모기(얼룩날개모기)에서만 성장할 수 있다는 개념을 완전히 받아들이지 못했다. 이런 혼란은 '허깨비' 모기를 잡으면서 더욱 심해졌다. 로스는 '얼룩진 날개' 모기들을 찾아보았으나 더는 구할 수가 없었다. 얼룩날개모기들은 정확히 어디서 어떻게 찾아야 하는지를 알지 못하면 찾기 힘들기 때문이다. 하지만 병원 벽에 '회색' 모기가 앉아 쉬고 있는 것을 발견하고는 잡아 해부해 보았다. 운이 나빴는지, 위 벽에 전형적인 포자가 붙어 있었다. 이 모기는 집모기임이 분명한데, 인간 말라리아는 옮기지 못하더라도 조류 말라리아는 옮길 수 있다. 모기가 감염된 새를 물고 병원 벽에 붙어 쉬고 있다가 로스에게 잡혀 해부당할 확률은 1천 분의 1도 되지 않았을 것이다. 어쨌든 로스는 이제 얼룩진 날개 모기들뿐만 아니라 회색 모기들도 인간 말라리아 기생충을 옮길 수 있다고 생각하게 되었다. 나중에 곤혹을 겪기는 하지만, 로스는 『영국의학저널』에 이 의견을 추가로 게재했다.

그래도 로스는 갈색 얼룩날개모기들을 끊임없이 찾아 다녔으며(어떻게 로스가 그토록 오랫동안 연구해 오면서도 모기 분류의 기초에 계속 무지했는지는 수수께끼다), 9월 23일에 네 마리를 구해 말라리아 환자의 피를 먹여 본다. 이제 편모형의 다음 모습을 추적해 볼 준비가 됐지만, 바로 그다음 날 세쿤데라바드에서 라즈푸타나에 있는 케르와라로 당장 이동하라는 위생성 장관의 명령이 담긴 전보 한 통을 받는다. 그곳은 1천6백 킬로미터쯤 떨어진 반半사막지대로 말라리아가 거의 없었다.

맨슨은 런던 식민성에 있는 연줄을 이용해 로스가 특수직으로 말라리아 연구를 계속할 수 있도록 노력했다. 그 와중에도 로스는 관료적 신경전(전보를 보내 '너희들은 다 멍청이'라는 식의 이야기를 빙빙 돌려 말하는)에 전혀 관심을 두지 않았다. 라즈푸타나로 전출되면서 적은 시에는 그가 당국을 얼마나 경멸하는지 잘 보여 준다.

신은 우리에게 왕을 주었고
경멸을 담아 화답하리니
이제 나를 집어삼키라

왜 정부가 말라리아 연구를 지원하지 않았는지는 이해하기 힘들다. 당시 영국령 인도의 병원 병상 가운데 3분의 1은 말라리아 환자들이었기 때문이다. 어쨌든 1891년 1월 29일, 제대로 된 '연줄'이 잡아당겨져 로스는 캘커타에서 반년간 말라리아의 전파를 연구하라는 특별 임무를 하달받는다.

2월 17일, 캘커타에 도착하자마자 로스는 장관으로부터, 아삼에 번져 나가는 칼라아자르 유행을 막아야 하는데 언제까지 준비가 가능한지에 대해 질문을 받는다. 게다가 다른 문제가 있었다. 캘커타에는 말라리아 감염자가 별로 없었다. 더 나쁜 점은 매수할 만한 '자원자'들도 없었다는 것이다. 캘커타에는 전염병이 번지고 있었고, 의심 많은 현지인들은 흰둥이 의사 나리들이 질병을 옮길지도 모른다는 생각에 손가락에서 피 한 방울 채혈하는 것조차 꺼렸다. 세포이 항쟁과 이후 영국이 자행한 악랄한 보복의 기억은 여전히 인도인들에게 생생하게 남아 있었다.[105] 전염병이 돌고 있는 캘커타에서 말라리아를 진단하기 위해 채혈을 하거나 감염자를 데려다 모기에게 흡혈시키는 일은 불가능했다. 이런 문제를 눈앞에 두고 로스는 여느 생물학 연구자들이나 인간을 피험자로 사용할 수 없을 때 쓰는 해결책을 찾아냈다. 바로 동물 모델을 이용한 것이다: 로스는 참새에 있는 조류 말라리아를 골랐는데, 인간 말라리아와 생물학적 연관성이 있다는 추측이 들어맞았다.

한 달이 지나기 전, 3대 관구[106] 병원 내에 위치한 수수한 실험실에서

---

105 [역주] 1857년 인도를 지배하고 있던 영국 동인도회사는 인도인 용병을 고용하고 있었다. 주로 힌두와 이슬람 출신이었던 용병들에게 그들이 신성시하는 소와 돼지의 기름을 바른 총포를 보급하면서 불만이 터져 나왔다. 용병을 중심으로 민중항쟁으로까지 번져 나가면서 인도 전역에서 투쟁이 일어났으나, 영국은 대규모 군대를 파견하고 반군을 대포에 매달아 폭살시키는 등 잔혹하게 진압했다. 이후 동인도회사는 해체되고 인도는 영국 정부가 직접 관할하게 되었다.

106 [역주] 3대 관구(Presidency)는 영국 지배 당시 행정 및 경제 요충지였던 봄베이, 마드라스,

로스는 마침내 실험 모델을 완성했다.[107] 기생충(이때는 프로티오소마Proteo-soma라고 불렸다)에 감염된 참새, 그리고 감염된 새를 흡혈한 후 소화기관 외벽에 전형적인 색소 포자를 형성하는 회색 모기를 모델로 사용했다. 1898년 3월 17일, 감염된 참새의 피를 회색 모기에게 먹여 보았다. 사흘 후, 일부 모기를 해부하자 예상대로 위 벽에 포자가 붙어 있었다. 일곱째 날이 밝았을 때 로스는 궁극적인 해답을 찾을 수 있으리라 기대했다. 이번에야말로 기생충이 발달할 만한 충분한 시간을 주었고, 추측대로라면 포낭 내에 완전히 발달한 포자들이 가득 차있어야 했다. 모기를 해부했다. 소화관을 현미경 아래에 놓았다. …… 그리고 아무것도 없었다! 김이 빠졌다. 로스가 본 것은 주저앉아 쭈글쭈글해진 빈 포낭들뿐이었다. 아무리 자세히 들여다보아도 포자나 기생충의 변형체로 볼 만한 어떤 것도 찾을 수 없었다.

로스는 미치기 일보 직전이 되었다. 이제 무엇을 해야 하지? 인생의 3년 반이라는 시간을 바쳐 온 문제를 풀기 위해 남은 시간은 다섯 달뿐이었다. 그의 이론적 체계는 빈 포낭과 함께 무너져 내렸다. 로스는 모든 실험을 망치고 소중한 가설이 산산조각 났을 때 오늘날 상당수의 연구자들이 하듯이, 모두 내팽개쳐 두고 휴가를 떠나 버렸다. 아름답고 선선한 다즐링

벵골을 통칭하는 행정 명칭이다.

107 참새 프로티오소마는 아마 지금 레릭툼 열원충(*Plasmodium relictum*)으로 알려진 조류 말라리아, 그리고 회색 모기는 열대집모기일 가능성이 높다. 얼룩날개모기 안에서만 발달하는 인간 말라리아 기생충과는 달리 조류 말라리아는 집모기를 전파 매개체로 사용한다.

의 언덕을 돌며 가족과 함께 6주간 호화로운 시간을 보냈다.

재충전을 마친 로스가 돌아온 것은 6월이었다. 6월의 끝 무렵, 로스는 포낭(모기의 위 벽에는 여러 개의 포낭이 매달려 있었다)이 터지기 직전의 중요한 순간에 해부를 하기로 했다. 모기 안에 있던 포낭에는 둥근 포자 대신 투명한 포낭 벽 안에 기다란 덩어리들이 있었다. 1898년 6월 29일, 7일 전 참새의 피를 빤 모기를 해부했다. 포낭(난포낭)은 여전히 비어 있었지만, 이번 부검에서는 한걸음 더 나아가 모기의 '가슴'(흉부)도 열어 보았다. 놀랍게도 흉강 안에는 포자 대신 미세하고 가느다란, 그리고 꿈틀대는 것들이 수없이 들어 있었다. 이것이 바로 기생충의 마지막 변신체였다. 하지만 어떻게 모기에서 온혈동물로 전파되는 것일까? 그는 조직을 샅샅이 뒤져 보았지만 이 '실'(포자소체)들은 어디서도 찾을 수가 없었다.

7월 4일이었다. 이날은 로스의 마지막 대성공을 기념하는 기념일이 되어야 옳다.[108] 그날 해부한 모기는 12일 전 참새를 흡혈한 모기였다. 현미경 아래로 쭈그러진 난포낭이 보였지만, 흉강에서도 '실'들이 사라져 있었다. 이제 새로운 곤충 외과 수술법을 도입할 차례였다. 해부용 바늘로 조심스럽게 머리를 몸에서 떼어냈다. 머리에는 두 개의 리본 모양 조직이 붙어 있었다. 그리고 이 조직을 현미경으로 들여다보자 그 안은 '실'들로 가득 차있었다. 이 리본 모양의 조직은 무엇일까? 다른 모기들을 참수해 보

108 [역주] 7월 4일은 미국의 독립 기념일이다. 미국인이기 이전에 기생충 학자인 지은이는 국경일이 아닌 기생충 기념일이 되어야 한다고 주장하는 셈인데, 나 역시 이를 적극 지지하고 싶다.

자 이 조직은 입 주변으로 들어가고 있었다. 바로 침샘이었다! 로스에게는 숨 막히는 순간이었다. 3년 동안의 고된 노동, 마침내 말라리아 전파의 그림이 이 순간 완벽하게 그려지고 있었다. 그도 맨슨도 잘못 생각하고 있었다. 수동적으로 전파되는 포자 따위는 없었다. 말라리아 기생충은 포낭 안에서 감염 단계의 '실'(포자소체)로 변한 후 침샘에 침입해 들어간다. 말라리아는 모기가 흡혈을 할 때 이 '실'들을 주입하면서 감염이 일어나는 것이었다.[109]

로스는 즉시 발견 내용과 모기 침샘 표본을 런던의 맨슨과 파리 파스퇴르 연구소에 있는 라브랑에게 보냈다. 두 사람 모두 매우 중요한 발견임을 인정했다. 짧은 논문이 실렸고, 7월의 끝 무렵 맨슨은 에든버러에서 열린 영국 의학협회 회의에서 발견 내용을 공표했다. 회의 참가자 전원이 일어나 환호를 보냈다. 당시는 빅토리아 시대의 영국으로 무분별한 모험이 판치던 시대였다. 그리고 말라리아가 모기에 의해 전파된다는 발견은 나일강의 수원을 발견하는 것에 버금가는 일이었다.

로스는 마침내 마침표를 찍을 수 있었다. 편모형의 숙명은 거대한 운명에 따라 흘러갔다. 8월, 그는 캘커타를 떠나 칼라아자르가 유행하던 아삼으로 갔다. 당시 로스는 칼라아자르를 단순히 악성 말라리아의 한 형태로 생각했다. 로스는 인간 말라리아 역시 모기 안에서 같은 생활사를 거치고,

109 이 가설은 몇 주 후 침샘에 '실'이 들어 있는 모기가 건강한 참새를 물어 말라리아를 감염시키는 실험을 통해 완전히 증명된다.

'얼룩진 날개', 즉 얼룩날개모기만이 전파시킬 수 있다는 최후의 증명을 결코 해내지 못했다. 어쩌면 불필요한 실험이라고 생각했을지도 모른다. 아니면 인간 말라리아 기생충과 얼룩날개모기가 가진 특별하고도 은밀한 관계에 대해 잘 이해하지 못했는지도 모른다. 로스가 인간 연구에 실패한 탓에 이탈리아인들은 '옥의 티[혹은 옥의 모기]'를 주장할 수 있게 되었다. 그들은 로스가 이룬 것은 아무것도 없다고 주장했다. 조류 말라리아는 성공으로 안 쳐준다!

13
사람과 모기
_이탈리아 이야기

로마에는 로스의 발견을 기리는 기념일이 없다. 다시 한 번 이탈리아 학자들은 아무것도 아닌 사람 때문에 과학계의 화려한 무대 뒤편으로 밀려나야 했다. 첫째, 말라리아의 원인이 되는 병원체를 찾아내는 데 실패했다. 이 발견은 프랑스인 라브랑에게 돌아갔다. 둘째, 말라리아 연구의 2등상, 모기 내 전파 경로를 밝혀내는 데도 실패했다. 이 역시 아마추어인 영국인이 가져가 버렸다. 패배의 쓴맛은 더욱 짙었는데, 그들(이탈리아인)이야말로 최고의 자원을 가지고 있었기 때문이다. 일단 말라리아가 있었다. 신작로를 걸어 내려가면 손쉽게 모기와 환자들을 찾을 수 있었다. 전문가들도 있었다. 당시 이탈리아는 말라리아 연구에 대해서만큼은 세계 최고의 경험을 자랑하고 있었다. 그뿐만 아니라 당대 최고의 동물학자로 불린 조반니 바티스타 그라시가 이탈리아 연구소를 이끌고 있었다.

앞서 언급했다시피 이탈리아 연구자들은 말라리아를 꾸준히 연구해왔다. 라브랑의 기본적인 연구 이후, 임상적 면모나 말라리아 기생충 분류를 정리한 것이 그들이다. 하지만 말라리아의 전파 경로에 대해서만큼은 어찌된 일인지 관심을 가지거나 열정을 보이지 않았다. 로마 근처 말라리아 유행 지역에서 채집한 미확인 모기떼들을 인간 피험자에게 흡혈시켜 보는 실험을 하기는 했었다. 실험에서 감염자가 나타나지 않자, 이쪽 연구는 거의 완전히 사장되어 버렸다. 로스처럼 말라리아와 모기의 전파 관계를 밝히기 위해 은근과 끈기를 가지고 고집 있게 밀고 나간 이탈리아 학자들도 없었다. 이탈리아 학자들이 모기를 좇기 시작한 것은 1898년 7월, 로스가 얼룩날개모기에서 발견한 난포낭, 그리고 '회색' 집모기를 이용해 조류 말라리아 전파 경로를 완벽히 밝혀내고 논문으로 발표한 뒤의 일이었다. 나중에 이를 부정하기는 하지만, 이탈리아 학자들은 인도에서 날아온 발표에 커다란 충격을 받았고, 그라시의 지휘 아래 7월 말부터 치열한 연구에 돌입했다.

조반니 바티스타 그라시는 이탈리아 북부 코모 호수 지역에서 1854년 태어났다. 이 지역은 야생의 아름다움이 피어나는 호숫가에 예쁘장한 분홍색 저택들과 오래된 마을들이 점점이 늘어선 곳이었다. 배경으로 눈 덮인 알프스가 굽어보고 있었고, 수심 365미터의 호수는 빽빽한 숲이 늘어선 산들로 둘러싸여 있었다. 봄이 되면 어느새 초록색과 흰색의 크리스마스로즈 꽃, 보랏빛 제비꽃과 아네모네로 뒤덮이곤 했다. 늦은 여름에서 이른 가을 사이, 코모 사람들은 아침 일찍 숲으로 나가 야생 버섯, 특히 버섯계의 산삼이라 할 수 있는 포르치니 버섯을 채집하곤 했다. 숲과의 교감은 호수 마을 사람들을 아마추어 박물학자나 응용 생물학자로 만들었다. 그중 특히 명석한 사람들은 자연과학 전문가가 되었다. 하지만 코모 시민들은 다소 개인주의적인 데다 투쟁과 경쟁을 좋아하는 사람들이었다. 18세기 말엽까지 공공의 적인 밀라노 인이나 플로렌스 인들과 싸우지 않을 때는 호수 마을끼리 분쟁을 벌였다.

어린 시절부터 그라시는 생물학에 매료되었다. 나중에 그는 저명한 동물학자가 되었는데, 지금도 동물학자들에게 그라시 이야기를 꺼내면 말라리아 연구보다는 장어의 변태와 이동에 대한 기념비적 연구를 먼저 떠올리는 사람들이 많다. 그라시 또한 로스와 마찬가지로 의학에는 별 관심이 없었지만, 아버지가 사회적 지위 때문에 의학 학위를 받도록 했다. 요상한 박사 학위 따위는 그라시 가문에 필요 없었다. 하지만 파비아 대학 의대조차도 그라시가 자연사에 보이는 관심을 치료해 주지는 못했다. 졸업과 동시에 그라시는 메시나로 넘어가 해양 생물학과 원충학을 공부하고, 이후 하이델베르크에서 벌에 대한 연구로 박사 논문을 썼다. 대단한 학자이자 과학자였지만 밝고 따뜻한 사람은 아니었다. 로스와 마찬가지로 자기중심적인 데다 싸움꾼 기질이 다분했다. 심지어 두 남자의 씁쓸한 우선순위 경쟁에서 그라시의 편을 들어주는 사람도 그가 함께 지내기에 편한 사람이 아니었다는 사실을 어쩔 수 없이 인정하곤 한다.

1895년, 그라시는 로마 대학에서 비교 해부학 교수를 맡고 있었다. 이전 10년간 그라시의 주요 연구 주제는 인간 말라리아와 조류 말라리아의 특징을 짚어 내는 것이었다. 하지만 1898년 7월 이후 열대열원충의 전파와 모기에 대한 연구로 돌아섰다. 그는 로마의 습지에서 흔히 찾을 수 있는 얼룩날개모기, 클라비어 얼룩날개모기*Anopheles claviger*(지금은 매쿨리페니스 얼룩날개모기*Anopheles maculipennis*로 불린다)를 모아 열대열 말라리아에 감염된 환자의 피를 먹였다. 연말에는 모기를 통한 말라리아의 이동 경로를 추적해 인간 말라리아는 오로지 얼룩날개모기에 의해서만 전파된다는 사실을 증명해 냈다.

클라비어 얼룩날개모기 내의 열대열원충 생활사는, [로스가 밝힌] '회색' 모기 안의 조류 말라리아가 거치는 생활사와 주요 맥락에서는 크게 다르지 않았다. 그럼에도 그라시가 1898년 11월 논문을 발표했을 때 로스의 연구는 논문 끝부분에만 어쩌다 생각난 듯 아주 인색하게 언급되어 있었을 뿐이었다. 한 달 후 발견 사실에 대해 더 자세히 적은 논문에서 로스의 연구는 아예 언급조차 되지 않았다.

그라시의 연구 결과 역시 매우 중요했지만, 결국은 2등에 머물게 되었다. 로스의 결과를 재확인해 준 말라리아계의 비숍[110]이 되었을 뿐이다. 하지만 여기는 로마였고 그라시는 교황이 되고 싶었다. 누가 최초로 발견했는가는 지금도 그렇지만 과학계에서 가장 중요한 문제다. 최초라는 개념은 선행 연구자의 연구 결과를 교묘하게 무시하거나 인용에서 빼먹는 것으로도 조작이 가능하다. 그라시는 계속해서 로스의 연구에 대해서는 전혀 몰랐다는 (당시 그라시의 실험실을 방문했던 사람들이 책상 위에 로스의 논문이 놓여 있다는 증언을 했지만) 주장을 밀고 나가며, 자신의 연구는 로스의 것과는 완전히 독립적이며 자신의 연구가 더 중요하다고 주장했다.

로스는 당연히 격노했다. 그의 분노는 『인도의학잡지』의 사설에 잘 드러나 있다. "불행히도 과학계에서 해적질은 그리 새로운 일도 아니다."

두 자존심 덩어리들은 마침내 어느 정도 화해하게 되는데, 제3자인 더

---

110 [역주] 비숍은 주교라는 뜻과 함께 2인자임을 비꼬는 의미도 있다.

큰 자존심(로베르트 코흐)의 중재가 없었더라면 불가능한 일이었을지도 모른다. 박테리아 학자로서 원충학에는 별 조예가 없었지만, 코흐는 19세기 말 미생물학의 마지막 심판관이었다. 엄격하고 명석하며 자존심 세고 애국심 강한 코흐는 모국의 문제를 자신의 문제처럼 받아들였고, 정부를 위해 동아프리카 독일 식민지로 건너가 모기에 의한 말라리아 전파 문제를 파헤치기로 했다. 1898년 아프리카에서 돌아오면서 이탈리아에 들른 코흐는 몇몇 '최종' 실험들을 해보기로 했다. 이탈리아 정부는 저명한 학자에게 가능한 모든 편의를 봐주었고 이탈리아 내 말라리아 연구에도 도움을 좀 주었으면 했다. 이 과정에서 그라시는 무시당했고, 곧 적의로 불타오르기 시작했다. 하지만 아프리카와 이탈리아에서 코흐가 진행한 실험은 별 성과가 없었고, 그라시는 자신의 연구가 성공적으로 마무리되자마자 발표한 논문 한 부를 자랑스럽게 코흐에게 보내 '성질을 긁었다.' "내가 코흐에게 크리스마스 선물을 줬지."라는 그라시의 말은 모르는 이가 없었다.

이제 다들 열이 받을 대로 받아 있었다. 로스는 그라시에게, 그라시는 로스와 코흐에게, 코흐는 그라시에게. 과학계의 유명인들이 할 만한 처신이었다. 하지만 그라시는 독일에 적을 너무 많이 만들었고, 결국 이 때문에 노벨상을 그 대가로 내놓게 된다.

1902년, 로스가 수상해야 한다는 노벨상 위원회의 결정에는 아무도 이의를 달지 않았다. 하지만 그라시의 공동 수상 부분에 있어서는 논란이 있었다. 즉 그라시의 연구 결과가 로스의 것만큼, 혹은 그와 근사한 정도로 중요한가의 문제였다. 위원회는 공동 수상 쪽으로 기울었지만, 코흐가 가능한 모든 방법을 동원해 그라시는 상을 받을 만한 자격이 없다고 압력을 넣었다. 로스는 아직도 화가 가라앉지 않은 상태에서 홀로 스톡홀름에 서게 되었다.

누가 더 나은 사람인가, 누가 더 나은 과학자인가, 누구의 연구가 더 중요한가, 누가 말라리아 기생충의 전파를 최초로 발견한 사람으로서 명예를 누려야 하는가 등의 논란은 지진 뒤에 따라오는 여진처럼 이어졌다. 1958년, 내가 새끼 과학자로 아프리카에서 일하고 있었을 때 리스본에서 열린 국제열대의학및말라리아학회에 참여하게 되었다.[111] 회의에 참가하러 가는 택시 안에서 양쪽에 열대 의학의 거물 두 명이 앉게 되었다. 한편에는 제1차 세계대전 당시 영국 군의관으로 활약했고, 이후 이스라엘로 이민을 간 사울 애들러Saul Adler 교수가 있었다. 다른 한편에는 유서 깊은 이탈리아 귀족 가문의 후예인 알도 카스텔라니Aldo Castellani 백작이 앉아 있었다. 카스텔라니는 영국 편에서 아프리카 수면병 초기 연구를 이끌었고, 그 공로를 인정받아 왕에게 기사 작위를 받았다. 이 기사 작위는 카스텔라니가 무솔리니의 파시즘을 선택해 영국을 저버렸을 때 박탈되었다. 어쨌든 두 남자 사이에 오간 격렬한 토론은 배신과 파시즘에 대한 것이 아니라 로스와 그라시에 대한 것이었다. 애들러는 입에 언제나 물려 있는 담배에서 담뱃재가 겉옷에 떨어지는 것도 신경 쓰지 않고, 그라시는 거짓말쟁이에 로스의 결과를 훔친 도둑이라고 카스텔라니에게 소리쳐 댔다. 이미 노

---

111 [역주] 오늘날 이 학회는 세계에서 가장 큰 기생충 학회 중 하나가 되었다. 2008년에는 제주도에서 개최되었으며 70개국에서 1천2백여 명의 연구자들이 참가했다.

인이었던 카스텔라니는 이탈리아인들이 정말 중요한 발견을 이뤄 낸 것이라고 열심히 논박했다. 그리고 지금도 기억나는 카스텔라니의 말이 "독일 놈들이었지, 그 망할 독일 놈들. 그놈들이 우리 이탈리아인들을 증오해서 그라시가 마땅히 받았어야 할 상도 받지 못하게 만든 거야."

32년 후, 3월답지 않게 덥던 어느 날, 로마 대학 의학 역사학 교수로 재직 중인 판티니Bernadino Fantini와 동석할 기회가 있었다. 과거 말라리아 유행지였던 캄파냐와 폰타인 습지를 돌아보는 당일치기 투어를 마치고 로마로 돌아오는 길, 피우미치노에 있는 레오나르도 다 빈치 공항을 지나게 되었다. 피우미치노는 이제 건물과 콘크리트에 뒤덮여 있어, 불과 60년 전만 하더라도 세계에서 가장 말라리아가 극심한 지역이었다는 것이 믿기 힘들 정도였다. 여기가 말년에 그라시가 정착해 말라리아에 걸린 아픈 아이들을 돌본 지역이었다. 바로 이 피우미치노에서 그라시는 사랑하는 딸, 이사벨라의 팔에 안긴 채 숨을 거두었고, 이사벨라에게 남긴 마지막 유언은 남은 '아이들'을 잘 돌봐 달라는 말이었다. 제트기가 내는 굉음 아래서 판티니는 아직도 끝나지 않은 최초 발견자 자리에 대한 논란을 더듬으며 그라시와 로스에 대한 상념에 잠기기 시작했다. 두 사람 모두 과학과 인류에 크나큰 공헌을 했다. 모두 명예로운 사람이었지만 과학적 자만심의 피해자가 되었다. 피우미치노를 떠나며 판티니가 마지막으로 한 말은 카스텔라니의 메아리였다. "로스가 아니었어. 독일 놈들이었지, 그 망할 독일 놈들. 그놈들이 우리 이탈리아인들을 증오해서 그라시가 마땅히 받았어야 할 상도 받지 못하게 만든 거야."

그라시는 1925년에, 로스는 1932년에 숨을 거두었다. 여행자들은 의

외의 장소에서 이들에 대한 기억이나 기념비를 발견할 수 있다. 캘커타에 있는 구 3대 관구 병원 근처에 가면 추모 문에 이런 글귀가 새겨져 있다.

> 이 문의 남동쪽으로 65미터 떨어진 작은 실험실에서 인도 의료단 군의관 대위 로널드 로스가 1898년, 말라리아가 모기에 의해 전파되는 방식을 발견하다.

코모 호수 끝자락의 작은 도시, 레코Lecco 철도역 한쪽의 번화한 일방통행로에 달린 청동 도로 표지판에는 이렇게 적혀 있다.

> G. B. 그라시
> 과학자 1854~1925

14
환자를 치료하라고, 모기가 아니라

로스와 그라시가 말라리아는 모기에 의해 전파된다는 사실을 밝혀내면서 마침내 기생충의 한살이에 대한 필수적인 지식이 갖춰지게 되었다. 이제 어떻게 말라리아를 관리할 수 있는지 논리적으로 찬찬히 생각해 볼 수 있게 되었다. 불행히도 당대의 과학자 및 말라리아 학자들은 자기만의 논리적인 계획이 있었다. 특히나 로스나 코흐처럼 완고하고 자기주장이 강한 사람들은 더 심했는데, 결과적으로 말라리아 관리 방식 자체가 지나치게 극단적으로 흘러갔다. 김빠진 시험 사업 이외에는 통합적이거나 다각적인 방향의 사업이 이루어지기 어려웠다. 로스는 자연스럽게 모기에 초점을 맞췄다. 그에 따르면 말라리아를 관리하는 유일한 방법은 모기가 번식하는 장소를 공략하는 것뿐이었다. 코흐는 급속히 성장하고 있던 독일 제약 산업에 충성을 바치고 있었는데, 그는 말라리아를 굴복시키는 방법은 약을 쓰는 것뿐이라고 생각했다. 그는 '모기를 때려잡는' 것이야말로 곤충 매개성 질환을 대하는 가장 원시적인 방법이라면서 경멸했다. "환자를 치료하라고, 모기가 아니라!"가 코흐의 공식 입장이었다. 달랑 약 하나밖에 없는 의사치고는 대범한 발언이었다. 그 단 하나의 약은 바로 키니네였다.

1900년대 초반, 키니네는 유일한 항말라리아 약품이었다. 이 항말라리아제는 오랜, 아주 오랜 시간 사용되어 왔지만, 어떻게 유럽으로 흘러들어 왔는지는 전설과 수수께끼에 가려져 있다. 와전되었음이 분명하지만 가장 잘 알려진 이야기는, 1950년대 할리우드 가상 역사 영화 시나리오처럼 들리는 이야기다.

이야기는 1638년으로 거슬러 올라가, 페루 총독의 두 번째 부인인 프란체스카 데 리베라Francesca de Ribera가 리마에서 말라리아에 걸려 시름시름 앓게 된 데서 시작한다. 그녀의 주치의인 데 베가는 총독 부인을 살리기 위해 갖은 노력을 다했다. 하지만 의술서에서 그 이상의 치료법을 찾을 수 없게 되자, 전국 방방곡곡에 전령을 보내 치료제를 찾게 한다. 카니사레스(지금의 에콰도르)라는 안데스 산맥 마을에서 원주민들이 말라리아 열병을 치료하는 약이라며 나무껍질을 주었다. 나무껍질을 받은 용맹한 전령은 밤낮을 가리지 않고 리마로 돌아와 마지막 남은 숨을 쥐어짜 데 베가에게 나무껍질을 쥐어 줬다. 죽어 가던 총독 부인은 나무껍질을 조제해 만든 약을 먹고 마법처럼 되살아난다. 독실한 가톨릭 신자인 총독 부인은 신께 감사드리며 나무껍질을 예수회 수도사들에게 주었고, 이 수도사들이 로마로 나무껍질을 가지고 돌아와 말라리아에 시달리던 교황과 추기경들에게 나눠 주었다는 이야기다.

이야기 자체는 대부분 허구일 테지만, 남미에 파견된 예수회 전도사들이 기나나무가 가진 항말라리아 특성에 대해 깨닫고 1630년대 유럽에 그리고 1657년 인도에 소개했음은 분명하다. 1638년 바르셀로나에서 출판된 안토니오 데 라 카란차Antonio de la Calancha 신부의 연대기에 이와 관련된 언급이 남아 있다. 18세기에 이르러서는 남아메리카와 유럽 사이에 기나나무 교역이 성행하게 될 뿐만 아니라, '예수회 가루'라는 이름으로 불리게 된다. 하지만 문제는 품질관리였다. 어떤 기나피로는 말라리아가 치료되었지만, 또 어떤 기나피 묶음은 효과가 약하거나 전혀 없는 경우도 있었다. 이런 약효의 차이는 일부 조악한 혼합품 때문에 일어났다. 17~18세기에는 엉터리 치료법이나 모조 약품이 굉장히 흔했다.[112] 당시에는 알려지지 않았지만, 주된 이유는 기나나무에 여러 종이 있고 치료 효과에도 차이가 있다는 사실이었다. 각각의 종들은 저마다 껍질 내 항말라리아 활성 물질인 알칼로이드, 키니네의 농도가 달랐다. 모험심 넘치던 젊은 영국인 찰스 레저Charles Ledger는 마침내 정확한 나무를 짚어 내는 데 성공했고, 결과적으로 열대 세계의 운명에 영향을 주게 된다.

찰스 레저는 18세기 종교 박해를 피해 영국으로 이주한 프랑스 위그노 교도 가정 출신이었다. 1836년, 18세의 레저는 알파카 털을 수집해 수출하는 영국 무역 회사에 취직해 페루로 떠나게 된다. 어린 레저는 새로 정착한 지역의 자연사에 큰 흥미를 갖게 되고, 알파카 사업을 저버린 채 산

---

112 조개껍질 수집가로서 내가 가장 좋아하는 17~18세기 모조품 이야기는 귀한 실꾸리고둥에 대한 것이다. 당시 열대 바다의 조가비를 수집하는 일은 요즘 골동품 수집만큼이나 인기가 있는 취미였다. [세계 최대의 골동 미술품 경매장인] 소더비 경매장에 버금가는 조가비 경매장이 있었고, 귀한 표본은 굉장한 가격에 팔렸다. 그중에서도 가장 귀하고 비싼 표본은 실꾸리고둥이었다. 실꾸리고둥은 아름다운 사기그릇처럼 새하얀 태평양 고둥으로 등에 '지지대 날개'가 달려 있는 것이 특징이었다. 정교한 모조품은 쌀가루를 이용해 만들었다. 이제 실꾸리고둥은 상당히 흔해서 몇 달러에도 살 수 있다. 17세기에는 가짜조차도 한 재산 했다.

이며 숲으로 여행을 다녔다. 키니네에도 흥미를 느껴 여행을 다니는 중간중간 기나나무 열매며 껍질들을 모았다. 이 과정에서 최상품을 찾아내는데, 지금 이 종의 기나나무에는 친코나 레저리아나*Cinchona ledgeriana*라는 학명이 붙어 있다. 이 나무 껍질에 들어 있는 키니네의 농도는 지금까지 발견된 어떤 껍질보다도 높았다.

항말라리아 효과가 뛰어난 기나피는 유럽에서 불티나게 팔려 나갈 것이 분명했다. 유럽 지역은 대부분 여전히 극심한 말라리아 유행에 시달리고 있었다. 게다가 당시는 유럽이 열대 지역에 식민지를 급속히 확장해 나가고 있었던 동시에 말라리아 때문에 확장이 지체되던 시기였다. 레저는 나무에서 씨앗을 모아 영국 정부에 팔면 엄청난 부와 명예를 누릴 수 있으리라 생각했다. 잘못된 생각이었다. 영국 정부는 이 제안을 퇴짜 놓아 버렸다. 심지어 레저는 런던 저잣거리에다 내다 파는 데도 실패했다. 인도네시아를 식민지화하고 있던 네덜란드 인들은 좀 더 통찰력이 있었다. 네덜란드 인들은 레저에게 씨앗을 사다가 자바에 기나나무 플랜테이션을 만들었다. 몇 년 지나지 않아 네덜란드는 고효율 기나피를 고정적으로 공급할 수 있는 유일한 공급원이 되었고 결과적으로 키니네 독점권을 가지게 되었다. 자바산 키니네를 안정적이고 확실하게 공급함으로써 네덜란드는 열대 아프리카 지역에 파고들 수 있었다. 네덜란드는 레저에게 진 빚도 잊지 않고 평생 동안 연간 5백 파운드(현재 가치로 한화 8천만 원가량)에 달하는 연금을 지급해 주었다.

1920년대 초반이 되면 예측 가능한 활성도의, 화학적으로 순도 높은 키니네를 뽑아 낼 수 있을 정도로 기술이 발전했다. 항말라리아 효과는 실로 강력해 일부 사람들은 말라리아에 대항할 수 있는 마법의 총알이라고 생각했을 정도이다. 화학요법을 궁극적인 해결책이라고 생각한 독일의 코흐는 독일령 뉴기니 사람들에게 키니네를 투여해 보았다. 코흐는 이 '말라리아의 온상'에서 키니네를 광범위하게 투여함으로써 '말라리아를 영원히 뿌리 뽑을 수 있으리라' 믿었다.

실제로 키니네는 훌륭한 항말라리아제이며 지금 이 순간에도 현대적인 항말라리아제에 내성을 보이는 급성 열대열 말라리아에 공격당한 사람들의 목숨을 구하고 있다. 하지만 키니네조차도 '말라리아를 영원히 뿌리 뽑지는' 못했다. 키니네는 지속 시간이 짧은 편이라 예방용으로 일정 시간마다 자주 먹어 줘야 한다. 하지만 키니네를 자주 먹는 것은 불가능하다. 유효 복용량을 다 먹게 되면 가볍게는 이명부터 심하게는 청력 상실까지 부작용이 작지 않기 때문이다.[113] 만약 말라리아를 약으로 정복할 셈이라면 더 나은 마법의 총알이 필요했다.

이상적인 항말라리아제는 치료 속도도 빠르고 효과도 뛰어나야 했다. 예방용으로 사용하려면 지속 시간도 길어야 했다. 불쾌한 부작용도 없어야 했다. 네 종의 말라리아 기생충 전부와 변종에도 효과가 있어야 했다.

---

113 토닉 안에는 충분한 양의 키니네가 들어 있어, 매일 마실 경우 미약하지만 무시할 수 없는 항말라리아 효과를 보인다는 증거도 있다. 진은 말라리아와 아무 관련이 없다.
[역주] 칵테일인 진토닉을 만들 때 들어가는 탄산수 토닉에 항말라리아제인 키니네가 들어 있다는 이유로 진토닉이 피를 맑게 해준다는 미신이 있다. 말라리아가 적혈구와 혈액 내에 기생하는 기생충임을 생각해 보면 전혀 근거 없는 소리는 아닌 셈이다. 하지만 현재 시판되는 토닉의 대부분은 키니네 대신 다른 향료를 쓴다.

무엇보다 값이 싸야 했다. 클로로퀸은 이상적인 항말라리아제에 가장 가까운 약물이었다.

식물에서 추출하는 키니네와는 달리 클로로퀸은 인공 합성된다. 클로로퀸은 4-아미노 퀴놀린이라는 화합물에 속하는 물질로, 1934년 이게 파르벤I.G.Farben이라는 독일 제약회사가 처음으로 개발해 냈다.[114] 첫 번째 4-아미노 퀴놀린 계열인 레소친Resochin은 조류 및 매독 환자를 대상으로 한 말라리아 치료 시험에서 어느 정도 효과를 보였지만, 일반 사람들에게 널리 사용하기에는 너무 독성이 높았기 때문에 의료진의 철저한 관리하에서만 투여가 가능했다. 몇 년 후, 이게 파르벤 사의 화학자들은 화학식을 조금 바꿔 다른 항말라리아제인 손토친Sontochin을 만들었다. 손토친은 부작용은 작았지만, 말라리아 기생충을 죽이는 속도가 너무 느리다는 문제가 있었다.

1930년대 후반, 이게 파르벤은 미국의 윈스롭 스턴과 프랑스의 스페샤를 합병해 거대 기업체로 성장한다. 독일 '부모' 회사는 미국과 프랑스의 자회사에 손토친의 항말라리아 효과와 합성법을 전해 준다. 윈스롭 스턴은 이 정보를 '창고 구석'에 처박아 두고는 잊어버렸다.[115] 스페샤는 북아

---

114 [역주] 파르벤 사는 의약품뿐만 아니라 석유·고무 등을 생산해 독일 화학공업의 상징이 되었으나, 세계대전 당시 독일의 지원을 받아 성장해 죽음의 상인이라는 비난도 있다. 또한 제2차 세계대전 시기에 독가스를 강제수용소의 죄수들에게 생체 실험한 사실이 드러나 전범 재판에 회부되기도 했다.

115 1940년, 윈스롭은 손토친 샘플을 록펠러 연구소에 있는 말라리아 연구자들에게 넘겨주었고, 조류 말라리아를 대상으로 시험이 이루어졌다. 당시 실험 모델에서는 항말라리아 효과가 뛰어

메리카에서 인간을 대상으로 임상 시험을 추진했고, 손토친이 이상적인 약품은 아니더라도 현존하는 항말라리아제 중에서는 최고라는 결론에 도달했다. 독일에서는 좀 더 효과적인 4-아미노 퀴놀린 계열 약품의 개발을 포기했는데, 당시 손토친의 특허권을 가지고 있던 사람이 헤르만 괴링[116]이라 약품 판매 수익의 상당수를 가져가고 있었기 때문이라는 이야기가 있다.

제2차 세계대전 당시 미국과 연합군은 북아프리카·아시아·태평양 등 말라리아 유행 지역에서 전투를 벌여야 했고, 이 지역에서는 파시스트들이나 일본군에 의해 잃는 병사보다 말라리아에 잃는 병사들이 더 많았다. 자바가 일본의 수중에 떨어지면서, 약간의 재고로 남아 있던 분량을 제외하고는 그 이상의 키니네를 공급받을 수 없게 되었다. 미국은 개전 초기부터 새로운 합성 항말라리아제가 급히 필요하다는 점을 절실히 느끼고 있었고, 말라리아연구협력위원회의 지휘 아래 대형 제약 연구 프로그램을 진행했다. 수많은 화합물들이 합성되고 화학식 분석을 통해 선별되었으며, 조류 말라리아를 대상으로 효과를 측정하는 실험이 이루어졌다. 어느

난 것으로 보고되었지만, 윈스롭은 추가 연구를 하지도, 연구 결과를 다른 연구자들과 공유하지도 않았다. 1943년, 미국 내 전시 말라리아 전문가 위원들이 항말라리아제로서의 가능성을 지닌 약품들을 뒤져보고 있을 때 손토친이 언급되었다. 패널의 의장을 맡고 있던 사람은 화학자가 아니었는데, 4-아미노 퀴놀린인 손토친의 화학식을 독성이 높은 8-아미노 퀴놀린으로 착각하고는 추가 논의를 막아 버렸다.

116 [역주] 제2차 세계대전 당시 독일 돌격대 대장이며 공군 사령관. 비밀경찰과 강제수용소를 만들어 반대파를 체포 학살하는 데 주도적인 역할을 했다. 국제군사재판에서 전범으로 사형을 언도 받았으나 집행 직전 음독자살했다.

정도 효과가 확인된 화합물은 애틀랜타 교도소의 수감자들 중 자원자들에게 말라리아를 감염시켜 효과를 시험해 보았다. 1만4천 개가 넘는 화합물들이 심사를 거쳤지만, 딱 한 가지만이 인간 말라리아 치료에 적합하다는 판정을 받았다. 바로 아타브린Atabrine, 퀴나크린quinacrine이라는 8-아미노퀴놀린 화합물이었다. 항말라리아 효과는 최소치에 간신히 걸쳐 있는 수준이었으며, 부작용으로는 피부가 밝은 노란색으로 변하거나 위장 관계 장애를 일으켰고, 무엇보다 걱정스러운 부작용은 때때로 일시적인 정신 착란을 일으킨다는 점이었다.[117] 그래도 말라리아로 죽는 것보다는 아타브린 치료를 받는 게 차라리 나았고, 제2차 세계대전 당시에는 최선의 약물이었다. 그리고 달리 선택할 약물도 없었다. 이상적인 항말라리아제의 '씨앗'이 될 손토친은 여전히 윈스롭 스턴의 문서 보관소에 잠들어 있었다.

1943년, 마침내 손토친이 미국의 손에 들어간다. [튀니지의 수도] 튀니스 함락 직후, 손토친의 임상 시험을 진행하던 비시[118] 정부 의사가 약품 샘플의 일부를 미국군 말라리아 학자에게 넘겨준 것이다. 미국 내에서 손토친의 화학적 구조를 분석한 뒤, 성분을 조금 바꿔 더욱 강력하고 예방 효과

---

117 사실 아타브린은 미국이 전시에 쏟아부은 항말라리아제 프로그램의 결과물도 아니었다. 미국 연구자들이 합성한 수많은 화합물 중 실제 항말라리아 효과를 보인 물질은 하나도 없었다. 아테브린(Atebrine)은 1930년 독일에서 개발되었던 물질인데, 미국에서 군용으로 쓰기 위해 되살려 냈다.

118 [역주] 제2차 세계대전 당시 프랑스 임시 정부가 세워진 프랑스 중부 도시다. 1940년, 독일군이 프랑스를 점령한 이후 남부 프랑스는 비시를 중심으로 친독 정권이 수립되는데, 국민적 지지를 받지 못하고 노르망디 상륙작전 이후 붕괴했다. 비시 정부의 각료들은 후일 반역죄로 처벌받았다.

까지 갖춘 화합물을 탄생시켰다. 그리고 클로로퀸이라 재명명한다.[119]

클로로퀸은 화학요법계에 커다란 파문을 일으키며 열대 지역 전역으로 퍼져 나갔다. 장중한 식민지 공관에 클로로퀸 한 병은 필수 비품이 되었고, 가족의 식탁 위에는 양념 통들과 함께 클로로퀸 한 병이 올랐다. 군대 숙영지에는 병사들이 '클로로퀸 퍼레이드'를 위해 길게 늘어섰다.[120] 병원이나 지역 보건소에서는 피부색과 상관없이 말라리아 환자라면 누구나 클로로퀸으로 치료를 받았고, 수많은 사람들이 목숨을 구했다. 하지만 세계 말라리아 박멸 사업의 일환으로 클로로퀸을 광범위하게 투여해 열대 지역 전체를 '흠뻑 적시는' 방법을 심각하게 고려해 보는 사람은 없었다. 클로로퀸은 그리 싸지 않았다. 열대 지역에는 클로로퀸을 골고루 배포할 만한 기반 시설도 없었고, 있다 하더라도 원주민들이 올바른 투약법을 잘 따르리라 믿기 어렵다는 것이었다. 사적인 자리에서 식민 정부나 국가 관료들은, 만약 효과적인 말라리아 관리 사업을 광범위하게 실시할 경우 인구 폭발이라는 판도라의 상자를 열지도 모른다는 이야기를 나누곤 했다. 1950년대 후반, '피임약'은 아직 나오지 않았고, 많은 사람들이 열대 지역에서 인구·문화·경제적 안정을 유지하려면 30~40퍼센트의 잔혹한 영아

---

119 클로로퀸과 '독성 높은' 레소친의 화학 구조를 비교해 보자, 둘은 같은 화합물임이 드러났다! 1934년 독일 연구자들이 실수했던 것이다. 레소친은 인간에게 독성이 높은 물질이 아니었으며, 결국 거의 15년 동안이나 이상적인 항말라리아제가 잊힌 채 사용되지 않았던 셈이다.

120 전후에는 팔루드린(paludrine)과 피리메타민(pyrymethamine), 두 종류의 항말라리아제가 추가되었다. 하지만 일부 말라리아 변종들이 약품에 저항성을 보였고, 얼마 지나지 않아 치료제나 예방용으로서 인기를 잃었다.

사망률은 어쩔 수 없는 대가라고 생각하고 있었다. 그리고 1960년대, 클로로퀸이라는 얄팍한 구원조차 사라지고 말았다.

1960년대 초반, 남아메리카에서는 열대열 말라리아를 클로로퀸으로 치료할 수 없었다는 불길한 보고들이 들려오기 시작했다. 얼마 지나지 않아 클로로퀸의 무분별한 사용, 무엇보다 치료 필수량보다 낮은 용량을 사용한 결과 클로로퀸 저항성 열대열원충 변종이 등장했음이 분명히 드러났다. 천천히, 그리고 냉혹하게 약물 저항성은 전 세계 말라리아 유행 지역 전역(남부 및 동남아시아, 아프리카, 멜라네시아)으로 퍼져 나갔다. 지리적 고립조차도 별다른 도움이 되지 못했다. 클로로퀸 저항성은 가장 외진 지역까지도 퍼져 나갔다. 35년간 열대에서 지냈으나 말라리아 한 번 걸리지 않았던 나도, 가장 가까운 포장도로에서 사흘이나 떨어진 뉴기니 마을에서 겨우 이틀 머무는 사이에 클로로퀸 저항성 열대열 말라리아에 걸려 버렸다.

당시 클로로퀸 저항성 말라리아를 치료하는 유일한 방법은 고대 항말라리아제, 키니네를 이용하는 것뿐이었다. 하지만 키니네를 구하기는 쉽지 않았다. 지난 20년간 클로로퀸은 제약업계의 패권을 장악해 키니네의 자리를 완전히 밀어냈다. 자바의 기나나무 플랜테이션은 계속 적자에 시달렸고, 결국 다른 작물로 바뀌었다. 베트남전쟁 당시, 상표가 갈색으로 변해 바스락거리는 오래된 키니네 병은 보물이나 다름없었고, 창고에 남아 있는 키니네를 찾아 구석구석 이 잡듯 뒤져 댔다. 최근에는 기나나무 플랜테이션이 다시금 만들어지기 시작했다. 무엇보다도 이제 키니네는 합성이 가능했다. 키니네와 유사한 합성물인 메플로퀸mefloquine이 개발되었지만, 말라리아 학자들이 메플로퀸을 과도하게 사용했다가 열대열원충 변종이 메플로퀸뿐만 아니라 키니네에까지 저항성을 갖게 될 것을 우려했다. 이런 우려 때문에 메플로퀸은 널리 사용되지 않았다. 만약 마지막 남은 효과적인 항말라리아제에까지 저항성이 나타나게 된다면 그야말로 재앙이자, 수많은 무고한 사람들이 죽음에 이를 것이 뻔했다.

클로로퀸을 대신할 만한 항말라리아제를 찾는 데 들어간 노력은 미미했다. 식민지와 수익성이라는 동기는 사라졌다. 한때 말라리아를 비롯한 다양한 열대 질환 치료제를 선도하던 제약회사들은 이쪽 계열 연구를 거의 대부분 중단해 버렸다. 화학요법제 연구, 실험과 임상 시험에 들어가는 천문학적인 투자비, 임상 시험에 참여할 환자들을 구하거나 식품의약국[121]으로부터 신약 물질을 승인 받기 위해 통과해야 하는 법적·관료주의적 미로는 가난한 사람들을 괴롭히는 질병을 치료할 약물의 개발을 비실용적인 것으로 만들었다. 주주들은 이타적이며 경제적으로 무책임한 일을 절대 승인해 줄 리가 없다.

오늘날 떠오르는 항말라리아제의 가장 큰 '새로운' 희망은 2천 년 묵은 약품인 칭하오수靑蒿素다. 중국, 특히나 항상 말라리아에 시달리던 남부 중국은 서양 기술에서 언제 나타날지 모를 새로운 항말라리아제를 기다릴 만한 여유가 없었다. 더군다나 1960년대를 지나며 중국 공산당은 점차 내

121 [역주] 미국 식품의약국(Food and Drug Administration, FDA). 식품·의약품·화장품의 허가 및 품질, 안전성을 관리하는 기관이다. 식품의약국의 승인 과정은 까다롭기로 유명한데, 제출해야 하는 서류는 단순한 비유가 아니라 말 그대로 몇 트럭 분량이라며 투덜거리는 제약회사들이 많다.

부로 고립되어 갔다. 서양의 생각(서양 의학을 포함해)은 부정하고 타락한 것으로 여겨졌다. 1967년, 마오쩌둥의 지휘 아래 중국 학자들은 고대 의학서들을 기반으로 전통 약초학을 확장시키며 가능한 치료제들을 돌아보는 작업을 시작했다. 갈홍葛洪이 서기 340년에 쓴 『주후비급방』肘後備急方에는 주기적인 고열에 놀라운 해열 능력을 보이는 개똥쑥*Artemisia annua*에 대한 언급이 있었다. 갈홍의 조언에 따라 현대 중국 약학자들은 향쑥 식물들을 수집해 그 잎을 달인 물로 치명적인 벨기에 말라리아*Plasmodium berghei*에 감염된 쥐에게 항말라리아 효과를 시험해 보았다. 효과는 클로로퀸만큼이나 훌륭했다. 게다가 이 약물은 클로로퀸 저항성 쥐 말라리아도 치료할 수 있었다.

식물 추출물은 정제를 거쳐 순도를 높인 다음 인간 말라리아에 시험해 보았다. 아테미시닌artemisinin은 클로로퀸, 그리고 과거 식물성 치료제인 키니네보다 치료 속도도 빠르고 독성도 적었다. 게다가 가장 치명적인 형태의 열대열 말라리아(뇌성 말라리아) 치료에도 효과가 있었다. 클로로퀸에 강한 저항성을 보이는 열대열원충에도 효과가 뛰어났음은 물론이다. 화학적 성질이 분석되자 합성을 통한 대량생산이 가능해졌다. 하지만 만약 당신이 클로로퀸 저항성 말라리아가 유행하는 지역으로 여행을 떠날 일이 있다 해도 약국에 가서 칭하오수 있냐고 물어볼 필요는 없다. 약사도 가진 게 없기 때문이다. 이유는 분명치 않지만, 서양 제약회사들은 아테미시닌을 생산하지 않고 있다. 말라리아에 시달리고 있는 나라들은 칭하오수 같은 '새로운 클로로퀸'을 절실히 필요로 하고 있다. 새로운 항말라리아제가 우리네 약국 선반이나 열대열 말라리아가 주요 사망 원인인 지역 보건소

선반에 놓이는 데 전쟁이나 대유행 같은 대격변이 필요하지 않기만을 간절히 바랄 뿐이다.[122]

앞서 살펴보았듯이, 화학요법을 통해 말라리아를 말살시킨다는 위대한 목표는 절대 불가능했다. 모기 방제를 지지하던 로스가 옳고 화학요법을 지지하던 코흐가 틀렸던 것일까? 인도를 떠나며 연구를 그만둔 로스는 모기 방제의 중요성을 역설하며 여러 열대 국가들을 돌아다녔다. 이제 기사 작위에 노벨상 수상자로 유명인이 되어 있었지만, 여전히 모기 생태에 대해서는 무지했다. 그는 모기 '구더기'들이 모여 있는 물속 둥지를 찾는 것이 간단한 일이며, 물을 빼내거나 물 표면에 기름을 부어 이들을 질식사시키는 기술적인 작업이면 충분하다고 생각했다. 상당한 실력의 수학자로서 로스는 모기 억제를 통해 어떻게 말라리아를 박멸할 수 있는지를 '증명'해 냈다. 물론 다른 경험 많은 말라리아 학자들이 세상에 얼마나 다양한 얼룩날개모기가 있으며, 각각의 종들마다 다른 습성을 가지고 있어 모기 방제가 얼마나 어려운 일인지를 조언해 줘도 전혀 듣지 않았다.

금세기 초반 30년간 부유한 서구 국가들은 말라리아 방제가 경제적 이득을 가져다주리라는 전망을 갖고, 대규모 항말라리아 토목 작업을 벌여왔다. 파나마운하가 필요했던 미국은 윌리엄 고르가스William Gorgas 장군을 파견해, 파나마운하 지대 주변의 습지와 침윤 지역을 모조리 말리는 방법

122 [역주] 전쟁이나 대유행 같은 분쟁과 재난은 질병을 빠르게 전파시키는 동시에 치료제의 보급도 확산시킨다. 지은이는 그에 앞서 예방적 대응이 우선시되어야 함을 강조하고 있다.

으로 말라리아 및 황열병 매개 모기들을 몰아냈다. 영국은 급속히 성장하는 자동차 산업을 지원하기 위해 고무가 필요했고, 말콤 왓슨Malcolm Watson 박사를 말레이로 보내 배수로를 파 얼룩날개모기의 번식처를 파괴하는 방법을 고안해 냈다. 이 방법으로 플랜테이션 노동자들은 건강하게 고무 수액을 짜낼 수 있었다. 어쩌면 항말라리아 토목 사업에 있어 가장 기념비적인 사건은 무솔리니 치하 이탈리아에서 일어난 일일 것이다.

이제 우리에게 무솔리니는 그라시의 고향인 코모 지역 마을에 초조하게 숨어 있다가 비극적인 최후를 맞은 어릿광대쯤으로 기억된다. 하지만 항상 그랬던 것은 아니다. 그의 통치하에서 많은 이탈리아인들, 특히 저명한 말라리아 학자들은 그의 정치나 정책들을 너그럽게 보아 넘겨주곤 했다. 무솔리니는 기차가 제시간에 다니도록 했을 뿐만 아니라 로마에서 바닷가까지 드리워 있던 말라리아라는 오래된 짐을 덜어 주었다. 이 때문에 지금도 폰티나 지방의 이탈리아인들은 무솔리니에게 경애와 존경을 보내고 있다.

캄파냐는 로마 언덕 아래부터 시작해 폰티나 바닷가까지 뻗어 있다. 로마제국의 생명줄이었던 도로, 아피아가도Via Appia가 폰티나를 지나 바다로 이어진다. 폰티나는 대체로 습지이나 얼마나 습한가는 지역에 따라 다르다. 일단 소택지가 있고, 작은 웅덩이나 연못이 있는 숲이 있고, 작은 호수나 축축한 초원이 있었다. 그리고 얼룩날개모기도 있었다. 폰티나는 세계에서 가장 말라리아가 심각한 지역 가운데 하나였다. 매일 같이 양치기들은 양떼를 몰고 언덕에서 내려왔다가 저녁이 되면 안전한 고도로 다시 올라가곤 했다. 물소들도 습지에서 번성했다. 이탈리아 최고의 모차렐라는 폰티나 물소에서 나왔고, 최고의 페코리노 치즈는 폰티나의 양에게서 나왔다. 1920년대, 유칼립투스 나무가 모기에게 해로운 물질을 내뿜는다는 잘못된 믿음이 널리 퍼지면서 폰티나 사람들이 유칼립투스 나무를 심기 시작했다. 하지만 유칼립투스 나무가 있건 없건 폰티나는 여전히 극심한 말라리아 유행 지역이었고, 따라서 사람이 살 수 없는 곳이었다.

1930년대, 무솔리니는 이탈리아 말라리아 학자들의 소리에 귀를 기울여 폰티나를 사람이 살 수 있는 곳으로 만들기 위한 대담하고 값비싼 프로젝트를 시작했다. 광대한 배수용 운하 시스템이 폰티나를 가로질렀고, 그 중 가장 큰 운하에는 무솔리니 대운하라는 이름이 붙었다. 폰티나는 점차 말라가기 시작했고, 얼룩날개모기들은 살 곳을 잃어 갔다. 말라리아 전파는 사람이 정착할 수 있을 만큼 줄었다. 빨간 지붕의 헛간이 딸린 농장이 건설되었고, 제1차 세계대전 참전 병사들에게 주어졌다. 거의 2천여 년 전 로마인들이 버린 폰티나의 도시들이 다시 생기를 되찾았다. 사바우디아 같은 부유한 마을은 한때 말라리아가 극심한 습지였다. 로마 캄파냐에는 아파트가 즐비한 도시들이, 피우미치노에는 국제공항이 들어섰다. 폰티나 마을들을 둘러보면 지금도 무솔리니를 찬양하는 기념비나 명판들을 찾아볼 수 있다. 1938년 사바우디아에 세워진 커다란 기념비에는 무솔리니에게 바치는 과장된 충성심이 새겨져 있는데, 어떻게 무솔리니가 폰티나를 '천년간의 빈곤과 죽음'에서 구했는지에 대한 내용으로 채워져 있다.

폰티나에서 말라리아를 관리하는 데에는 성공했지만 아직 완전히 박멸된 것은 아니었다. 하지만 1948년경, 환경오염은 얼룩날개모기의 서식처를 더욱 줄여 놓았다. 매개체인 매쿨리페니스 얼룩날개모기는 번식을 위해 깨끗한 물을 필요로 했다. 활기를 찾기 시작한 이탈리아 산업체에서 나오는 폐기물, 폰티나에서 급격히 불어나고 있는 인구가 내놓는 생활 폐기물들은 남아 있는 얼룩날개모기들마저 죽이고 말았다. 역설적이게도 이제 환경 운동가들은 폰티나에서 얼룩날개모기를 찾으면 기뻐한다. 깨끗한 생활을 하는 매큘리페니스 얼룩날개모기가 새로운 파수꾼인 셈이다. 즉 얼룩날개모기가 있다는 것은 오염 방지 정책이 성공을 거두고 있음을 의미하기 때문이다. 그리고 폰티나에서 말라리아가 사라진 것에 대해 모두가 즐거워하지는 않았다. 말라리아가 사라지면서 모차렐라 치즈도 사라졌기 때문이다. 메마르고 인구밀도가 높아진 폰티나에서 물소는 거의 찾아보기 힘들어졌다.

폰티나에서 무솔리니가 진행한 대규모 사업이나 파나마의 고르가스, 사르디니아에서 록펠러 재단이 이뤄 낸 일들은 두말할 나위 없이 인상적인 동시에 커다란 도움이 되었지만, 말라리아의 위협에서 살고 있는 대다수의 사람들(아프리카, 아시아, 열대 아메리카, 멜라네시아의 정글이나 농경지에 살고 있는 인구)에게는 별 도움이 되지 못했다. 거대한 환경 개조 사업에는 거대한 예산이 필요하다. 가난한 제3세계에는 값싸고 간단하고 오래가는 항말라리아 조처가 필요했다. 이 필요에 딱 맞는 디디티가 개발되었다. 그 결과 인류 역사상 최초로 말라리아를 관리할 수 있을 뿐만 아니라 전 세계에서 영원히 박멸시킬 수 있는 무기를 가지게 되었다.

디디티는 잔류 효과가 있다는 특성이 있다. 잔류 효과가 상당히 강력해서 집 벽에 한 번 살포해 두면 6개월 후에도 모기를 죽일 수 있다. 디디티의 장기 지속 효과가 너무도 뛰어났기 때문에 신-로스파 말라리아 학자들은 수학적 역학 모델을 통해 (1911년 스승님인 로스의 말대로 '국가의 영원한 고민거리'인) 말라리아 박멸에 대한 새로운 계획을 짜볼 수 있게 되었다. 말라리아 박멸 프로그램에 대한 논리는 몇 가지 가정을 기반으로 하고 있다. ① 인체 감염 말라리아 종들의 감염력에는 한계가 있다. 치료받지 못한 일부는 첫 번째 감염에서 죽기도 하지만, 살아남은 사람들은 이후 자체적으로 완치된다. 만약 재감염이 일어나지 않는다면 2년 이내에 한 종의 말라리아(열대열원충)가, 약 5년 내로 다른 흔한 말라리아(삼일열원충)가 사라질 것이다. ② 말라리아의 주요 매개체인(혹은 매개체였던) 얼룩날개모기는 저녁에 인간 거주지로 들어와 흡혈을 하고, 흡혈을 마치고 나면 집 벽에 앉아 쉬며 식후 소화를 시킨다. ③ 그러므로 말라리아 유행 지역에 있는 모든 집 벽에 3개월에서 6개월마다 디디티를 살포한다면 그 이상의 말라리아 전파는 일어날 수 없게 된다. 왜냐하면 ⓐ (적어도 수학적 예측에 따르면) 전파가 거의 불가능할 정도로 모기의 개체 수가 줄어들 것이고, ⓑ 디디티에 노출된 모기는 기생충이 성장해 감염 가능한 단계까지 이르는 데 걸리는 시간만큼 살아남기 힘들 것이기 때문이었다.[123] ④ 만약 5년간 디디티를 주기적으로 근면 성실하게 살포하고, 살포 기간 동안 전파가 거의 혹은 완전히 차단된다면(③) 말라리아에 감염될 수 있는 사람들이 '사라질' 것

123 얼룩날개모기가 말라리아 감염자의 피를 빨고, 기생충이 복잡한 변신 단계를 거쳐 감염형(포자소체)이 되어 모기의 침샘을 침입해 '장전'시키는 데까지는 14~21일이 걸린다. 따라서 디디티에 노출된 모기는 기생충이 들어 있는 피를 흡혈하더라도 살아남는 시간이 너무 짧아 감염의 위협이 되기 힘들다.

(①)이다. 그리고 그 이상의 말라리아는 없다. 이제 모두들 편안히 지내다 가끔 등장하는 '도망자'들을 찾아내어 치료하는 간단한 작업만 하면 될 일이다. 한 국가가 영원히 말라리아로부터 벗어나기 위해 필요한 것은 보건 예산의 상당 부분을 5년간 박멸 프로그램으로 전환해 실행할 수 있는 자발적인 의지뿐이다.[124]

테네시 강 유역, 사이프러스, 그리스, 베네수엘라, 가이아나, 푸에르토리코에서 디디티 살포를 통해 말라리아를 관리하는 시험 프로젝트가 진행되었다. 이 시험 캠페인의 성적은 너무도 좋아서 1950년부터 저명한 말라리아 학자들조차도 세계 말라리아 박멸 프로그램을 "밀고 나가!"라고 조언해 줄 정도였다. 1955년, 세계보건기구 회합에서는 영국 역학자인 조지 맥도날드George MacDonald의 수학적 예측치를 소개하고, 세계적 박멸을 돕기 위해 미국이 대규모 예산을 지원하기로 약속했다는 점을 들어 성공을 확신했다.

말라리아에 시달리는 전 세계 국가들이 이 성전에 참여했다. 각국은 인적·물적 자원을 지원했다. 일인당 연간 보건 예산이 1달러밖에 되지 않는 가난한 국가들도 이 1달러 중 35센트를 말라리아 프로그램에 투자했다. 1956년에서 1969년 사이, 미국은 미국국제개발처USAID를 통해 세계 말라리아 박멸 프로그램에 7억9천만 달러를 투자했다. 하지만 1969년에 이르

---

124 얼룩날개모기 개체 수는 살포 프로그램이 끝나고 나면 다시 폭증할 테지만, 이제 얼룩날개모기들은 단순히 귀찮은 존재일 뿐이다. 모기에게 감염의 원천이 되는 인간 감염이 (이론적으로는) 더는 남아 있지 않기 때문이다.

자 이 많은 돈과 노력이 밑 빠진 독에 물 붓기였으며, 세계에서 말라리아를 박멸하는 것은 불가능한 꿈이었음이 점차 확실해지기 시작했다.

실패한 데는 몇 가지 이유가 있었다. 매개 모기인 얼룩날개모기가 생리학적으로나(이들은 살충제를 무력화시키는 효소를 만들어 냈다) 행동학적으로나(흡혈 후 벽에 앉아 쉬는 대신, 흡혈 후 드넓은 야외로 잽싸게 튀는 편으로 바뀌었다) 디디티의 효과에 저항하기 시작했다는 것도 주요한 이유였다. 사실 디디티 저항성 모기가 나타나게 된 것은 항말라리아 사업 때문이 아니라는 확실한 증거들이 있다. 이 범죄(비유적인 표현이 아니라 그야말로 범죄)는 무절제하고 부적절하게 디디티를 사용한 농부들, 특히 면화 업자들 때문이다. 이들은 실제 저항성을 유도하지는 않았을지라도 저항력 있는 모기들에 선택 압력을 넣는 과정을 가속할 수 있을 정도의 살충제를 사용해 왔다. 그뿐만 아니라 사람들 사이에서도 저항성이 나타나고 있었다. 『침묵의 봄』*Slient Spring*[125]을 필두로 하여 화학적 살충 성분이 있는 모든 물질에 급격한 반대 여론이 일기 시작했다. 의학적 용도로 사용된 디디티는 절대 물수리를 죽인 적이 없다는 사실은 전혀 알려지지 않았다. 농기업들이 무절제하게 사용한 살충제가 환경으로 쏟아져 들어간 것이었다.

게다가 박멸 사업가들이 그 생태를 전혀 이해하지 못하는 얼룩날개모

125 [역주] 미국 생물학자인 레이첼 카슨(Rachel Carson)이 쓴 『침묵의 봄』은 20세기 환경학의 고전으로 통한다. 디디티 등의 살충제나 농약이 환경에 어떻게 확산되고 체내에 잔류하는지를 설명한 책이다. 특히 물수리 같은 새들의 개체 수가 급락한 이유가 잔류 농약 때문임을 예로 들어 많은 관심을 불러일으켰다. 레이첼 카슨, 『침묵의 봄』(김은령 옮김, 에코리브르, 2011).

기 종도 있었다. 이 종은 유전적으로 야외에서만 머물도록 되어 있었다. 집 안에 들어가 피를 빠는 일도 없었고, 절대로, 말 그대로 절대로 디디티가 살포된 벽과 접촉하는 일도 없었다. 더불어 기생충을 획득해 전파시키는 효율성도 높은 데다 무시무시한 번식력을 가진 종도 있어 디디티를 살포하는 것만으로는 전파를 막을 수 없었다. 예를 들어 컴퓨터를 이용한 역학 분석과 아프리카에서 드러난 역학적 자료를 보면, 효율성 높은 매개체인 감비아 얼룩날개모기에 의한 전파를 막기 위해서는 5년간의 공격적인 박멸 프로그램 기간 동안 매년 빠짐없이 전체 얼룩날기모기 개체 수의 50퍼센트를 죽여야 한다는 결론이 나온다.

세계보건기구는 세계 박멸 프로그램의 실패에 대한 책임을 완전히 시인한 적이 없다. '요상한' 모기 매개체에 대한 계획을 잘못 계산했음을 시인하지도 않았다. 게다가 제3세계에 비현실적이며 불가능하기까지 한 목적을 과대 포장해 팔아 넘겼음을 시인하지도 않았다. 세계보건기구 직원들이 정말 무슨 일이 벌어지고 있는지를 제대로 파악하지 못하고 있었음을 시인하지도 않았다. 세계보건기구 본부에서 일하는 말라리아 전문가들이 제3세계 국가들로 시찰을 다녀오기는 했다. 전문가는 도착하면 수도에 위치한 호텔에 묵는다. 다음 날 하루 이틀쯤 현장을 답사하고는 다시 호텔로 돌아와 정부 관료들이 제공하는 '공식' 통계를 보고 받는다. 그러고는 제네바로 돌아와 최고급 레스토랑에서 식사를 하며 여독을 푼다. 이러다 보니 실제 현장에서 국가 프로그램을 수행하던 '현장 일꾼'들은 세계보건기구의 프로그램을 지속시킬 수도 없었다. 박멸이 아닌 관리가 더욱 현실적인 방안이라고 아무리 역설해 봐야 세계보건기구 관료들은 이들을 변절자 취급했을 뿐이었다. 불행히도, 이 변절자들이 옳았다.

1967년이 되자 심지어 세계보건기구조차도 전 세계에서 말라리아를 박멸하는 일이 불가능하다는 것을 깨닫게 되었고, 결국 '관리'로 방향을 바꾸었다. 이것이 박멸 사업의 마지막이었다. 없는 자원을 짜내며 박멸 프로그램에 참여했던 63개국은 포기를 선언했다. 단기간 자본을 투자하면 그 뒤로 한 푼도 쓰지 않아도 된다는 [박멸] 계획은 받아들일 수 있었다. 하지만 '관리'는 전혀 다른 이야기다. 이는 가난한 국가들이 말라리아에 끝없이 돈을 쏟아부어야 한다는 것을 의미했다. 살충제 살포팀(인력, 차량, 살충제, 지원 서비스)을 무기한 고용해야 한다고 생각해 보자. 게다가 세계보건기구는 이제 항말라리아제도 함께 배포할 것을 권장하고 있었다. 공여국들, 특히 미국이 보내 주던 지원금도 끊겼다. "성공에게는 1백 명의 아버지가 있지만 실패는 고아일 뿐이다."

1972년, 세계 말라리아 박멸 프로그램은 공식적으로 종말을 고했고, 전문 관료 집단은 사후 책임을 떠넘기기 시작했다. 세계보건기구 임원들은 각국의 현장 일꾼들이 자신들이 지시한 대로 따르지 않아 그렇게 됐다며 책임을 전가하고 면피하는 데 급급했다. 물론 이는 원주민들이 너무 게으르고 멍청해서 일을 제대로 했을 리가 없다는 말을 외교적인 수사로 포장한 말일 뿐이다. 국제개발처 관료들도 경제가 어쩌고저쩌고 하는 궤변을 늘어놓으며 세계보건기구의 책임 전가에 가세해 체면치레를 했다.

경제적 이득의 논리는 선진국들이 제3세계 건강 증진을 위해 자본을 투자하는 가장 큰 동기가 되어 주었다. 건강한 사람들은 더 높은 생산성을 나타내고, 더 많은 돈을 벌게 되며, 결과적으로 미제 고급차나 미제 전기

냉장고를 살 수 있게 된다[오늘날 (미국에서 지원받은 돈이라 해도) 돈 있는 제3세계 사람들이라면 도요타나 산요 제품을 살 테지만]. 동시에 사람들이 생산품이나 노동력에 대해 정당한 대가를 받는다면 충분한 수익이 생겨 의료 서비스를 받아 가며 건강한 삶을 누릴 수 있지 않겠느냐는 주장도 가능하다.

국제개발처는 비슷한 논리로, 미국이 세계 말라리아 박멸 프로그램의 재정적 부담을 떠맡는다는 내용을 국회에서 통과시킬 수 있었다. 프로그램이 실패로 돌아갔을 때 국제개발처의 대변인으로 나선 사람은 말라리아 학자도, 말라리아와 조금이라도 연관이 있는 사람이 아닌 국제개발처의 정책 개발 및 분석과에 있던 경제학자 에드윈 콘Edwin J. Cohn이었다. 그는 실패는 염두에 둘 필요도 없으며 나아가 실패 자체가 축복일지도 모른다고 주장했다. 제3세계에는 이미 충분한 인력이 존재하기 때문에, 건강한 인력이 추가로 필요하지는 않다는 것이 요지였다. 나아가 일부가 말라리아로 앓아눕게 되면 더 많은 사람들에게 직업의 기회가 돌아가게 되니 좋은 일 아니겠는가. 그는 국제개발처의 편에 서서 이런 요지의 발언을 하기도 했다. "아프리카인들이 살아서 제멋대로 번식을 하느니 차라리 죽는 편이 낫지 않겠는가." 다시 한 번 말라리아와 빅뱅의 이야기로 돌아온 셈이다. 말라리아로부터의 자유는 곧 사망률 저하로 이어지고, 출생률이 높은 상황에서는 인구가 폭발적으로 증가해 결과적으로 경제 성장이 저하된다. 제3세계는 말라리아 박멸 프로그램에 참여하기 이전 상태로 돌아가는 편이 낫다는 조언까지 나왔다.

하지만 지난 10년간 프로그램이 진행되는 동안 말라리아의 생태 또한 변화했다. 1955년 이전 상황으로 되돌아갈 수는 없었다. 기생충은 값싸고 효과 좋은 항말라리아제에 저항을 나타냈고, 이전 항말라리아제를 교체할 만한 신약도 없었다. 베트남전이 끝나고 나자 미 육군이 진행하던 몇 안 되는 새로운 항말라리아제 개발 프로그램도 막을 내리고 말았다.

'박멸 기간' 동안 얼룩날개모기의 생태에도 변화가 있었다. 많은 얼룩날개모기 종들이 살충제에 대한 저항성을 길렀다. 중요 매개체 종들은 습성을 바꾸었다. 열대 생태계의 파괴 역시 얼룩날개모기와 인간 사이의 관계에 영향을 주었다. 예를 들어 아프리카에서 말라리아는 대체로 '시골' 감비아 얼룩날개모기가 옮기는 도시 밖 질환이었다. 열대 대도시들은 대체로 말라리아에서 자유로운 편이었는데, 도시 내 '콘크리트 슬럼'이라는 환경이 유충이 번식하기에 알맞은 환경을 제공하지 않았기 때문이다. 하지만 아프리카의 삼림이 대규모로 파괴되면서 숲에 사는 감비아 얼룩날개모기보다는 도시에 적응한 변종이 선택 압력에 의해 번성하게 되었다. 그리고 열대 아프리카의 북적이는 도시에서 말라리아가 증가하기 시작했다.

어떤 사람들은 환경 파괴로 인한 온실효과 때문에 우리가 살고 있는 온대 지방 역시 말라리아 유행 지역이 되리라 예측하고 있다. 런던위생열대의학대학원의 데이비드 길렛David Gillett은 대기오염으로 말미암아 대기 중 이산화탄소가 증가하면 온대 지방의 평균 최저 온도가 27.5도까지 상승할 수 있다고 경고했다. 이때가 되면 지금의 온대 지방은 아열대 지방이 되고, 말라리아를 더 잘 전파할 수 있는 열대의 매개 모기들이 흘러들어 올 것이다. 또한 제3세계에서 이민 오는 사람들은 몰려드는 얼룩날개모기의 잠재적인 기생충 보유고로 활약할 수 있다.

말라리아를 어떻게 관리해야 할 것인지에 대해 일치된 의견은 없다. 세계보건기구, 식량농업기구, 유엔 환경 보호 프로그램은 환경 개선 방식, 특히 수자원 관리가 장기적인 말라리아 관리에 가장 중요하다는 권고안을 내놓았다. 이들은 사우디아라비아에서 진행된 알 하사 오아시스Al Hassa Oasis 프로그램을 예로 들었다. 콘크리트 배수로를 건설하는 데 8천4백만 달러가 투자된 사업이었다.[126] 결과적으로 스티븐 얼룩날개모기*Anopheles stephensi*의 번식이 중단되었고 농업 생산량도 크게 증진되었다. 하지만 산유국인 덕택에 수자원 공사에 8천4백만 달러를 투자할 수 있는 사우디아라비아와는 달리 대부분의 제3세계 국가에 이런 규모의 투자는 불가능한 일이다. 무엇보다 열대 지역에서 말라리아를 매개하는 얼룩날개모기 종들은 웅덩이나 구덩이 같은 소규모 고인 물에서 번식을 하기 때문에 배수로나 기타 거대 토목 사업으로는 '말려 버리기' 어렵다.

다른 전문가들은 과거의 항말라리아 요법, 즉 모기장으로 되돌아가자는 조언을 내놓았다. 모기장은 휴대가 가능하고 저렴하며(하나에 2~5달러 정도다), 제대로만 사용하면 말라리아 전파를 억제하는 데 굉장히 효과적이다. 문제는 원주민들이 모기장을 제대로 사용하지 않을 뿐만 아니라 모기장 안에서 자는 것이 너무 덥다는 점이었다. 모기를 막을 정도로 촘촘한 그물망은 공기의 흐름도 막았다. 그리고 찢어진 채 수리하지 않거나 끝을

126 [역주] 알 하사 오아시스는 사우디아라비아에서 가장 큰 오아시스다. 현재는 주요 원유 생산지로 알려져 있지만, 과거에는 주요 농경지 중 하나였다. 오아시스를 중심으로 대규모 관개 시설을 건설해 현재 약 1억1,901만 제곱미터 면적에 물을 공급하며 3백만 그루 이상의 대추야자를 경작하고 있다.

제대로 여미지 않은 모기장은 모기를 막는 것이 아니라 안에 가둬 두는 역할을 하기도 했다. 그리고 사람들에게 모기장을 사라고 설득할 수 있을 만큼 그리 모기가 많지 않은 경우도 자주 있었다. 마을 사람들은 귀찮은 비非얼룩날개모기 떼를 피해 모기장 안에서 달콤한 잠을 자기 위해 모기장을 사는 경우는 있었다. 하지만 사람들이 말라리아 예방을 목적으로 모기장을 사는 경우는 드물었고, 잠을 설칠 정도로 얼룩날개모기의 공격이 극심한 지역도 그리 많지 않았다.

어쩌면 말라리아에 대항하는 가장 희망적인 방법은 모기장과 살충제를 합친 간단한 기술이 아닐까. 최근 효과 빠른 '한방' 살충제인 퍼메트린Permethrin이 개발되었다. 이 살충제는 인간에게는 독성이 없을 뿐만 아니라 수개월 정도 지속되었다. 퍼메트린에 담가 두었던 모기장은 여러 달이 지난 후에도 모기를 내쫓거나 죽이는 효과가 있었다. 모기장을 덜 촘촘한 그물로 만들 수 있어 환기에도 좋다. 마을 사람들에게 퍼메트린 모기장을 나눠 주거나 마을 단위로 퍼메트린 용액이 담긴 드럼통에 각자 모기장을 담글 수 있도록 해준 시험 연구에 따르면 말라리아가 눈에 띄게 감소하는 효과를 보였다.[127]

하지만 영향력 있는 전문가 집단은 모기장 같은 값싸고 간단한 방법은 말라리아에 대항하는 21세기식 해법이 아니라고 생각했다. 이 전문가들

127 [역주] 퍼메트린은 국화과의 식물인 제충국에서 추출한 살충 성분을 합성해 만든 살충제로, 인체에 독성이 매우 낮기 때문에 가정용 살충제로 가장 널리 쓰이는 물질이다. 시중에서 판매되는 모기약 등 대부분의 살충 제품들이 퍼메트린을 쓰고 있다.

은 생물공학이 새로운 '마법의 총알'을 찾아내 우리를 구할 것이라고 믿고 있다. 생물학적 즉효약이 국제개발처를 말라리아로 다시금 끌어들인 장본인이다. 다시 연극의 막이 올랐다. 1965년, 국제개발처는 1억 달러 규모의 여정을 시작했다. 바로 궁극적인 항말라리아제, 백신을 찾는 여정이었다.

15
백신을 찾는 여정

미국·오스트레일리아·영국·콜롬비아 그리고 전 세계 어디에나 꿈에서 스웨덴어로 "감사합니다, 감사합니다."를 중얼거리는 과학자들이 있을 것이다. 그들은 언젠가 말라리아 백신을 개발해 노벨상을 수상하는 꿈을 꾸고 있다. 한편으로는 말라리아 백신을 연구하는 도중 현실 속의 '세포'[128] 안에 갇혀 버린 연구자들도 있다. 한 명은 감옥에 있다. 한 명은 절도죄, 교사죄, 공모죄로 기소되어 재판을 앞두고 있다. 다른 두 명은 절도죄로 기소되었다. 나머지들은 현재 조사 중에 있으며 감옥살이를 피하기 어려울지도 모른다. 지난 1백여 년간 좇아온, 힘들지만 충분히 값진 목표, 즉 말라리아 백신은 부패 때문에 결국 겉만 번지르르하고 알맹이는 없는 결말을 맺고 말았다.

라브랑을 비롯한 초기 말라리아 학자들은 지식의 불모지에서 연구를 진행했던 것이 아니다. 1870년대에서 1900년대 초반 사이는 미생물학과 동지인 면역학이 막 피어나던 멋진 시기였다. 1887년, 루이 파스퇴르는

---

128 [역주] cell이라는 단어는 '세포'와 '감방'이라는 두 의미로 사용된다.

실험 과정에서 실수를 한 덕분에, 오래되어 죽어 가는 파스트렐라 안티셉티카*Pasteurella antiseptica*를 닭에게 접종시키자 같은 종의 박테리아가 일으키는 조류 콜레라로부터 닭을 보호해 준다는 사실을 발견하게 되었다. 닭은 병원성이 강한 병원체가 들어오더라도 물리칠 수 있었던 것이다. 즉 닭들은 면역을 획득했다. 이 결과를 바탕으로 백신을 통한 면역의 기본 이론들이 확립되었다. 미생물 병원체를 무해하게 조절한다면 감염에 취약한 인간이나 동물들로 하여금 면역을 갖게 할 수 있다는 이론이다.[129]

파스퇴르가 닭을 대상으로 한 실험을 통해 이룩한 성과는 면역학의 가장 실용적인 시도, 즉 감염성 질환에 대항하는 백신 생산의 포문을 열었다. 파스퇴르의 첫 발견 이후 1백 년이라는 시간이 흐르는 동안 다양한 감염성 질환(탄저병·광견병·파상풍·디프테리아·백일해·황열병·소아마비 외 다수)으로부터 우리를 보호해 주는 백신들이 개발되었다. 미생물학·약학·생물학 실험실에서 개발되어 우리 팔에 한 번, 혹은 여러 번 주사를 놓아 주면, 이 든든한 보호제를 통해 우리는 연약한 신체 주변에 강력한 면역학적 요새

---

129 파스퇴르가 백신을 발명한 것은 아니다. 백신을 처음 발견한 사람은 에드워드 제너(Edward Jenner)였다. 1778년, 소년원 아이들에게 우두 바이러스를 접종시킨 다음 천연두 환자의 농포에서 나온 고름에 노출시켜 보았다[데소비츠의 다른 저작, 『불가사리의 가시 : 면역계는 어떻게 작동하는가』(*The Thorn in the Starfish: The Immune System and How It Works*), New York: W. W. Norton & Co. 1988 참고]. 하지만 파스퇴르와 달리 제너는 천연두의 미생물학적(바이러스학적) 생태에 대해 전혀 모르고 있었나. 내신에 임상적·역학적 통찰력을 바탕으로 백신 접종에 대해 생각해 낸 것이다. 천연두 백신은 평생에 걸쳐 면역을 부여한다. 게다가 천연두 바이러스는 변종이 없으므로 전 세계에서 적용될 수 있다. 이런 특성 덕택에 1970년대, 천연두는 전 세계에서 박멸될 수 있었다.

를 건설할 수 있게 되었다. 19세기 후반 무렵부터, 임상의학과 '버려진 의붓자식'인 공중 보건이 백신을 모든 감염성 질환의 궁극적인 해결책으로 생각하게 된 것도 이상한 일이 아니다. 정말 매력적인 전략이었다. 전 세계 사람들 모두가 어린 시절 바이러스, 박테리아, 진균, 기생충 병원체에 대항할 수 있는 백신 한 벌을 접종받는다. 약품(화학요법)은 면역을 획득하는 데 실패한 '도망자'들을 치료하기 위해서만 쓰여 항상 2차 방어선으로 남게 될 것이다. 그리고 이런 상상이 곧 현실이 될 것이라는 큰소리 또한 항상 빠지지 않는다. 물론 언제나 충분한 의지와 잘 짜인 전략, 그리고 자본이 있다는 전제하에 전 인구에게 백신을 접종시킬 수 있는 날이 올지도 모른다. 그뿐만 아니라 백신을 통해 특정 감염성 질환을 세상에서 영원히 박멸시킬 가능성도 실제로 존재한다. 천연두가 그 첫 번째였다. 홍역이 다음 차례가 될지도 모른다. 하지만 백신의 방어력에 주목할 만한 예외도 있다. 바로 일반 감기와 에이즈, 그리고 말라리아다.

라브랑 이후 말라리아 학자들은 박테리아 학자들이 '그들의' 질병을 손쉽게 백신으로 예방하는 것처럼 '자신들의' 질병 역시 백신으로 예방할 수 있으리라는 생각에 사로잡혔다. 물론 1900년대 초반에서 제2차 세계대전이 끝난 뒤까지 반세기에 걸친 세월 동안 말라리아 백신을 개발해야 할 이유는 많았다. 당시 값싸고 효과적이며 지속 시간이 긴 항말라리아제의 합성은 먼 미래의 일일 뿐이었다. 지속 시간도 짧고 어지럽고 귀가 웅웅거리는 키니네나, 그와 비슷한 파생 물질들만 치료 및 예방용으로 사용할 수 있었기 때문이다. 심지어 제2차 세계대전 개전 초기 일본군이 자바 섬을 점령하면서 기나나무 농장에서 키니네를 공급받는 것도 불가능해졌다. 전

후에야 개발된 디디티와 그 후예들처럼 효과가 훌륭한 살충제로 모기 매개체들을 관리하는 것도 불가능했다. 당시 있었던 것이라고는 형편이 넉넉한 사람들이나 구입할 수 있었던 모기장, 그리고 (모기가 번식하는 습지를 배수시키는 등) 넉넉한 국가들이나 수행할 수 있었던 고되고 값비싼 환경 변화 사업뿐이었다.

말라리아 백신 연구의 동기는 그리 이타적이지 않았다. 당시는 제국주의의 시대였기 때문이다. 거대한 서방 제국[을 비롯한 소제국들]의 권력은 19세기 후반까지도 건재했다. 원주민들의 건강은 영리 업체들이 건강한 노동력을 꾸준히 제공받을 수 있다면 부차적인 것이었다. 제국의 주된 관심사는 식민지 관료들, 이들을 지원할 군대, 그리고 본국에서 건너간 개척자들이나 상인들의 건강이었다. 식민 구조를 지속시키는 일은 관료, 군대, 그리고 경제 주체들이 건강하게 살아 있어야 가능했다. 말라리아는 이를 항상 위협하고 있었으며, 몇몇 지역에서는 말라리아 때문에 '모국'이 지배권을 거의 상실하기도 했다. 서아프리카에서 이루어진 영국·프랑스·스페인·독일의 지배가 한 가지 예다. 19세기에 불렸던 애가哀歌는 이렇게 노래하고 있다. "베냉 해안이여. 베냉 해안이여. 가는 이는 많지만 돌아오는 이는 적구나."[130]

---

130 [역주] 서아프리카 세네갈에서 가봉 부근까지 이어지는 베닝 해안은 16세기부터 19세기까지 노예무역의 중심지였다. 이 때문에 노예 해안으로 불리기도 했다. 여기서 인용한 노래는 주요 말라리아 유행 지역인 베냉 해안에 파견 갔던 사람들이 말라리아로 사망해 돌아오지 못한 것을 경고하고 있다. 당시 유명한 뱃노래 중 하나였지만, 불운을 가져온다고 여겨졌기 때문에 서아프

제2차 세계대전이 발발함에 따라 병사들을 말라리아로부터 보호하기 위한 더 나은 방법을 강구하게 되었고, 말라리아 백신에 대한 관심도 환기되었다. 연합군은 남태평양·아시아·아프리카, 후반에는 이탈리아에서까지 말라리아 때문에 병사들을 잃고 있었다.[131]

19세기에서 20세기 파병된 점령군과 그 뒤를 이은 관료들은, 과거 센나케리브와 아시리아 군대가 요르단 계곡으로 휘몰아쳐 갈 때나, 1798년 나폴레옹이 아크레 근처에서 숙영할 때, 그리고 1809년 왈헤렌 섬 작전에서 말라리아에 병사들을 잃었던(감염자 7만 명, 사망자 1만 명) 시절과 비교해 그다지 나아진 것이 없었다.[132] 군인들이나 식민주의자들, 심지어는 원주민들 역시도 말라리아 백신을 필요로 했다.

20세기 초반 말라리아 백신 개발자들은 성공적인 박테리아 백신에서 얻은 가르침과 기술들을 그대로 적용시켜 보려 했다. 하지만 얼마 지나지 않아 이런 식의 추론이 얼마나 단순하고 그릇된 접근법인지를 깨닫게 되었다. 박테리아 학자들은 특정 박테리아를 비교적 단순한 배양액에서 키

리카로 가는 배에서 부르는 것은 금기였다고 한다.

131 추축국 군대 역시 말라리아로 골치를 썩고 있었지만, 지금까지 알려진 바로는 추축국 과학자들은 말라리아 백신을 연구하지 않았다. 발 빠른 일본인들은 다른 이들보다 조금 일찍 전쟁을 시작했는데, 1938년 양쯔 강 유역의 우한(武漢) 지역에서 작전을 벌일 당시 15만1천 명이 말라리아에 감염되었고 1만 명의 사망자가 발생했다.

132 [역주] 센나케리브는 아시리아의 용맹한 왕으로 유다 도시들을 점령하고 예루살렘을 위협했다. 유다의 선지자 이사야가 신에게 기도를 올려 천사가 내려와 아시리아 군을 물리쳤다고 전해진다. 아크레와 왈헤렌 섬은 모두 나폴레옹 전쟁 당시 중요한 전투가 벌어졌던 지역으로서, 말라리아로 극심한 피해를 입었다.

워 정제해 내면 순수한 박테리아들을 손쉽게 대량으로 얻어 낼 수 있었다. 배양된 박테리아를 간단히 석탄산이나 포르말린에 희석시켜 비활성화시키면 백신을 준비할 수 있었다. 또한 백신 개발자들은 이렇게 준비한 백신을, 쥐·기니피그·원숭이 등 감염에 취약한 실험동물에 접종시켜 효능을 시험해 볼 수 있었다. 또한 혹시 인간에게 일어날지 모르는 부작용을 미연에 확인하고 배제시킬 수도 있었다. 동물에서 채취한 혈액으로는, 백신을 주사한 후 나타난 혈청 항체의 양을 측정해 예방 효과를 시험관 안에서 정확하게 예측해 냈다. 마지막으로, 살아 있는 '따끈따끈한' 박테리아를 실험동물에 주입해 백신의 실제 면역 효과를 확인할 수 있었다. 초기 박테리아학자-면역학자들이 동물실험에서 인체 실험으로 넘어가는 과정은 그리 복잡하지 않았는데, 당시에는 인간이나 실험동물 윤리 위원회가 국가 관리 기관의 심의를 받을 필요가 없었기 때문이다.

그리고 말라리아 기생충이 있었다. 엄밀히 말하면 기생충들이겠다. 뱀에서 인간까지 거의 모든 척추동물을 감염시키는 수많은 말라리아 종들이 있으니 말이다. 하지만 이 종들 가운데 어느 하나도 배양액에서 길러 낼 수 없었다. 만약 연구자가 혈액 단계 기생충으로 백신을 만들고 싶다면, 감염된 조류·원숭이·인간에서 '길러 내야' 했다. 만약 연구자가 모기 단계 기생충으로 백신을 만들고 싶다면 모기장 안에 모기떼를 통해 '길러 내야' 했다. 그뿐만 아니라 인간 말라리아로 만든 백신을 시험해 볼 실험동물조차 없었다. 이 기생충은 오로지 한 종류의 실험동물(즉, 인간)만 감염시킬 수 있었다. 기생충의 숙주 특이성이 너무 높았고, 넓게 보면 지금도 마찬가지다. 예를 들어 한 연구자가 조류 말라리아에서 백신을 개발해 닭을 면역시키는 데 성공했다 치자. 이 연구자는 "이봐, 내가 닭에게 완벽한 백신을 개발해 냈거든. 그러니까 인간에게도 똑같이 적용될 수 있을 거야."라고 주장할지도 모른다. 하지만 너무 큰 억측이다. 그 이유 중 하나는, 조류 말라리아는 (혹은 쥐 말라리아나 원숭이 말라리아도) 인간 말라리아와 너무도 달라서(항원성의 차이 때문이다) 조류 말라리아 백신으로는 인간을 인간 말라리아들로부터 보호해 줄 수 없다. 또한 닭 백신을 만든 방식으로 인간 백신을 만든다 하더라도 똑같이 성공하리라는 보장은 없다.

말라리아의 또 다른 난제 중 하나는 발달 단계별로 큰 차이가 있다는 점이다. 박테리아는 박테리아고 박테리아일 뿐이다. 하지만 말라리아는 차례로 포자소체, 적혈구 외 분열체, 분열소체, 영양형, 적혈구 내 분열체, 생식모세포(암컷과 수컷), 생식세포(암컷과 수컷), 운동접합체ookinete, 난포낭을 거쳐 다시 포자소체로 돌아온다. 각각의 단계는 모두 다르다. 각각의 단계에는 저마다 다른 백신이 필요하며, 혹은 여러 단계에서 추출한 물질들을 고루 담은 백신이 필요하다. 예를 들어 분열소체(적혈구를 침입하는 단계)를 기반으로 만든 백신이 있다 치자. 이 백신은 포자소체(모기의 침샘에서 인간의 간세포를 침입하는 단계)가 간세포를 침입하지 못하도록 보호해 주지 못한다. 반대로 포자소체를 기반으로 만든 백신이 있다면 분열소체로부터 보호해 줄 수 없다. 따라서 포자소체 백신은 아주 철저한 면역을 보장해 줘야 한다. 만약 포자소체가 조금이라도 빠져나간다면 간을 감염시켜 혈액 내로 퍼져 나가 마치 백신을 접종받은 적이 없는 것과 마찬가지인 상태가 될 것이기 때문이다. 또 다른 예로, 생식모세포나 생식세포로 만든 백신을 접종하면 모기를 통한 전파를 막고 말라리아 감염률은 차츰 낮아지게 될 것이다. 하지만 현재 감염된 사람들의 임상 증상 자체는 달라지지 않을 것이다. 따라서 모든 사람은 자신의 병을 치료하기 위해서가 아니라 오로지 타인에게 전파되는 것을 막기 위해, 즉 공공의 이익을 위해 백신을 접종받아야 한다. 이를 대중에게 설득시키려면 다른 핑계를 대고(즉 사람들에게 거짓말을 하고) 백신을 접종시키던지, 아니면 광범위한 항말라리아 화학요법과 백신 접종 프로그램을 병행해야 한다. 불가능한 이야기는 아니지만 어려운, 굉장히 어려운(물론 효과적인 생식모세포 백신이 존재한다는 가정하에 말이다. 이 자체도 크나큰 억측이다) 일이다.

또 다른 문제. 말라리아 학자들은 자연스럽게 획득한 면역도 변종에 따라 차이가 있다는 사실을 오래전부터 알고 있었다. 극심한 말라리아 전파가 1년 내내 끊이지 않는 지역에서 살아남은 성인은 어느 정도 면역을 갖게 된다. 이런 사람도 다른 유행 지역으로 이주하면 말라리아에 처음 감염된 것이나 다름없는 증상을 겪는다. 이 사람의 면역은 가까운 지역의 말라리아 변종에만 효과가 있는 것이다. 다른 지역, 심지어는 불과 몇 킬로미터 떨어지지 않은 지역이라 해도, 그곳의 말라리아 변종은 너무나 달라서 교차 면역의 보호를 거의 받지 못한다. 그뿐만 아니라 인간 말라리아에는 네 종이 있는데, 각각의 종은 항원이 전혀 다르며, 하나의 종 안에도 수많은 변종이 있다는 점을 기억해 둬야 한다(물론 백신이 목표로 하고 있는 것은 가장 중요한 두 종의 말라리아, 즉 열대열 말라리아와 삼일열 말라리아이다).

그리고 또 다른 문제. 심지어 백신이 효과가 있더라도 실제로 의미가 있으려면 지속 기간이 길어야 한다. 군인이나 여행객, 사업가들처럼 말라리아 유행 지역에 잠깐 체류하는 사람들이야 백신의 효과가 짧아도 괜찮다. 물론 가격이 비싸도 이런 사람들은 백신을 구할 수 있을 정도의 경제력이 있기 때문에 별 문제가 되지 않는다. 하지만 말라리아가 유행하고 있는 제3세계의 가난한 마을에서는 값도 싸야 하지만 '확장 보증기간'이 적용되어야 한다. 지역 인구를 전부 모아 6개월에 한 번, 1년에 한 번, 심지어는 2년에 한 번씩 백신을 접종한다는 것은 불가능에 가까운 일이다. 오늘날 제3세계 어린이들을 위해 세계보건기구가 시행하고 있는 백신 접종 확장 프로그램에서도 증명되었지만, 디피디DPT(디프테리아-백일해-파상풍) 백신처럼 효과가 아주 높은 백신조차 목표 인구의 최고 30퍼센트가량을 접종시킬 수 있었을 뿐이다. 그리고 자료를 자세히 들여다보면 이 30퍼센트의 어린이들 대부분이 사실은 도시에 살고 있다는 것을 알 수 있다. 또한 말라리아 전파의 특성상 말라리아 백신은 현존하는 박테리아나 바이러스 백신보다 면역이 더 강해야 했다. 역학자들은 한 건의 천연두가 네 명에서 다섯 명을 감염시킬 만한 잠재력이 있다고 계산했다. 하지만 말라리아는 아프리카 감비아 얼룩날개모기 같은 효율적인 매개체가 존재할 경우 1백 명을 새롭게 감염시킬 수 있다.

지금도 그렇지만, 이런 어려움들은 말라리아 백신을 개발하는 데 있어 커다란 벽이 되었다. 그럼에도 불구하고 말라리아 백신 개발자들은 이번 세기의 절반이 지나는 동안 결코 포기하지 않고 박테리아 백신을 만들던 방식으로 백신을 개발해 시험해 보았다. 시험에 사용된 대부분의 백신은 기생충에 감염된 적혈구나 감염된 혈액에서 열원충 물질들을 추출해, 희석된 포르말린으로 비활성화 처리를 한 것들이었다. 이어 조류와 영장류 말라리아를 대상으로 첫 번째 백신 시험이 이루어졌다. 조류와 원숭이들에게 포르말린 처리된 백신을 여러 차례 접종하고, 일정 시간이 지난 후 살아 있는 기생충을 접종시켜 감염 여부를 살펴보았다. 어느 시험에서도 별다른 일이 벌어지지 않았다. 백신은 조류와 동물들을 대상으로 한 실험에서 아주 약한 효과를 보이거나 아무런 변화도 일으키지 않았다. 실망스러운 결과였지만 포기란 배추 셀 때나 쓰는 말이었으므로 인간을 대상으로는 더 나은 결과가 나올지도 몰랐다.

미국이 제2차 세계대전에 참전하고, 군인들의 말라리아 감염 문제가 떠오르면서 말라리아 백신 개발은 다시금 추진력을 얻었다. 록펠러 연구소(이후 록펠러 대학)에 마이클 하이델베르크Michael Heidelberger 박사가 이끄는 연구팀이 구성되었다. 이들은 값싸고 구하기 쉬운 실험 대상인 수감자와 매독 마비 환자들에게 곧장 쳐들어갔다.

하이델베르크와 연구진은 덜 치명적인 삼일열 말라리아를 대상으로 연구를 진행할 수밖에 없었는데, 인간에게 심각하거나 치명적인 말라리아를 감염시킬 수는 없었고, 같은 이유로 신경 매독 치료에 삼일열 말라리아가 이용되고 있었기 때문이다. 포르말린 비활성화 처리를 거친 기생충 추출물로 백신을 만들어 매독 환자와 수감자 자원자들에게 접종했다. 지금 관점에서 보자면 이는 용납할 수 없는 투약 지침에 따라, 용납할 수 없는 백신을 접종한, 만용이었다. 사람들은 4~7일간 매일 백신을 접종받았고, 2~3주에 걸쳐 반복되었다. 백신 주사라면서 피하주사·근육주사·정맥주사로 접종했던 것은 사실 외부 혈액의 온갖 잡동사니 부스러기들을 모은 '쓰레기' 주사였다. 오늘날 이런 주사를 인간은 둘째치고 기니피그에라도 주사한다고 하면 미국 식품의약국에서 난리가 날 일이다. 순도도 낮고 완벽하지도 않은 백신이었지만, 피접종자들은 별다른 부작용이나 불편함을 호소하지는 않았다. 물론 면역도 제공해 주지 못했다. 백신 접종을 받은 사람들에게 삼일열원충에 감염된 혈액을 접종하거나 감염된 모기에게 물리도록 했을 때 면역의 차이는 없었다. 이들은 백신 접종을 받지 않은 사람들과 똑같은 빈도, 똑같은 정도로 말라리아에 감염되었다.

하이델베르크와 동료들은 이렇게 생각했다. 만약 백신이 말라리아에 한 빈도 노출된 적이 없는 사람들(즉 '면역학적으로 순결한')에게 보호 면역을 제공해 줄 정도의 효능이 없더라도, 이미 삼일열원충에 감염된 사람들에게는 효과가 있을지도 모른다. 삼일열 말라리아는 기생충이 간에 최대 5년까지 머물면서 지속적으로 재발을 일으키는 특성이 있었다. 백신이 이 재발을 막거나 예방할 수 있을까? 삼일열 말라리아에 감염된 적이 있는 2백 명의 '수감자'들을 대상으로 20억~30억 개에 달하는 죽은 삼일열원충이 든 백신을 2~3회에 걸쳐 접종했다. 역시나 면역은 나타나지 않았다. 접종받은 사람과 접종받지 않은 사람 사이에 재발률의 차이는 없었다. 1946년 실험 결과를 발표한 논문을 읽다 보면 어디서 감염된 '수감자'들을 이렇게 많이 찾아냈는지 궁금해질 수밖에 없다. 하지만 논문에서 인간 피험자에 대한 설명은 모호할 따름이다. 제2차 세계대전 이후 말라리아 백신 연구에서 중요한 역할을 하고 있는 폴 실버만Paul Silverman의 이야기를 들어보면, 원본 기록을 보았을 때 2백 명의 수감자 중 미국인 중범죄자가 자원한 경우는 하나도 없었다고 한다. 사실 이들은 모두 연합군과의 전투 중 말라리아에 감염된 이탈리아인이나 독일인 전쟁 포로들이었다.

실험동물에서나 인체 실험에서나 '전통적인' 말라리아 백신으로는 면역을 줄 수 없는 것처럼 보였다. 1940년대 이루어진 실망스러운 인체 실험은 결국 과학자들에게 풀리지 않는 수수께끼만을 남겼다. 효과적인 백신이 개발될 수는 있을까? 아니면 말라리아 기생충의 특정 성분이 백신을 무력화시키는 것일까? 이 성분이 숙주가 약간의 면역조차 획득할 수 없도록 하는 게 아닐까? 어떤 숙주에게라도, 어떤 백신에게라도.

뉴욕 보건연구소 내 응용면역학과에 있던 쥴스 프로인트Jules Freund는 보조제라 불리는 매질을 추가하면 백신의 효과를 상승시킬 수 있다는 사실을 발견했다. 지금도 프로인트 보조제라고 불리는데, 이는 결핵균*Mycobacterium*과 비슷한 비병원성 박테리아를 광물성 기름이나 물에 가라앉힌 연금술사의 칵테일이었다. 1945년에서 1948년 사이 프로인트와 동료들은 동물을 대상으로 기생충-보조제 혼합물 백신을 투여하는 실험을 시작했다. 시작은 오리였다.

로퓨레이 열원충*Plasmodium lophurae*은 보르네오에서 브롱크스로 건너왔다. 이 기생충은 뉴욕 동물원에 있는 아름다운 남아시아산 꿩 안에서 별다른 피해를 입히지 않으며 조용히 살아가고 있었다. 로퓨레이 열원충은 꿩에게는 문제가 되지 않았을지 몰라도 새끼 오리에게는 치명적이었다. 프로인트는 한 달 간격을 두고 세 번에 걸쳐 보조제-로퓨레이 백신을 접종시키면 일부 새들이 강력한 면역을 얻게 된다는 사실을 발견했다. 나머지 조류들에서는 증상도 약하고 자체적으로 완치가 가능한 감염이 일어났다. 하지만 여기에는 대가가 있었다. 보조제는 간에서 지방 변성을 일으켰다. 이번에는 오리를 넘어 말라리아에 아주 취약한 붉은털원숭이에게 놀시아이 열원충-보조제 백신을 시험해 보았다. 역시 대가가 있었다. 보조제는 주사한 자리에 흉측한 병변을 일으켰다. 또한 나중에는 자가면역 반응을 일으켜 신경계나 기타 조직을 손상시킬 수 있다는 사실도 밝혀졌다. 보조제는 백신이 이론적으로는 가능하다는 것을 알려 주었지만, 인간에게는 사용할 수 없었다. 따라서 20세기 중반을 지나며 말라리아 백신 연구는 막다른 골목에 다다랐다. 하지만 급한 불은 꺼졌다. 전쟁은 끝났고 말라리아로 고생하는 것은 원주민들뿐이었다. 그리고 인류의 대다수를 차지하고 있던 이들에게도 기적의 화학물질, 디디티와 클로로퀸이라는 즉효약이 제공되었다. 면역이 아닌 화학이 세상을 금방이라도 말라리아로부터 자유롭게 해줄 것 같았다. 영원히!

영원히는 1965년에 끝이 났다. 1955년 세계보건기구 회합에서 세계 말라리아 박멸 프로그램을 승인하는 것으로 시작해, 이 시기는 말라리아에게 롤러코스터나 다름없었다. 하지만 1960년대 아프리카의 상황은 별로 달라진 것이 없었고, 아시아에서도 말라리아가 폭발적으로 늘어나자 세계보건기구의 수장인 (동시에 훌륭한 신사인) 레너드 브루스-슈왓Leonard Bruce-Chwatt은 이렇게 쓸 수밖에 없었다. "남부 아시아를 휩쓸고 있는 토착 말라리아의 유행은 지난 20년간 우리가 이뤄 온 모든 것을 수포로 만들지도 모른다." 열대 지역 전반에 걸쳐 거의 붕괴 직전에 몰린 말라리아 박멸 프로그램은 자금 지원 단체나 계획 단체들에게 커다란 수치였다. 이제 이들은 자기 합리화, 그리고 자리보전이라는 새로운 기준으로 후퇴해 버렸다. 그중에서도 국제개발처는 특히나 수치스러워 했다.

국제개발처는 외국인들에게 돈을 나눠 주는 부처다. 이들의 보건 활동은 경험이 많은 전문가들에게는 소꿉장난이나 다름없는 수준이었지만, 소꿉장난이나 다름없는 탓에 별다른 해가 되지는 않았다. 미국 국기를 흔들면서 열대 지역 사람들과 정부의 마음과 애정을 얻어 내는 게 전부였으니 말이다. 국제개발처는 항상 커다란 프로젝트를 좋아했다. 그리고 당시에는 세계 말라리아 박멸 프로그램이 가장 커다란 프로젝트였던 만큼 아낌없는 증여가 이루어졌다. 1955년에서 1970년대 사이 국제개발처는 약 10억 달러에 달하는 예산을 세계보건기구와 기타 국가 말라리아 박멸 프로그램에 지원해 왔다. 이 모든 납세자의 돈은 결국 하수구로 쓸려 내려가 버린 셈이었다. 이제 국제개발처가 필요한 것은 즉효약이었다. 폴 실버만이 약속한 것처럼 말라리아 백신으로 되돌아갈 차례였다.

16
말라리아를 판매합니다

제2차 세계대전 직후 내가 런던위생열대의학대학원의 학생이었을 무렵, '다른' 학교에 있는 '다른' 미국인 학생에 대한 이야기를 몇 번 들을 수 있었다.[133] 실제로 만난 적은 없었다. 당시 폴 실버만은 리버풀 열대의학대학원에서 촌충의 생태를 연구하며 박사 과정을 밟고 있었다. 새로운 박사생으로서 당시 정치적·과학적 상황은 그를 이스라엘로 이끌었고, 사울 애들러 밑에서 리슈만편모충을 연구하게 되었다. 몇 년 후, 실버만은 영국으로 돌아와 알렌 핸버리스Allen Hanbury's라는 제약회사에 자리 잡았다. 여기서 그는 양·소·말에서 특정 기생선충을 부분적으로 예방해 준다고 주장하는 백신을 개발해 특허를 냈다. 1963년 혹은 1964년 즈음, 실버만은 미국으로 되돌아와 일리노이 대학 생물학과에 합류했다. 선충 백신에 어느 정도 경험이 있었던 실버만은 말라리아를 포함한 다른 기생충 질환에도 백신을 개발할 수 있으리라는 의견을 내놓았다. 당시 대부분의 기생충 학

133 [역주] 영국에는 열대 의학 및 기생충학에 집중하고 있는 두 개의 대학원이 있다. 리버풀 열대의학대학원과 런던위생열대의학대학원이다. 두 대학은 각각 1899년과 1900년에 설립되어 오랜 역사를 자랑한다.

자나 면역학자들은 이런 관점에 동의하지 않았다. 하지만 실버만이 국제개발처에서 말라리아 백신 개발 명목으로 1백만 달러의 지원금을 타내자마자 불신자들도 신봉자로 돌아서고 말았다.

1965년, 세계보건기구는 제네바 본부에 사람들을 불러 모아 무너져가는 세계 말라리아 박멸 프로그램을 되살릴 수 있는 획기적인 아이디어가 없겠는지를 물었다. 실버만은 말라리아 연구에 '직접' 참여한 경험은 없었지만 말라리아 백신이 가능하다는 아이디어를 개진하기 위해 모임에 참석했다. 하지만 참가자 중 유일한 비과학자이자 당시 국제개발처 보건 부분 책임자였던 리 하워드Lee Howard는 실버만의 이야기를 듣고 큰 흥미를 느꼈다. 비행기 시간을 맞추어 둘은 같은 비행기 편으로 미국으로 돌아오게 되었다. 달변가인 실버만은 말라리아 백신을 어떻게 구성해야 좋을지에 대한 생각을 대서양 상공에서 구구절절 늘어놓았다.

실버만은 효과적인 백신은 두 단계의 말라리아 기생충을 혼합해 만들어야 한다는 입장이었다. 일단 포자소체 항원으로 모기에 물려 감염되는 경로를 차단하고, 무성생식(혈액 단계) 항원으로 보호 면역을 부여해 첫 단계가 무너질 경우를 대비하는 것이었다. 지금 기준으로 보더라도 충분히 논리적인 접근이었다. 하지만 1965년 당시에는 넘을 수 없을 만큼 커다란 기술적 장벽들이 있었다. 1965년에는 시험용 백신에 사용되는 항원의 원료가 되어 줄 인간 말라리아 기생충(혹은 어떤 말라리아 기생충이라도)을 배양해 낼 수 있는 기술이 없었다. 1965년에는 실험실에서 영장류를 인간 말라리아에 감염시키는 방법도 몰랐다. 1965년에는 백신 임상 시험에 사용할 포자소체를 모기에서든 배양액에서든 대량으로 키워 낼 수 있는 현실적인 방법도 없었다. 실버만은 이 모든 기술적 난제들은 막대한 자본이 투자되는 대형 연구 프로그램으로 해결할 수 있다고 주장했다. 이 두 단어가 가장 중요하다. '막대한 자본'과 '대형'. 즉, 수많은 사람, 수많은 원숭이, 수많은 돈이라는 뜻이다.

몇 주 후, 실버만은 워싱턴으로 초대되어 국제개발처 보건과에서 발표를 하게 되었다. 어김없이 그는 말라리아 백신 연구에 대한 의견을 밝혔다. 국제개발처에는 과학자나 말라리아 연구자가 없었다. 국제개발처는 오로지 '기부' 업무와 관련해 식량이나 살충제, 기술 조언 등을 제공할 뿐이었다. 국제개발처는 기초 연구를 시행하거나 지원해 본 경험이 없었다. 과학자 출신의 행정관도 없었고 검토나 평가를 해줄 수 있는 과학 고문도 없었다. 그러니까 직원들은 자기 마음에 들면 어떤 프로젝트라도 돈을 나눠 줄 수 있었다. 국제개발처는 실버만의 계획안을 저명한 말라리아 연구자들로 이루어진 외부 심사단에게 보내기는 했었다. 심사 단원들은 모두 예외 없이 현실적으로 인간에게 적용될 수 있는 백신은 불가능하다는 결론을 보내왔다. 그뿐만 아니라 이들은 국제개발처가 연구에까지 개입해서는 안 된다는 의견도 보내왔다. 그러자 국제개발처는 이후 25년간 반복되는 정책 결정의 첫발을 내딛는다. 전문가 고문단의 의견을 완전히 묵살한 것이다. 실버만은 백신 개발 명목으로 1백만 달러를 받았다. 실버만 본인도 지원금 규모에 깜짝 놀랐다.

에드 스미스Ed Smith가 국제개발처 프로젝트의 관리자가 되었다. 이 역시 일련의 요상한 정책 결정 과정의 하나이다. 국제개발처에 소속된 스미스는 의료용 곤충학자였다. 그는 면역학은 물론이고 역학이나 임상적 측면에서 말라리아에 대해 아는 바가 거의 없었다. 이후 스미스는 제임스 에릭슨James Erickson으로 교체되는데, 에릭슨은 심지어 의용 곤충학자도 아니었다. 에릭슨이 평생 쌓아 온 경력은 농작물의 해충과 관련된 것이었다. 이들은 상부의 명령만 따를 뿐, 외부 전문가들의 조언은 완전히 무시했다. 스미스와 에릭슨은 권위주의적인 방식으로 프로젝트를 운영했다. 전문가 고문의 의견이 입맛에 맞으면 받아들였고, 입맛에 맞지 않으면 무시했다. 비판적인 사람들은, 진행 중인 연구의 장단점을 판단해야 할 현장 감사에서 배제되었다.[134]

이런 안전장치가 갖춰지자 실버만과 일당은 1965년 일을 시작했다. 물론 목표는 원숭이가 아닌 인간을 면역시키는 것이었지만, 승인되지도 않은 백신으로 임상 시험을 하는 것은 현실적으로 가능할 리가 없었다(게다가 비윤리적이다). 실버만은 항말라리아 약품 실험이 이루어졌던 일리노이주 졸리엣의 스테이츠빌 감옥 수감자들을 대상으로 계획을 세워 놓았지만, 지금 당장은 붉은털원숭이와 놀시아이 열원충으로 만족해야 했다. 붉은털원숭이의 말라리아 감염은 예외 없이 치명적이므로, 만약 극도로 취약한 원숭이를 백신을 통해 면역시킬 수 있다면 인간 말라리아에 기술을 적용하는 것은 별로 어렵지 않을 것이라고 생각했다.

이 때문에 수년간 수없이 많은 원숭이들이 희생당했다. 말라리아 백신

---

134 1989년 감사원(GAO)이 국제개발처 말라리아 백신 프로그램의 내부 감사에 대해 보고한 내용을 보면 "프로젝트에 대한 감독이나 검사가 제대로 이루어지지 않았으며", "현장 시찰을 담당한 사람들을 선발한 기준 역시 의심된다."고 적고 있다.

에 있어, 원숭이를 대상으로 하는 기술이 인간에게도 똑같이 적용될 수 있으리라는 추론이 증명된 적은 한 번도 없었다. 시작부터 불확실했을 뿐만 아니라 원숭이를 대상으로 한 실험적 증거들 가운데 의미 있는 것도 없었다. 또 다른 문제도 있었다. 연구가 진행된 지 얼마 되지 않아 연구의 가장 기초적인 부분을 포기해야 한다는 사실이 점점 명확해졌다. 포자소체 항원을 생산할 수 있는 실용적인 방법을 개발하는 데 실패하면서 포자소체와 혈액 단계 항원을 합성해 복합 백신을 개발하는 것도 불가능해졌다. 포자소체 항원 연구 하청을 주었던 연구팀과도 씁쓸한 불화가 있었다. 평가 결과는 하청 받은 연구진이 '열심히' 일하지 않았다는 것이었다. 심지어 관대한 국제개발처 역시 연구 결과가 너무도 빈약해 일리노이 대학에 대한 재정 지원을 중지했을 정도였다. 이 부분의 연구는 1972년에 중단되었지만, 대학은 1975년에 들어서야 연구비를 수령할 수 있었다.

5년이라는 시간과 150만 달러를 쓰고 나서야 실버만의 연구진은 2인자의 역할을 해냈다. 1940년대 프로인트와 1960년대 영국 학자들이 밝혀냈던 그대로 붉은털원숭이에게 놀시아이 열원충 백신을 투여해 면역을 부여할 수 있다는 사실을 다시 한 번 확인한 것이다.[135] 하지만 오래된 문제는 여전히 남아 있었다. 백신이 효과를 발휘하려면 프로인트 보조제와 함께 사용해야만 했다. 따라서 인간을 대상으로 실험할 수는 없었다. 원숭이

135 이 연구는 런던의 국립의학연구소에서 제프 타게트(Geoff Targett)과 존 펄튼(John Fulton)이 1965년에, 그리고 닐 브라운(K. Neil Brown)과 동료들이 1970년 이미 밝혀낸 사실이었다.

를 대상으로 항원-보조제 백신을 접종했을 때 효과는 좋은 편이었다. 하지만 인간이 비슷한 정도의 열대열원충에 감염된다면(적혈구의 2~5퍼센트가량이 감염될 경우) 급성 증상과 병증이 나타난다. 그리고 '순도'의 문제도 있었다. 원숭이에게 외래 적혈구를 주입하는 것이야 윤리적으로 별 문제가 되지 않았다. 하지만 수혈이라는 방식이 아무리 오랜 세월 검증되었다 하더라도 말라리아 백신은 감염된 적혈구 세포가 통째로 들어가거나 적혈구 세포 조각들로 오염된 기생충 조제품이라서 인간에게 시험하기에 적합하지 않았다. 결과적으로는 '가장 순수한' 백신이 국제개발처 계약을 따내고 마지막 승리를 거머쥐리라 예상되었지만, 1970년의 생물학 기술로는 순수한 기생충 항원을 얻어 낼 수 없었다.

실버만은 순도 문제를 해결하기 위해 정형외과 의사인 로렌스 디안토니오Lawrence D'Atnonio를 고용했다. 이전에 월터 리드 연구소에서 말라리아를 연구해 본 적이 있던 디안토니오는 프렌치 프레스를 이용해 적혈구에서 기생충을 짜내는 방법을 고안해 냈다. 이 방법을 이용해 감염된 혈액을 기계에 넣고 압력을 가하면 바늘의 밸브가 열리면서 혈액을 방출해 냈다. 용기 내의 압력과, 밸브를 통해 나오는 혈액의 양이 알맞게 조절되면 순간적인 감압으로 기생충은 손상되지 않은 채 적혈구만 파괴할 수 있었다. 밖으로 빠져나온 말라리아 기생충들을 모아 원심 분리를 반복해 씻어 내고 열이나 포르말린으로 처리해 비활성화시키면 백신으로 사용할 수 있었다. 전자현미경으로 살펴보자 적혈구 세포막 같은 것들이 조금 들어 있었지만, 그때까지 누구도 얻어 내지 못했던 가장 '깨끗한' 표본이었다.

방법은 깔끔했다. 하지만 실버만이 압력 용기를 이용해 백신을 준비하는 방법을 소개하는 논문을 발표하러 모임에 참석하려는 순간, 워싱턴 국제개발처 사무실로부터 전화가 걸려 와 그 논문을 발표할 수 없게 되었다는 소식을 전해 주었다. 디안토니오가 이 방법을 특허 신청했고, 그 때문에 당장은 정부 자산이 아니게 되었기 때문이다. 실제로 디안토니오의 봉급과 연구비는 납세자들의 주머니에서 나가고 있었는데 말이다. 그 와중에 디안토니오는 대학을 떠났다가(실버만의 표현을 빌리자면 '사라져 버렸다가'), 약 6개월쯤 후에 필라델피아에 있는 대학의 정형외과에 다시 나타났다. 결국 프렌치 프레스 기술은 정부 자산으로 되돌아왔지만, 이후 디안토니오의 행보는 말라리아 백신 개발이 하나의 영리사업으로 취급되는 상황을 그대로 보여 준다.

1972년, 실버만은 알버커키에 있는 뉴멕시코 대학으로 무대를 옮겼다. 여기서 그는 프로인트 보조제를 대체할 만한 물질을 찾기 시작했다. 기억을 되살려 보자면, 프로인트 보조제는 광물성 기름에 비병원성 마이코박테리아를 녹인 용액이었다. 보조제가 일으키는 독성의 대부분은 체내에서 대사가 잘 되지 않는 광물성 기름 때문이었다. 체내에서 대사가 되지 않기 때문에 주사한 자리에 그대로 남아 있었고, 염증 반응을 일으켜 종기로 발전하는 경우가 잦았다. 실버만은 광물성 기름 대신 체내에서 분해가 잘되는 땅콩기름으로 바꿔 보았다. 프로인트 보조제에 들어가던 마이코박테리아도 인간 결핵 백신으로 널리 쓰이는 [독성이 없는 소 결핵균인] 결핵예방백신균BCG으로 교체했다.

새로 조합한 보조제는 프로인트의 것만큼 효과가 뛰어나지는 않았지만 효과가 있기는 있었다. 1973년, 실버만은 백신을 '깨끗하게' 만들 수 있는 기술과 충분히 안전한 보조제가 갖춰졌으니 인간을 대상으로 말라리아 백신을 실험해 보는, 커다란 걸음을 내딛을 차례라고 생각했다. 당시 말라리아 기생충을 배양액에서 꾸준히 유지시킬 수 있는 방법은 알려지지 않았으므로 열대열 말라리아가 흔한 지역에서 실험을 진행하기로 했다. 해당 지역에서 급성 감염이 일어난 환자를 찾아 그 혈액으로 백신을 만드는 (원숭이 스타일로) 것이었다. 그리고 이렇게 만들어진 백신을 자원자 집단에 접종시킨다는 계획이었다. 모든 연구는 말라리아가 유행하는 제3세계 국가 중 적극적인 참여 의지를 보이는 곳에서 이루어져야만 했다. 미국 식품 의약국은 미국인이든 누구에게든 실험용 백신을 사용하는 일을 허가해 줄 리가 없었다. 1973년, 실버만은 협력 국가를 구했다. 브라질이었다.

마나우스에 위치한 의학연구소가 협력을 약속했다. 이들이 백신의 원료로 사용할 말라리아 기생충에 감염된 환자를 찾고 이후 자원자들을 대상으로 백신 접종 실험을 수행하기로 했다. 만약 연구가 실제로 이루어졌다면 말라리아 백신 연구의 향방은 크게 달라졌을지도 모른다. 성공이든 실패든 인간을 대상으로 한 결정적인 실험은 국제개발처 프로젝트에 좀 더 확실한 현실성을 접종해 주었을 것이다. 하지만 실버만의 백신은 결국 임상 시험에 사용되지 못했다. 1973년, 아랍 국가들이 원유 수출 금지 조치를 내렸다. 브라질의 취약한 경제는 값싼 연료를 구입할 수 없게 되면서 파국을 맞았다. 정치적으로나 심리적으로나 가장 손쉬운 예산 삭감의 첫 번째 희생양은 (언제나 그렇듯) 연구소들이 되었다. 마나우스의 연구소는 문을 닫았고, 뉴멕시코의 미국 연구자들도 원숭이로 되돌아올 수밖에 없었다. 이제 다른 국가의 다른 과학자들도 말라리아 백신 경쟁에 뛰어들었다.

과학은 이렇다. 상어 떼가 먹이를 두고 날뛰는 만큼은 아니더라도 어느 분야에 막대한 예산이 아낌없이 지원되면 다른 과학자들도 눈독을 들이기 마련이다. 뒤처지고 싶은 사람은 없다. 특히나 영국 학자들은 미국인들이 백신을 집어삼키기를 원하지 않았다. 제국이 와해된 후 영국의 열대 의학은 활력을 크게 잃었지만, 여전히 영국은 로스와 맨슨의 나라였다. 열대 의학의 전통, 관심, 전문성이 모두 살아 숨 쉬고 있었다. 이상하게도 백신 연구는 영국의 유명한 열대 의학 학교인 런던과 리버풀 내학원에서 이루어진 것이 아니라 런던에 위치한 가이 병원 및 의대의 병리학 교수로 있던 시드니 코헨Sidney Cohen에 의해 이루어졌다. 코헨 역시 프로인트 보조제와 놀시아이 열원충으로 만든 백신을 붉은털원숭이에 접종하는 데 그치고 있었다. 하지만 그는 순도의 법칙을 한 단계 더 밀고 나가 오로지 분열소체 단계의 기생충만을 이용해 백신을 만들었다.[136]

집요한 연구가 계속되었고, 코헨의 연구팀은 원숭이 몇 마리에게 백신을 접종할 수 있을 정도의 순수한 분열소체를 얻어 낼 수 있었다. 2억 명을 접종시킬 수 있는 분량의 열대열원충 분열소체를 어떻게 얻어 낼지는 누구도 알 수 없었지만, 만약 원숭이 실험이 잘된다면 기술은 발견을 자연스

136 적혈구 내에서 이루어지는 기생충의 무성 분열(그리고 간에서 적혈구 침입 이전에 이루어지는 분열 생식)은 분열소체의 형성으로 끝을 맺는다. 이 작디작은, 2만5천 분의 2인치에 불과한 기생충들이 혈류로 흘러들어 가 적혈구를 침입하고 한살이를 지속시킨다. 분열소체는 어떻게 보면 가장 '순수한' 단계라고 볼 수 있는데, 숙주 세포막이나 다른 어떤 숙주 조직에서도 자유로운 상태에 있기 때문이다.

레 따라오리라 생각하고 있었다. 발표한 논문에서 코헨 연구팀은 분열소체 백신이 실버만의 '반만 순수한' 백신과 거의 같은 정도 혹은 그 이상의 보호 효과를 나타냈다고 주장했다. 백신이 인간에게도 효과가 있으려면 여전히 독성이 강한 프로인트 보조제를 사용해야 했다. 그럼에도 불구하고 사람들은 인간에게 사용하기 적합한 말라리아 백신 개발로 한걸음 더 나아갔다고 믿었다. 이어진 질문은 이것이었다. 누가 더 나은 백신을 가지고 있는가? 미국인인가 영국인인가? 이 경쟁에서 승자를 가린 방법은 어처구니가 없었다. 이들은 백신 경연 대회를 열었다. 제1회(이자 마지막 회) 뉴멕시코 초청배 황야의 말라리아 백신 결투였다.

현실과 가장 비슷한 상황을 만들고자 양쪽 연구팀 모두 대회 이전에 준비한 백신을 사용했다. 어쨌거나 말라리아 기생충을 추출해 분리해 내는 것은 신선한 오렌지 주스를 짜내는 것과는 전혀 다른 문제였다. 또한 백신은 실제 현장에서 사용되려면 상당히 안정적이야 했고 오렌지 주스보다 '유효 기간'이 길어야 했다. 지난 10여 년간 제3세계에서 광범위한 아동 예방접종이 큰 어려움을 겪었던 이유는, 생산자에게서 마을로 도착하는 데 지켜져야 하는 '저온 유통 체계'가 제대로 유지되기 어려웠기 때문이다.[137]

---

137 '저온 유통 체계'와 관련된 좀 더 자세한 이야기는 내가 쓴 다른 책 『불가사리의 가시』의 13장에서 다루고 있다.

[역주] 백신이 최대한 효과를 내려면 접종 직전까지 냉장 상태를 유지해야 한다. 하지만 전기도 들어오지 않고 차도 닿지 않아 며칠씩 걸어 들어가야 하는 지역이 아직도 많은 제3세계에서는 커다란 아이스박스처럼 생긴 박스에 백신을 넣어 운반하는데, 이 때문에 냉장 상태가 유지되기 매우 어렵다. 결국 어렵게 백신을 수송해 접종하더라도 별 효과를 보지 못하는 경우가 생긴다.

코헨 측 대표자는 냉장 상태를 조심스럽게 유지한 채로 백신을 알버커키까지 가져왔다. 실버만 측은 냉동 건조된 백신을 준비했다. 붉은털원숭이는 각각의 연구팀이 요구한 백신 접종 시간표에 따라 백신을 접종받았다. 몇몇 원숭이들은 '기준점'으로 삼기 위해 백신 접종을 받지 않았다. 원숭이가 충분히 면역을 획득했다고 판단되자 접종받지 않은 원숭이들과 함께, 감염된 혈액을 주사해 '감염시켰다.' 기준점 원숭이들은 예상대로 폭발적인 감염으로 죽었다. 실버만의 원숭이 중 절반과 코헨의 원숭이 전부도 죽었다. 7년이라는 시간과 수백만 달러가 투자된 것에 비하면 그리 희망적인 결과는 아니었다. 두 백신 모두 실망스러웠지만, 영국 측이 더 민망해 했다. 영국 측 백신은 아무 효과가 없었던 것이다. 체면치레를 위해 그들은 백신이 '제대로 이동'하지 못했다는 주장을 내세웠다. 실버만 측 사람들은, 그래, 그게 사실일지도 모르지만 고작 영국에서 미국까지 가능한 한 최선의 방법을 동원해 백신을 수송하는 데도 실패했다면 궁극적으로 어떻게 영국에서 아프리카 오지 마을까지 백신을 운송할 것인지를 되물었다. 그렇지만 미국 측이 '한 수 물러 줘서' 영국 측은 런던에서 배송한 새 백신으로 새 붉은털원숭이들을 접종시킬 수 있었다. 이번에는 50퍼센트의 원숭이들만 죽었다. 실버만 역시 자신의 백신이 별 효과를 보이지 못했던 것이 보관 문제 때문이라며 막 생산한 백신을 사용하면 더 나은 면역 효과를 볼 수 있다고 주장했다.

대회의 결과야 어찌되었든 (동부 지역에 밀집되어 있는) 미국 연구자들이 실버만 주위로 몰려들기 시작하지는 않았다. 이들은 코헨의 백신이 효과는 낮았지만 더 나은 백신이라고 생각했기 때문이다. 코헨의 백신이 순도가 더 높았다. 이 백신이 바로 앞으로 나아가야 할 방향이었다. 대부분의 사람들은 논란의 여지가 있는 실버만보다는 과학계에서 이미 어느 정도 인정을 받고 있는 코헨에게 마음이 기울어 있었다.

실버만은 당시의 상황을 씁쓸하게 회고하고 있다. 동료 과학자로부터 도움을 받지 못했을 뿐만 아니라, 이들이 정직성이나 성적 취향, 결혼 문제 같은 소문들을 퍼뜨려 자신을 헐뜯었다고 주장했다. 동료 과학자들은 '말도 안 되는 소리'로 일축했다. 그들의 비판은 오로지 그의 과학적 주장 자체가 빈약했기 때문이라는 것이었다(하지만 실버만이 지적했다시피 말라리아 백신에 대한 실버만의 목표와 국제개발처 지원금을 이어받은 동료 학자들 또한 결과를 향상시키는 데는 실패했다). 실버만은 프로젝트에서 서서히 밀려나기 시작했지만, 다른 분야(행정 관리)에서 적성을 발견했다. 그는 뉴멕시코 대학 연구 부처의 부책임자가 되었고, 몇 년 후에는 뉴욕 주 대학 시스템 전체의 총장이 되었다. 영국의 '다른' 학교에 있던 '다른' 미국인치고는 나쁘지 않은 성과인 셈이다.[138] 그의 편을 좀 들어주자면, 말라리아 백신 연구로 되돌아가자는 분위기를 촉발시킨 것은 그의 공이었다.

실버만이 무대를 떠난 뒤, 칼 라이크만Karl Rieckmann이 프로젝트를 이어받았다. 라이크만은 독일 의사로 제2차 세계대전 이후 오스트레일리아령 뉴기니로 옮겨 갔다가 말라리아 관리 프로그램의 책임자로 임명되었다.

---

138 [역주] 앞서 밝혔듯이 영국에는 기생충학 전문 대학원이 런던위생열대의학대학원과 리버풀열대의학대학원 등 두 개밖에 없기 때문에, 영국의 기생충 학자들은 일반적으로 상대 학교를 '다른 학교'라고 줄여서 부르곤 한다.

이후 그는 미국으로 이주했는데, 실버만이 인간 백신 접종 실험(결국 현실화되지는 않았지만)을 염두에 두고 해외 활동 경험이 있던 라이크만을 고용했던 것이다. 라이크만의 지휘 아래 뉴멕시코에서 연구는 몇 년간 더 이어졌지만, 1978년이나 1979년 즈음 돌연히 사라져 버렸다.

혹자는 15년이나 막대한 예산을 끌어다 쓴 연구가 아무런 결과물도 내놓지 못해 인간 말라리아 백신이 1945년 프로인트와 하이델베르크의 실험에서 한 걸음도 더 나아가지 못했으니 국제개발처도 그만두었으리라 생각할지 모르겠다. 만약 그렇게 생각한다면 당신은 정부 관료주의에 대해 잘 모르는 것이다. 1980년, 국제개발처는 모든 도박 중독자가 하는 짓을 벌였다. 판돈을 두 배로 올리고 여러 곳에 분산해 걸었다.

국제개발처는 '이 중대한 프로젝트를 마무리 지을 수 있도록' 연구 지원금을 두 배로 올렸다. 하지만 한 명의 우승자가 전액을 가져가는 정책 대신 세 명의 우승자를 선발하는 방식으로 바꾸었다. 세 명의 우승자는 브라질에서 뉴욕 대학으로 온 루스 뉴센바이그Ruth Nussenzweig, 인도에서 하와이 대학으로 온 와심 시디키Wasim Siddiqui, 그리고 유고슬라비아에서 일리노이 대학으로 온 미오드라그 리스틱Miodrag Ristic이었다.

17
벌거벗은 백신 임금님

루스 뉴센바이그는 뉴욕에 연구의 제국을 건설하고 이를 유지해 온 명석한 과학자였다. 그녀와 면역학자인 남편, 빅터는 국제개발처 지원금의 일부를 받자 포자소체 백신을 만드는 어려운 과제에 돌입했다. 내가 앞서 지적했다시피 포자소체로 백신을 만드는 데는 산더미 같은 장애물이 쌓여 있었다. 모기에서 포자소체를 분리해 정제하는 문제도 있었고, 백신이 확실한 면역을 부여할 수 있어야 한다는 문제도 있었다. 말라리아 면역은 단계에 따라 특화되어 있기 때문에, 만약 하나의 포자소체라도 빠져나간다면 면역이 없는 것이나 다름없는, 심각한 감염이 발생하게 된다. 이런 난제들에도 불구하고 다른 단계의 말라리아 기생충을 이용한 백신들보다도 뉴센바이그의 실험적 성과가 훨씬 더 유망해 보였다.

1941년과 1942년, 미국인 폴 러셀Paul Russell, 인도 의료단에 있던 영국 장교 휴 멀리간Hugh Mulligan, 인도 과학자인 바드리 나스 모한Badri Nath Mohan으로 구성된 국제 연구팀이 인도 남부 쿠누르에 위치한 파스퇴르 연구소에서 포자소체 면역에 대한 선구적인 실험을 진행하고 있었다. 흔히 닭에게 치명적인 감염을 일으키는 조류 말라리아 갈리나시움 열원충*Plasmodium gallinaceum*을 이용해, 자외선에 노출시킨 포자소체를 주입하면 닭에게 면역을 부여할 수 있다는 것을 보여 주었다. 포자소체를 비활성화시킨 것이다. 자외선에 노출된 포자소체들은 여전히 살아서 면역계를 자극시킬 수는 있었지만 숙주 세포를 침입해 감염을 일으키는 능력을 상실했다. 노출된 포자소체로 만든 백신을 접종받은 닭들은 갈리나시움 열원충 포자소체를 담고 있는 모기에 물려도 감염을 일으키지 않았다. 하지만 이를 위해서는 장기간에 걸쳐 반복적으로 접종해야 했고, 이후에도 완벽히 면역을 획득한 닭들은 절반 정도밖에 되지 않았다. 이들 역시 면역이 단계별로 특화되어 있다는 것을 증명해 주었다. 말라리아에 감염된 모기에 철저한 면역을 보이는 닭들도 감염된 혈액을 주입하면 어김없이 증상이 나타났다. 결국 포자소체 백신이 실용적이거나 인간을 보호하는 데 적용될 수 있다는 주장은 나오지 않았다. 하지만 몇몇 닭들에서는 효과가 있었고, 이 정도면 괜찮은 시작점이었다.

20년 후인 1968년, 뉴욕 대학 연구자들은 정확한 양의 엑스선을 이용해 포자소체를 비활성화시키면 자외선을 이용한 것보다 훨씬 높은 면역반응을 얻을 수 있다는 사실을 밝혀냈다. 엑스선-비활성화 포자소체를 이용해 쥐들을 쥐 말라리아로부터 완벽히 보호해 냈으며, 실험적 성과로는 최고 단계라 할 수 있는, 원숭이를 말라리아로부터 보호하는 데도 성공했다. 실험동물에서 얻은 성과가 너무나 훌륭해서 1971년 곧장 인간을 대상으로 실험이 시작되었다.

미 육군이 자금을 지원하기로 했으며 메릴랜드 대학과 뉴욕 대학이 공동으로 최종 연구를 진행하게 되었다. 메릴랜드 대학의 데이비드 클라이드David Clyde가 총책임자를 맡았다. 클라이드는 열대 지역에서 오랜 시간 임상 말라리아학을 연구한 경험이 있었다. 그는 로스와 마찬가지로 인도에서 태어난 의사로, 아버지는 인도 주둔 영국군 장군이었다. 메릴랜드 대학으로 옮겨 온 이래 계속 말라리아 실험 연구를 수행해 왔고, 제섭에 위치한 주 교도소의 수감자 자원자들에게 접근할 수도 있었다. 클라이드가 계획한 백신 임상 시험은 너무 복잡해서 철저히 통제된 상황에서만 진행이 가능했다.

첫째, 생식모세포를 얻기 위해 자원자들을 열대열원충에 감염시킨다. 불행히도 생식모세포는 감염 후 치명적일 수 있는 고열이 몇 차례 지나가야 나타나기 시작했다. 더구나 감염자들 모두에게 생식모세포가 나타나는 것도 아니었다. 실험이 끝날 때까지 33명이나 감염되었지만 생식모세포가 나타난 것은 여섯 명뿐이었다. 다음으로 모기장에서 길러 낸 얼룩날개모기가, 생식모세포가 나타난 자원자들의 피를 빨아야 했다.[139] 흡혈 후 모기는 이상적인 환경에서 '아기들'(침샘 내의 포자소체들)이 태어날 때까지 보관되었고, 2주일 후 비활성화를 위해 엑스선을 쬐어 주었다.

엑스선을 쬐어 준 지 한 시간 후 모기를 자원자 세 명의 팔 위에 올려놓았다. 피를 빨며 비활성화된 포자소체를 혈류에 집어넣으려면 한 명의 자원자당 약 1백 마리의 모기가 필요했다. 면역계가 충분히 면역반응을 일으키려면 이 모든 작업을 네 번 정도는 반복해야 했다.[140] 마지막 '경험'을

139 실험은 자원자에게 문제가 나타나면 언제든 치료받을 수 있었다는 점에서는 윤리적이었다. 하지만 이유는 분명치 않지만 다제내성을 지닌 열대열원충 변종들이 사용되었다. 한 변종은 최후의 보루(키니네)에도 어느 정도 저항성을 보이는 열원충이었다.

끝내고 2주일 후, 자원자들은 비활성화를 거치지 않은 포자소체를 담고 있는 '따끈따끈'한 모기에 노출되었다. 결과는, 세 명 중 두 명이 말라리아에 걸렸다. 보호 면역은 없는 것이나 다름없었다. 한 명은 그래도 감염이 되지 않아 면역을 획득한 듯 보였다. 결론은? 33퍼센트에 불과한 효율성과, 아무리 생각해도 현실적으로 실용화할 수 없는 기술적 방법론임에도 불구하고 클라이드들은 결과를 자축하며 "말라리아에 대항해 인간에게 면역을 부여하는 목표에 한걸음 다가갔다."고 말했다.

클라이드 연구팀이 메릴랜드에서 인간을 대상으로 백신 임상 시험을 하고 있을 때, 육군에게 뒤지지 않으려는 해군의 지원으로 일리노이 스테이츠빌 감옥에서 비슷한 연구가 진행되었다. 결과는 메릴랜드 수감자들과 크게 다르지 않았다. 엑스선을 통해 비활성화를 거친 포자소체를 접종받은 세 명의 자원자들은 처음 몇 주는 살아 있는 기생충에 노출되어도 면역을 보였다. 몇 달 후 다시 노출되었을 때는 모두 말라리아로 앓아누웠다. 엑스선을 쪼인 포자소체로는 기껏해야 짧은 기간의 면역밖에 부여해 주지 못한다는 의미였다. 이들이 내린 결론은? "……엑스선을 쪼인 포자소체를 접종해 인간에게 보호 면역을 부여해 줄 수 있다." 그리고 "……인간 자원자를 대상으로 한 이번 실험의 성공은 앞으로 인간 말라리아에 대항한 포자소체 백신이 개발 가능하다는 희망을 주고 있다."

---

140 [역주] 백신은 종류에 따라 여러 차례 접종해야 하는 경우가 있다. 최소 3회 이상 접종해야 하는 B형 간염 백신이 대표적이다. 면역계가 병원균에 대해 충분히 '학습'하고 '익숙해질' 시간과 재료가 필요한 셈이다.

빌 브레이Bill Bray가 런던위생열대의학대학원 학생이었을 때, 친구들은 그를 '인기남'이라 불렀다. 바람기 넘치는 이 인기남은 의료 기생충학의 '거대한 사건'을 비판적으로 인식할 수 있는 훌륭한 과학자가 되었다. 1975년, 브레이는 감비아의 파자라에 위치한 영국 의학연구위원회 소속 실험실의 책임자를 맡고 있었다. 감비아는 습하고 더운 리본 모양의 서아프리카 내륙 국가로 감비아 강 양쪽을 감싸고 있는 모양새였다.

감비아에서 말라리아는 삶과 죽음을 가르는 일상이었다. 어린이들은 치명적인 급성 말라리아에 특히 취약했다. 지금도 그렇지만 의학연구위원회는 말라리아 연구에 몰두하고 있었다. 따라서 미국에서 이루어진 엑스선 포자소체 백신 임상 시험은 이들에게 '사건'이었으며, 이를 재현해 볼 만한 충분한 이유가 있다고 생각했다. 하지만 브레이를 비롯한 많은 말라리아 학자들은 논문 결과를 저자가 주장한 대로 3분의 1의 성공이 아니라 3분의 2의 실패로 보았다.

브레이가 진짜 풀고 싶었던 의문은, 이미 어느 정도 면역이 있는 아프리카 아이들에게 백신을 접종했을 때 면역적으로 '순결한' 수감자 자원자들보다 나은 효과를 얻을 수 있을까 하는 문제였다. 만약 실제로 효과를 보이고, 말라리아가 토착화된 현실에서도 아이들의 면역을 서서히 강화시켜 줄 수 있다면, 원주민들에게 백신을 접종하는 데 필요한 기술적·행정적 어려움에도 불구하고, 충분히 시도해 볼 만한 사업이었다. 만약 별 효과가 없다면 이 연구를 그만두고 다른 곳에 연구비를 투자하면 될 일이었다. 수많은 어려움이 있었지만 용기를 내어 브레이는 앞길을 거의 망칠 뻔한 실험을 진행했다.

개요만 살펴보면 간단한 연구처럼 보인다. 모기를 구해, 모기를 감염시키고, 방사선을 쪼여, 자원자들을 흡혈하게 한 후, 이들을 마을로 돌려보내, 재감염이 일어나는지를 지켜본다. 하지만 아프리카 밥을 좀 먹어본 사람이라면 이런 계열의 연구가 정말 얼마나 어려운 일인지를 잘 안다. 브레이는 열대열원충의 놀라울 정도로 효율적인 매개체인 감비아 얼룩날개모기를 연구실 모기장에서 길러 냈다. 모기들은 열대열원충 생식모세포가 있는 것으로 확인된 김비아 인들의 피를 빨았다. 감비아에는 방사선을 쪼일 곳이 없었으므로 코발트 60 방사선 기계가 있는 아크라의 가나 원자력발전위원회까지 모기들을 옮겨야 했다. 1976년, 최빈국 중 하나였지만 가나에는 원자력발전위원회가 있었다.

브레이와 모기들은 아프리카 여행에서 흔히 만나 볼 수 있는 상황, 즉 항공편 취소나, 예약을 마친 항공권이 누군가 항공사 직원에게 더 두툼한 '봉투'를 쥐어 줘서 난데없이 사라져 버리는 등의 사태를 헤치고 무사히 여행을 마쳤다. 세관 직원에게 적절한 '봉투'를 쥐어 주고 브레이는 방사선을 쪼인 모기들을 감비아에 가지고 들어올 수 있었다. 연구소에는 6세 어린이 두 명이 의학계에 한 획을 긋기 위해 도착해 있었다. 다른 두 명의 대조군 아이들과 함께 네 명의 아이들은 이미 있을지 모르는 기생충을 제거하기 위해 클로로퀸을 투여받았다. 방사선 모기들은 공항에서 연구실로 와 있었고, 모기들을 해부해 침샘에서 포자소체만 분리해 냈다. 약 50만 개의 방사선 포자소체들이 아이들의 팔에 접종되었다. 2주일 후, 클로로퀸 치료 후 방사선 포자소체를 접종하는 모든 과정이 다시 한 번 반복되었고, 이제 네 명의 아이들(백신을 접종받은 두 명과 대조군 두 명)은 마을로 되돌아갔다. 마을에서 아이들은 밤마다 말라리아 매개 모기에게 공격을 받았다. 3주 후, 아이들은 모두, 즉 대조군 아이들뿐만 아니라 백신을 접종받은 두 명의 아이들까지 말라리아에 감염되었다. 방사선 포자소체 백신은 처음 계획했던 것과 달리 실제 말라리아가 유행하고 있는 현장에서는 쓸모가 없었다.

백신이 효과적이었다면 브레이는 영웅이 되었을 것이다. 백신은 효과가 없었고, 감수성 예민한 사람들은 기분이 상했다. 결과는 완전히 무시당했을 뿐만 아니라, 심지어 박사인 브레이가 자격증도 없이 의사 행세를 하고 있다는 비난까지 등장했다(브레이는 인간실험위원회의 승인을 받았다는 입장을 고수하고 있지만). 얼마 지나지 않아 그는 책임자 자리를 잃고 [이라크의 수도] 바그다드와 [에티오피아의 수도] 아디스아바바 같은 곳으로 발령이 났다. 시간이 한참 흐른 뒤에야 영국으로 되돌아왔고, 임페리얼 칼리지의 위원회 보조 실험실에 자리를 얻을 수 있었다.

결국 인간 실험은, 인간은 쥐가 아니라는 사실을 밝혀 주었다. 이후 훨씬 복잡한 연구를 거친 후에야, 쥐는 '볼 수 있는' 백신의 중요 성분들을 인간의 면역계는 '볼 수 없다'는 사실이 밝혀졌다. 게다가 면역계가 이 성분들을 제대로 '보았다' 하더라도 각각의 성분들에는 커다란 차이가 있다. 1980년, 국제개발처가 말라리아 백신에 투자한 수백만 달러는 현실적으로 아무런 성과도 내지 못했다. 반면에 뉴센바이그는 생물학의 발전과 발맞추고 있었고, 주목할 만한 일부 연구 결과를 통해 프로젝트를 구하고, 잠시나마 국제개발처의 체면도 구해 주었다.

뉴센바이그는 이전 학자들이 그랬듯이, 포자소체를 항체가 들어 있는 혈청에 넣으면 이들 주변에 막이 생겨 움직일 수 없게 된다는 점을 발견했다(포자소체가 움직이지 못한다는 이야기다. 뉴센바이그가 아니라). 포자소체를 무력화시키고 감염력을 없애는 중요한 면역 반응은 포자소체의 '피부'에서 일어나고 있었다. 이 반응은 포자소체의 '피부'에 있는 특정 단백질(항원)과 이에 대해 숙주가 보이는 항체에 따라 특이성이 높았다. 각각의 단백질 항원은 특정 유전자의 명령에 의해서만 생산되었다. 1980년, 유전공학 기술은 눈부신 발전을 거쳐 이제는 특정 유전자를 분리해 박테리아나 이스트에 집어넣고 '재조합' 미생물들로 하여금 자신이 유전적으로 쥐나 인간, 심지어 포자소체라고 생각하게 만들 수 있었다. 이 방법을 통해 뉴욕 대학 연구진은 배양액 내 박테리아가 포자소체의 '피부' 단백질(포자소체항원circumsporozoite protein)을 만들 수 있도록 했다. 모기에서 나와 시험관으로 들어갈 시간이었다. 이제 포자소체를 '순수한' 형태로 제조할 수도 있었고, 이론적으로는 무한정 생산할 수도 있었다.

더욱 놀라운 점은 포자소체항원을 합성해 생산해 낼 수 있는 연구도 이루어졌다는 것이다. 포자소체항원을 화학적으로 분석해 보니, 항원의 활성화를 맡고 있는 '조각'은 단지 네 개의 아미노산이 끊임없이 반복되는 것에 불과하다는 것이 밝혀졌다. 새로운 펩티드 합성 기계가 있으니 이제는 네 개의 아미노산을 실험실에서 가져다 기계에 넣고 프로그래밍하면 포자소체항원 말라리아 백신이 나오게 되는 것이다. 비닐봉지를 만드는 것만큼이나 간단했다. 시험관에서 나와 합성기로 들어갈 시간이었다.

합성 백신은 정말 가능할 것처럼 보였다. 백신을 접종받은 쥐에서 추출한 항원은 감염된 모기에서 얻어낸 살아 있는 포자소체에 단단히 달라붙었다. 쥐에서 나타난 반응은 너무나 훌륭해 인간에서도 훌륭히 작동할 것임이 기정사실화되었다. 마침내 안정적으로 대량생산이 가능한 합성 백신을 통해 인간도 말라리아로부터 보호받을 수 있게 된 셈이다.

뉴센바이그와 뉴욕 대학은 이제 인간을 대상으로 최종 실험을 준비하고 있었었다. 하지만 시작하기 전에 약간의 사업적인 문제를 해결할 필요가 있었었다. 뉴욕 대학과 뉴센바이그는 합성 백신에 특허를 출원한 상태였다. 그들의 연구는 전부 납세자들의 돈에서 나온 것인데도 말이다. 매년 이 돈의 65퍼센트가량을 뉴욕 대학이 챙겨 가고 있었었다.[141] 뉴욕 대학과 뉴센바이그는 제네텍이라는 사설 생명공학 회사와 계약을 맺었다. 연구비 지원에 약간의 지분을 가지고 있던 세계보건기구만이 분개하여 특허 출원에 법적으로 대응하겠다는 의사를 밝혔다. 이에 국제개발처는 "다 가져가도 좋다. 백신만 다오."라는 요지의 발언을 했다. 국제개발처는 이제 지원을 받은 연구자들도 발명품에 모든 권리를 가질 수 있고 사설 산업체와 협력을 해도 좋다는 특별 정책을 만들었다. 본래 프로그램이 가진 이타적인 성격을 생각해 보면 배신이나 다름없게 느껴진다. 수익을 좇아 돌진하는 모습은 우습기 그지없었는데 아직도 백신은 환상일 뿐이었기 때문이다. 아

141 뉴욕 대학의 말라리아 백신 연구 지원비 사용 내역을 보면 회계상 미진한 점이 있다는 주장도 제기된다. 국회 회계 감사원 조사자는 "10만2천 달러가량이 뉴욕 대학에 추가 수당, 복리 후생비, 간접비 명목으로 지불되어 있다."는 것을 발견했다. 더불어 "회계 감사관은 기기 구입 명목으로 지출된 5만2천 달러에 대해 제대로 해명하지 못했다."고 밝히고 있다(GAO report to the Honorable Daniel Inouye, U.S. Senate, October 1989, p. 34).

직 백신을 접종받은 사람은 한 명도 없었고, 백신의 효과를 본 사람은 더더욱 없었다.

이후 2년간 하이테크 포자소체 백신을 이용해 아홉 명의 자원자를 대상으로 한두 번의 임상 시험이 이루어졌다. 백신을 접종받은 아홉 명 중 불과 두 명만이 감염된 모기에 노출되었을 때 말라리아 감염에서 예방되었다. 예방에 성공한 두 명 중 한 명은 백신에 알레르기 반응(재채기, 간지럼증, 눈물)을 일으켰다. 보고서에는 별것 아닌 일처럼 적혀 있지만 뉴기니 마을이었다면 마을 사람들이 흔히 하는 말처럼 '그저 그런' 일은 절대 아닐 것이다. 만약 마을에서 50명에게 백신을 접종했는데 다섯 명이 즉각 알레르기 반응을 일으킨다면 백신 접종 프로그램과는 그 즉시 작별을 고해야 하는 셈이다.

놀랍게도 국제개발처는 여전히 의욕이 넘쳐 "기술적으로 봤을 때 인간에게 적용 가능한 백신은 빠르면 1985년에 가능할 것이다", 혹은 "국제개발처는 디디티 이후 처음으로 개발도상국에서 사용할 수 있는 새롭고 강력한 항말라리아 무기[백신]를 1990년에 배포할 수 있을 것이다", "1984년 8월, 국제개발처는 인류에게 가장 치명적인 형태의 말라리아를 막을 수 있는 백신을 개발하는 데 획기적인 돌파구를 마련했다. 백신은 이제 5년 내로 개발도상국을 포함한 전 세계에서 사용할 수 있을 것이다."는 등의 허황된 약속들을 늘어놓았다. 1986년 말까지도 국제개발처의 과학 및 기술국 국장의 "우리는 이제 열대열원충 말라리아의 포자소체 단계 백신 원형을 만드는 데 거의 근접해 있다."는 발표와 함께 희망은 널리 퍼져 갔다. 다른 보도 자료에서 국제개발처는 "1989년이면 광범위하게 사용할 수 있는 백신이 준비될 것이다."라고 전했다. 속만 태우고 있던 가난한 열대 국가들은 이 발표를 듣고 국제개발처가 약속한 백신만을 믿으며, 지금까지 돈을 쏟아붓고 있던 항말라리아 사업들을 중단했다.

국제개발처의 돈에 종속되어 있지 않던 다른 과학자들은 백신 임금님을 찬찬히 살펴보았고, 아직 벌거벗은 임금님까지는 아니더라도 이제 팬티만 입고 있는 상황임을 눈치챘다. 1988년에는 과학 저널들에 "포자소체 백신 개발과 관련된 현실적 난점들", "말라리아 백신과 버려진 희망" 같은 제목의 비판적인 논문들이 실리기 시작했다.

포자소체 백신이 서서히 침몰해 가는 중, 포자소체 백신이 이득보다는 위험성이 더 크다는 새로운 경고를 담고 있는 연구 결과가 터져 나왔다. 메릴랜드 록빌 생의학연구소의 마이클 홀링데일Michael Hollingdale과 비르길로 도 로사리오Virgilo Do Rosario는 만약 백신으로 인해 나타나는 항체 수준이 완전한 면역을 부여하기에 충분치 않은 경우 역설적으로 감염을 강화하는 효과를 갖는다는 것을 발견했다. 항체가 말라리아 전파를 강화시켰다. 보통의 깨끗한 혈액을 흡혈한 모기보다 항체를 한껏 들이마신 모기 안에서 더 많은 포자소체가 나타났던 것이다. 이 연구 결과는 만약 포자소체 백신이 완벽한 면역을 제공해 주지 않을 경우, 오히려 백신 접종 프로그램이 결과적으로 말라리아를 더 널리 퍼뜨릴 수 있음을 증명해 주었다.

과학자들 사이에서는 명망 높은 '업계지'인 『사이언스』*Science*는 1988년 7월 29일호에 "[포자소체] 백신 임상 시험은 실망스러웠다."라는 논평으로 내용을 정리했다. 뉴센바이그는 이 의견에 굉장히 불쾌해 했고, 『사이언스』에 세 명 중 한 명의 자원자가 성공한 것은 '희망적인' 결과라는 주장을 담은 거친 편지를 보냈다. 게다가 그들은 『사이언스』 같은 공개적인 장소에서 평가받는 것을 원치 않는다고 했다. 뉴센바이그는 백신 프로젝트가 "동료 학자들에 의해 평가받아야지 과학 저널에 실린 근거 없는 논평으로 평가받아서는 안 된다."라는 의견을 보냈다. 물론 그의 감정 폭발은, 쥐나 원숭이를 대상으로 한 실험 결과를 이런 '형편없는 학술지'에 실어 인간 백신이 곧 개발될 수 있다고 발표했던 사실을 잊어버렸기 때문에 가능했던 일이 아닐까.

18
거대한 사기극

국제개발처 말라리아 백신 프로젝트 후반부에 들어서, 이야기는 이제 알퐁스 라브랑부터 한 세기 넘게 이어져 내려온 유서 깊고 명망 높은 주류 연구에 대해서라기보다는 경찰 신문에나 어울릴 정도로 변질되어 버렸다. 어쩌면 이 마지막 장은 선정적인 이야기(열대 사람들의 죽음과 질병의 생물학과 공중 보건 문제라는 맥락에서 벗어난 별 가치 없는 이야기)처럼 느껴질지도 모르겠다. 하지만 우리는 오늘날 행정 관료들의 영향력이 '실험실 안'의 학문에 너무도 큰 영향을 미치고 있다는 것을 기억할 필요가 있다. 또한 말라리아는 단순히 수치만 보더라도(연간 1억~2억 명의 감염자와 1백만~2백만 명의 사망자) 인간에게 가장 심대한 질병임을 기억할 필요가 있다. 또한 현재 우리가 열대 사람들을 말라리아로부터 해방시켜 줄 수 있는 수단들은 슬프도록 불완전하고 부적합하다는 점을 기억해야 한다. 또한 우리는 국제개발처 말라리아 백신 프로젝트가 말라리아에 대항하는 새로운 수단을 찾는 데 있어 가장 거대한, 그리고 아낌없는 지원을 받은 프로그램임을 기억할 필요가 있다. 그리고 이 프로젝트는 매니저와 과학자 여섯 명에게 절도·공모·교사·탈세 등의 명목으로 기소장이 날아가면서 마무리되었다. 다른 과학 연구 분야에서도 전례가 없는 일이었다.

미오드라그 리스틱은 말라리아 연구를 시작하기 전에는 수의학 연구자였다. 그는 소의 혈액에 기생하는 바베시아를 배양액에서 짧은 기간 배양시키면 수용성 단백질을 내뿜는다는 사실을 발견했다. 수용성 단백질은 항원의 특성을 가지고 있었고, 이를 이용해 소를 바베시아로부터 보호해 주는 백신을 만들 수 있었다. 바베시아는 소에게 잠재적으로 치명적일 뿐만 아니라 경제적인 측면에서도 중요한 질병이었다. 또한 바베시아는 말라리아를 일으키는 열원충의 친척인 원충이었다. 말라리아 기생충이 분비하는 항원을 백신으로 활용할 가능성은 충분히 탐구해 볼 만했다. 국제개발처는 리스틱에게 동물을 대상으로 예비 실험을 진행할 수 있도록 자금을 지원했다. 하지만 실험 결과는 실망스러웠고, 인간을 대상으로 실험을 진행할 수 있으리라는 기대는 아무도 하지 않았다.

1983년, 리스틱은 여전히 자신의 연구 방향이 옳으며 지속적인 지원을 받을 필요가 있다는 입장을 고수했고, 추가로 3년간의 연구비 지원을 요청하는 제안서를 국제개발처에 제출했다. 그가 요청한 예산은 총 238만 달러였다. 이 시기 국제개발처는 전문가 패널로 이루어진 고문단을 설치해 두었는데, 고문단은 국제개발처로 들어오는 제안서를 검토하고, 주기적인 지원을 받고 있는 프로젝트 연구의 진행 상황을 감사하는 역할을 했다. 하지만 패널의 조언은 무시되기 일쑤였을 뿐만 아니라, 심지어 국제개발처 말라리아 백신 프로젝트 책임자였던 제임스 에릭슨은 '재무부' 조달청에 자금 지급 요청을 넣을 때 패널의 의견을 멋대로 바꾸어 전달하기도 했다. 리스틱의 경우도 마찬가지였다. 전문가 패널은, 이 제안서는 제안을 제안하는 것에 가까우니 지원하지 않는 것이 좋겠다는 쪽으로 조언했다.

국제개발처 말라리아 백신 프로젝트 책임자인 에릭슨은 조달청 사무실에 가서는 전문가 패널이 "과학적 방법론을 승인했으며 연구자의 경력과 자격이 뛰어나다"(GAO 리포트)라고 판단했다며 소설 한 편을 써냈다.

리스틱은 수백만 달러를 손에 넣었다. 그러나 백신 개발은 한 걸음도 더 나아가지 못했다. 연구에서는 얻은 것이 없었지만, 지원금은 그렇지 않았다. 리스틱은 부당 회계를 하고 있다는 의심을 받기 시작했다. 일리노이 대학 회계 감사에서는 리스틱이 1984년에서 1987년 사이 국제개발처 지원금에서 여행 경비 명목으로 약 2만4천 달러를 자신의 개인 통장에 집어넣었다는 사실이 밝혀졌다. 대학 홍보부 대표는 "리스틱은 지원금을 이용해 항공기 티켓을 구입한 후 실제로 여행을 하지는 않았다. 대신에 자신이 개인적으로 관리하고 있던 여행사를 통해, 사용하지 않은 티켓을 환불해 여행사 계좌에 집어넣었다."라고 밝혔다.

일리노이 대학은 착복한 돈을 되돌려 주면 사무실과 실험실을 그대로 쓸 수 있는 명예교수 신분으로 퇴직할 수 있게 해주겠다고 권고했다. 하지만 국제개발처 감사원에 있던 감찰감들은 여기서 그치지 않고 그들 나름의 회계 감사를 시작했다. 1987년, 감찰감들은 회계 장부를 살펴보았다. 조사 결과 부당 회계에 대한 충분한 증거가 확보되었고, 이는 범죄 수사로 영장을 청구할 수 있을 정도였다. 증거들은 법무부와 일리노이 주 법무장관의 손으로 넘어갔다. 바짝 긴장한 일리노이 대학은 리스틱과의 연을 완전히 끊어 버리고 1990년 2월부로 실험실과 사무실을 비워 줄 것을 요청했다. 넉 달 후인 6월, 리스틱은 네 건의 절도죄와 사기죄로 기소되었다(현재 재판을 기다리는 중이다).[142] 일리노이 법무부 장관인 닐 하티건Neil Hartigan

은 이 사건을 "뻔뻔하고 파렴치한 탐욕"이라 말했다. 하지만 국제개발처 연구 지원비 절도로 기소된 사람은 리스틱뿐만이 아니었다. 서쪽으로 약 6천4백 킬로미터 떨어진 호놀룰루의 와심 시디키 역시 불법 회계 조작을 통해 13만 달러를 빼돌린 죄목으로 기소되었다.

와심 시디키는 다른 말라리아 연구자들이 내놓은 두 개의 중요한 발견에 편승했다. 첫 번째는 1966년 국립위생연구소의 마틴 영Martin Young의 연구 결과였다. 그는 남아메리카 올빼미원숭이*Aotus trivirgatus*(커다란 눈을 가진 작고 귀여운 동물)가 삼일열 말라리아를 일으키는 삼일열원충에 취약하다는 사실을 발견했다. 이듬해 스탠퍼드 대학의 퀀튼 게이만Quentin Geiman은 올빼미원숭이가 열대열원충에도 감염될 수 있다는 사실을 밝혀냈다.[143] 이제 백신 적격 시험을 '진짜'를 대상으로, 아니, 적어도 반쪽짜리 '진짜'(기생충은 '인간'의 것이었지만 원숭이는 여전히 실험동물이었으므로)에서 해볼 수 있게 된 셈이다. 하지만 일부 반대파 연구자들은 올빼미원숭이에게 일어나는 감염은 인간의 것과 상당히 다르다고 주장했다.

다음 돌파구는 1977년에 일어났다. 록펠러 대학의 윌리엄 트레거William

---

142 [역주] 1993년 4월 사건번호 992 F.2d 177의 판결 내역을 보면 배임과 횡령에 대해 유죄판결이 내려졌다. 하지만 리스틱은 1999년대까지 꾸준히 논문을 내며 연구 활동을 계속했던 것으로 보인다.

143 이전에는 고등 영장류들(고릴라, 침팬지, 췌장 절제술을 받은 긴팔원숭이 등)이 인간 말라리아 기생충에 실험적으로 감염될 수 있다고 알려져 있었다. 물론 이 동물들은 숫자도 적고 실험용으로 사용하기에는 가격이 너무 비쌌다. 구세계 원숭이들은 인간 말라리아에 전혀 감염되지 않았다. 왜 콜럼버스 이전 시대에는 말라리아조차 없었을 게 분명한 남아메리카 대륙의 원숭이들이 인간 말라리아에 취약한지는 생물학적·진화적 수수께끼다.

Trager와 제임스 젠슨James Jensen이 열대열원충을 배양액에서 장기간 기르는 방법을 발견한 것이다. 과거 다른 모든 이들을 혼란에 빠뜨렸던 결정적인 요소는 우스울 정도로(그래서 누구도 생각해 내지 못했을 정도로) 간단했다. 트레거와 젠슨은 열대열원충은 성장을 위해 산소가 많이 필요한 것이 아니라는 사실, 즉 기생충들이 혈관계의 후미진 곳에서만 성장하고 번식하기 때문에 사실은 산소가 부족한 상황에서 살아간다는 점을 눈치챘다. 열대열원충을 신선한 인간의 적혈구가 풍부하게 들어 있는 배양액에 넣은 뒤 배양기의 산소 농도를 낮추고 이산화탄소 농도를 높였다. 기생충은 간간히 적혈구와 신선한 배양액만 넣어 주면 배양기 내에서 무한정 자라났다. 물론 열대열원충과 몇몇 원숭이 말라리아 기생충을 배양하는 데 성공했을 뿐이었지만, 이것으로도 충분했다. 백신의 주요 목표가 되는 가장 치명적인 인간 말라리아를 이제 배양 플라스크 안에서 마음껏 수확할 수 있게 된 것이다.

시디키는 트레거와 젠슨이 사용한 방법대로 열대열원충을 키워 내 프로인트 보조제와 섞어 백신을 만든 다음 올빼미원숭이에게 접종해 보았다. 백신을 접종받은 올빼미원숭이는 면역을 얻었다. 살아 있는 기생충에 노출된 후에도 혈액 내 기생충 숫자는 낮은 수준에서 억제되었다. 원숭이에게는 낮은 수치지만, 인간에게서 그 정도 수준의 감염이 일어나면 심각한 말라리아를 일으킨다. 무엇보다 프로인트 보조제 없이는 원숭이를 면역시킬 수 없었고, 프로인트 보조제를 사용하면 늘 그렇듯이 원숭이에게 종기와 병변이 나타났다. 원숭이를 대상으로 한 이전의 백신 시험에서 그랬던 것처럼 이 백신 역시 인간에게는 사용할 수 없었다.

그럼에도 불구하고 국제개발처로부터 지원을 받은 시디키의 연구 결과는 미래에는 인간 백신이 나타나리라는 확신으로 포장·홍보되었다. 기자회견이 열렸다. 하와이 주 의회는 시디키에게 감사의 표시를 전했다. 하와이 대학은 가장 뛰어난 연구에만 수여하는 상으로 그를 기렸다. 이 상은 '최초로 유망한 말라리아 백신 후보를 발견한 데' 수여하는 것이었을 뿐만 아니라 그가 처음으로 말라리아 기생충을 배양하고, 처음으로 올빼미원숭이를 인간 말라리아에 감염시켰다는 의미도 담고 있었다.

이런 허위 진술은 너무도 어처구니가 없어 (미국위생및열대의학학회 전 학회장인 레온 로센 박사를 포함해) 커다란 반발을 불러일으켰다. '성과를 부풀렸음에도' 상이 주어졌다는 것이다.

혈액(무성생식)단계에 머물러 있던 말라리아 백신 연구는 1980년대 중반을 지나면서 변화하기 시작했다. '순도'를 좀 더 높일 필요가 있었다. 실버만이나 시디키처럼 기생충을 그대로 사용하는 방식은 이제 백신 후보로 적합하지 않았다. '새로운' 과학은 개념이나 기술적인 면에서 보자면 충분히 만족스러웠지만 면역학적으로는 여전히 어림짐작에 불과하다는 면에서 크게 다르지 않았다. 수많은 기생충의 항원들 가운데 정확히 어떤 것이 보호 및 면역 반응을 일으키는지를 알지 못했다. '순수한' 백신을 만들기 위해 훌륭한 방법들(단일 항체에 접합시켜 분리하는 방법, 재조합 유전자 기술, 그리고 포자소체 백신에서 사용되었던 것처럼 항원을 조립해서 합성하는 방법)이 많이 도입되었다. 국제개발처가 말라리아 백신 연구의 주요 자금원이었지만, 오스트레일리아·영국·네덜란드·콜롬비아 같은 나라들도 '순수한' 백신을 찾는 여정에 동참했다.

이론과는 반대로 항원이 '순수할수록' 올빼미원숭이 내에서 백신의 효과는 약해지는 것 같았다. '신세대' 말라리아 백신은 보조제가 꼭 필요했고, 항원이 '순수할수록' 올빼미원숭이에게 일부 면역이라도 부여하려면 더 강력한 보조제를 사용해야 했다. 보조제가 강력하면 강력할수록 독성도 높아져서 인간에게 사용하기는 더더욱 적합하지 않았다.

국제개발처와 이들이 지원하던 과학자 집단은 주목할 만한 성과가 없었음에도 불구하고 이제 곧 백신이 나올 것처럼 이야기했다. 부정적인 결과는 모호하게 발표했다. 보조제를 투여한 원숭이가 식욕을 잃어 체중 감소가 일어난 것에 대해서도 저자는 "인간에 사용하기 안전할지도 모른다."고 보고서에 적었다. 발표한 논문에는 보조제를 맞은 원숭이가 '사소한 불편'을 겪었다고 적혀 있었지만 사육사들은 사적인 자리에서 이 동물들이 '불구'가 되었다고 털어놓았다.

혈액 단계 항원은 단독으로 사용하기에는 효과가 너무 약하고, 보조제와 함께 사용하기에는 독성이 너무 높아 인간에게는 한 번도 시험되지 않았다. 하지만 1986년, 시디키는 "무성생식 혈액 단계 백신은 곧 임상 시험에 적용될 수 있을 것이다."라고 적었다. 1986년, 국제개발처가 백신 프로그램에 발을 들인 지 20년이 흘렀지만, 백신은 여전히 없었다. 1986년, 국제개발처가 지출한 총금액은 6,377만9천 달러에 달했다.

별 진전이 없었음에도 불구하고 1984년과 1985년 사이에 시디키는 연구를 3년 연장해야 하니 165만 달러가 필요하다는 내용의 추가 제안서를 국제개발처에 제출했다. 국제개발처는 이 제안서를 두 명의 외부 전문 심사원에게 보냈다. 감사원GAO 보고서에 따르면 평가는 다음과 같았다. 심사원 1은 "제안서 내용 자체는 평범하지만 너무 야심만만하고 예산 또한 과도하다."고 평가했고, 심사원 2는 "제안서는 기한, 예산, 실질적인 면에서 현실성이 없다. 요청한 예산 규모는 터무니없을뿐더러 의심스럽기까지 하다."고 평가했다.

전문가들의 평가는 이번에도 제임스 에릭슨에 의해 완전히 무시되었다. 시디키는 돈을 타냈다. 전부 다. 더 많은 '백신'들이 만들어졌다. 더 많은 원숭이들이 백신 접종을 받았고, 인간에게 적용될 수 있는 백신이 곧 나타날 것이라는 주장들이 더 자주 제기되었다. 더 자주 기자회견이 열렸다. 시디키의 차에 달린 장식 번호판에는 치명적인 질병을 기념하는 번호(MLARIA)가 새겨졌다.

국제개발처에는 감사국OIG이라는 독립적인 수사 기관이 있었다. 1988년, 감사국은 '제보를 받아' 시디키와 하와이 대학이 어떻게 말라리아 백신 연구 지원비를 운용하고 있는지에 대한 조사를 시작했다. 감사국의 감찰감들은 체계적인 자금 유용과 절도가 이루어지고 있으며, 대학교 책임 연구자[시디키]의 통제하에 있던 자금이 정확히 어디에 사용되고 있는지를 은폐하기 위해 가짜 서류들과 청구서들이 제출되었다는 증거를 발견했다. "……책임 연구자와 그의 비서가 5만 달러 이상[의 지원금]을 개인적인 명목으로 유용했다는 주장을 뒷받침할 만한 증거가 발견되었다. 대학 내 사무실을 다시 꾸미는 데 추가로 1만 달러 이상이 사용되었고, 지출금은 지원금에서 자문 비용으로 청구되었다."[144]

이는 시작일 뿐이었다. 시디키가 절취한 돈은 총 13만 달러에 달했다. '이반 부스키'Ivan Boesky[145]의 규모는 아니더라도 정직이 최선인 과학계에서는 월스트리트의 위탁금 유용만큼이나 죄질이 나쁜 경우였다.

1989년 9월 14일, 하와이 대배심은 시디키와 행정 비서인 수잔 로프턴Susan Lofton을 1급 및 3급 절도, 교사 및 공모죄로 기소했다. 18개월 후인 지금, 재판 날짜는 계속 미뤄져 여전히 재판을 기다리고 있다.[146] 하와이 법무부 부장관인 로렌스 고야Lawrence Goya는 이들이 자금을 갖가지 경로를 통해 착복했다며 비난했다. 일부는 호놀룰루 여행사와 계약을 맺고 환불금을 횡령하는 식으로 이루어졌다. 1984년 국제개발처는 1985년 4월 호놀룰루에서 열린 아시아-태평양 말라리아 회의를 위해 비용을 지불했다. 대규모 학술회의라 돈도 많이 들었다. 시디키는 주최자인 동시에 학술회의 자금을 관리하고 있었다. 국제개발처가 학술회의에 지원한 수표는 하와이 대학 내 연구 법인에 맡겨졌는데, 이후 시디키의 지시대로 영수증 처리를 위해 사용되었다. 동시에 시디키와 연계되어 있던 여행사가 학술회의 관련 업무를 맡았고, 시디키는 연구 법인에 학술회의가 열릴 퍼시픽 비치 호텔을 예약해야 하니 여행사에 10만 달러를 선지급하라고 지시했다. 1985년 3월, 학술회의가 열리기 불과 한 달 전, 시디키가 여행사로 하여금 매달

---

144 GAO 보고서, p. 24에서 인용.

145 [역주] 1980년대 월가 내 인수합병의 거물이었던 부스키는 대량의 주식을 미리 사들였다가 되파는 불법 내부자 거래를 통해 막대한 시세 차익을 남겼다. 월스트리트의 탐욕을 대표하는 인물이다.

146 [역주] 시디키의 재판 결과는 확인할 수 없었으나, 1992년 이후 학계에서 활동이 완전히 사라진 것으로 보아 유죄판결을 받은 것으로 보인다. 한 가지 웃지 못할 일은 1991년 시디키가 『하와이 전통에 남아 있는 비폭력 문화』(*Nonviolence in Hawaii's Spiritual Traditions*)라는 책을 저술했다는 것이다. 1991년이면 이미 재판에 회부되어 있을 시점이다.

자신에게 1,260달러를, 비서에게 1천 달러를 지급하라고 지시했다는 사실이 드러났다. 이 '추가' 월급은 이후 2년간 계속되었다.

국제개발처 감사원장의 수사망이 좁혀 들었다. 하와이 상원 의원이자 세출 위원회 위원장인 댄 이노우에Dan Inouye도 의심을 품기 시작해 회계 감사원을 통해 시디키와 국제개발처 말라리아 백신 프로그램에 대해 조사를 시작했다. 좁혀 오는 수사망과 기소를 피하기 위해 시디키는 연구 법인의 감사관을 설득해 지금까지 사용한 돈이 정당한 경로를 통해 승인 받았다는 서류에 날짜를 바꿔 서명하도록 했다. 법무부 장관은 이를 교사죄로 보았다.

시디키는 심지어 회계와 관련해 수사가 이루어지고 있는 와중에도 돈을 빼돌리는 무시무시한 능력을 보여 주었다. 시디키가 체포되기 불과 두 달 전, 록펠러 재단 보건부에서는 7만5천 달러의 연구비를 지원했다. 그리고 국제개발처 감사국으로부터 증거를 넘겨받은 호놀룰루 경찰에 의해 시디키가 체포되던 날, 바로 그날 국제개발처 말라리아 백신 연구부에서는 연구를 계속할 수 있도록 시디키에게 165만 달러를 추가로 지원하고 시디키에게 앞으로도 주요 연구자 자리를 맡긴다는 발표를 했다.

이 행태에 분노를 금치 못한 사람은 바로 이노우에 상원 의원이었다. 그는 텔레비전에 나와 만약 시디키가 정부 자금을 운용하게 놔둔다면 앞으로 하와이 대학 전체가 정부 연구 자금을 한 푼도 받을 수 없도록 개인적으로라도 개입하겠다는 의지를 천명했다. 국제개발처는 곧바로 모든 프로젝트 활동에서 시디키를 완전히 제외했다. 대학 역시 과학 및 행정 업무를 맡길 수 있을 정도로 믿을 만한 전임 연구원을 구해야 했다. 시디키의 자리는 사토루 이즈츠Satoru Izutsu라는 심리학자로 교체되었다. 하지만 이 말라리아-심리학자의 그늘 아래서 국제개발처가 165만 달러짜리 프로젝트의 실무를 믿고 맡긴 실제 인물은 홍콩에서 박사 학위를 갓 취득했으며 별다른 논문 발표 경력도 없는 박테리아 학자였다. 1990년, 국제개발처 프로젝트의 책임자가 된 육군 대령은 이들이 '의욕이 넘쳐' 마음에 든다고 했다.

시디키의 사기극은 박사급 두뇌를 필요로 할 만큼 정교하지는 않았다. 이와 비교하면 국제개발처에 있던 그의 멘토, 제임스 에릭슨의 이야기는 장기 방영 중인 일일 연속극쯤은 되리라. 에릭슨이 말라리아 백신 프로젝트의 책임자로 임명된 것은 1982년의 일이었다. 같은 해 국제개발처는 프로젝트를 감시할 외부 기관이 필요하다는 결정을 내렸다. 이 업무는 아무런 경쟁 과정 없이 미국생물학연구소AIBS에 돌아갔다. 미국생물학연구소는 주 정부의 여러 생물학 및 의학 관련 연구 프로젝트들을 관리하는 신망 높은 비영리 단체였다. 미국생물학연구소에서 프로젝트 책임자로 지정한 사람은 도로시 조단Dorothy Jordan이라는 여성이었는데, 곧 에릭슨과 아주 좋은 친구가 되었다. 1982년에는 이미 연인 사이가 되어 있었다. 이들의 연애는 에릭슨에 따르면 1985년에, 조단의 첫 번째 러브 스토리에 따르면 1986년에, 두 번째 버전에 따르면 1987년에 끝이 났다.

우연의 일치인지 조단에 대한 사랑이 식어 감에 따라 그녀를 고용한 연구소에 대한 애정도 함께 식어 갔다. 1986년, 에릭슨은 미국생물학연구소(와 계약 책임자)가 무능하며, 노골적일 정도로 불성실하다는 의견을 냈다. 곧바로 에릭슨이 성추행을 했다는 씁쓸한 고발이 되돌아왔다. 에릭슨과 국제개발처가 허구 위에 세운 카드의 성은 무너져 내리기 시작했다. 1987년 4월, 그의 상관은 "관리 실수가 있었다는 주장을 심리 중"이라는 이유로 에릭슨을 다른 부처로 임시 발령을 냈다.[147] 여기에 성추행 고발이 추가되었다. 이제 익명으로 불법행위를 했다는 정보들도 제공되었다. 1987년 10월, 에릭슨은 감사원장이 고발 내용을 확인하는 동안, 일을 하지 않아도 월급은 꼬박꼬박 받는 행정 휴가를 얻었다.

1년간 노느라 지친 에릭슨은 공세로 전환했다. 그는 자신이 '마녀사냥'의 피해자일 뿐이라고 주장했다. "그들은 나에 대해 뭔가 찾기를 기대하고 있죠. 만약 내가 정말 잘못한 일이 있다면 벌써 숨어서 도망 중일 겁니다." 그는 미국생물학연구소를 밀고자로 고소하면서 정부 직원들이 엉뚱한 민간 하청 업자들의 말만 듣고 엉뚱한 정의를 찾고 있다고 주장했다. 1988년 7월, 에릭슨은 국제개발처가 그를 해고하던지, 다시 복직시키던지 결단을 내리라며 행정소송을 걸었다. 법원도 동의해 국제개발처가 10월 6일까지는 결정을 내려야 한다고 판결했다. 국제개발처의 판단은, 잘못된 결정과 일부 직권 남용을 인정해 몇 주간 봉급을 삭감하는 것 정도였다. 이것이 그들이 할 수 있는 전부였다. 증명된 것은 아무것도 없었다. 미국생

147 말라리아 백신 프로젝트에서 에릭슨의 직속상관은 바로 그 자신이었다! 조직표상에서 그의 직속상관은 국제개발처 감염성 질환 부처장으로 되어 있었다. 에릭슨은 농업 곤충학자였기 때문에 감염성 질환의 부처장 자리도 맡고 있었다. 에릭슨이 백신 프로젝트 매니저로서 '훌륭한 백신 연구 제안서'를 추천하면, 감염성 질환 부처장인 에릭슨이 "그 정도 추천이면 우리에게는 충분하네. 지원하도록 하지."라고 조달청에 전달했다.

물학연구소에 있던 애인, 도로시 조단은 성추행에 대한 정식 기소를 취소했다.

에릭슨은 본능에 따라 일찌감치 도망갔어야 했다. 감사원장은 꾸준히 범죄 사실에 대한 증거를 모았고, 1989년 11월 29일 에릭슨은 연방 대배심에 의해 기소되었다. 『워싱턴 포스트』*Washington Post*에 실린 기소 내용은 그가 상관에게 잘못된 정보를 전해 주었다는 이야기뿐이다. 특히 미네소타 세인트폴에 위치한 KT&R 실험실이 "외부 평가자들이 추천해 주었기 때문에 연구비 지원을 받아야 한다."고 조달청에 거짓말한 것이 문제가 되었다.[148]

범죄 기소 이유치고는 취약해 보인다. 과학계에서는 국제개발처가 실패한(하지만 여전히 진행 중이며 예산 집행이 이루어지고 있는) 말라리아 백신 프로젝트를 무마하기 위해 제일 아끼던 자식을 토사구팽하고 있는 게 아니냐는 분위기가 있었다. 에릭슨이 프로젝트를 진행하면서 벌인 월권행위,

---

148 감사원 보고서에 따르면 KT&R과의 거래 내역은 이러했다. "1985년, 국제개발처는 제안서에 나와 있는 내용을 수행할 수 있도록 3년간 73만6,801달러를 지원해 줄 것을 미네소타 세인트폴, KT&R 실험실에 약속했다. 말라리아 백신 연구(MIVR) 프로젝트 책임자[에릭슨]가 상관 및 조달청, 보건과에 전달한 서류에서는, 사전 심의 중 부적합하다는 평가가 적합하다는 판정으로 둔갑해 보고되었다. 지원은 1987년에 중단되었고 이후 ① 보건과가 프로젝트 내 성과를 조사해 본 결과, 제한적인 성과에도 불구하고 심각한 결함과 과도한 예산 사용이 있음이 드러났고, ② 감사국에서 프로젝트 관련 기록을 감사해 본 결과 KT&R의 회계 처리가 부정했음이 드러났다. 이 프로젝트 내에서 43만 달러 이상의 예산이 부당하게 사용되었다." 감사국은 이 내용을 수사해 자금 흐름이 '부적절'했으며 프로젝트 관리와 연구자 모두 부당한 행동을 했다고 결론 내렸다. 수사 과정에서 감사국이 밝혀낸 사실들은 법무부로 넘겨졌다.

비합리적 결정, 허위 진술 같은 일들은 나쁜 일이기는 했지만 범죄까지는 아니라는 것이었다. 에릭슨이 개인적으로 사욕을 챙겼다는 증거는 없었다. KT&R에서도 뒷돈을 받은 적은 없었다. 하지만 그를 잘 알고 있던 사람들은 어떻게 KT&R처럼 동떨어진 회사가 국제개발처의 자금을 받을 수 있도록 해주었는지를 궁금하게 여겼다.

마침내 대배심에서 마지막 기소가 내려왔다. 『워싱턴 포스트』에 실린 이야기는 에릭슨에게 불리한 정황들을 일부만 전해 주고 있다. 기소 내용은 공모죄, 뇌물 수수, 허위 보고, 그리고 불법 세금 환급이었다. 책임자를 맡고 있던 국제개발처 말라리아 백신 프로그램을 이끌면서 복잡한 과정을 거쳐 부당이득을 챙기고 있었다는 고발도 나왔다.

KT&R과의 관계는 월권행위나 허위 보고 정도에 그칠 정도로 순수한 관계가 아니었다. 에릭슨은 KT&R을 통해 부당이득을 챙기고 있었다. 기소 내용은 1985년, 에릭슨이 KT&R에게 73만6,801달러의 연구 지원비를 승인한 직후, KT&R에게 국제곤충연구및개발IIR&D과 계약을 맺으라고 조언하는 데서 시작한다. IIR&D는 과테말라에서 기술 및 자문 지원을 하고 있었다. 계약 내용 자체도 수상쩍은데, KT&R 연구 계획은 의사 진료실에서도 수행할 수 있는 간단한 면역학적 진단 기법을 개발해 내는 것이었다. IIR&D는 이름에서도 알 수 있듯이 곤충학 전문 업체다. 에릭슨은 IIR&D에서 수익을 챙기고 있었고, 결과적으로 KT&R과 계약을 맺음으로써 더 큰 이득을 볼 수 있었다. KT&R은 워싱턴 D. C.에 있는 IIR&D의 은행 계좌에 7만2천 달러를 입금했고, 이 돈은 이후 정확히 얼마인지는 알 수 없지만 에릭슨이 인출해 갔다. 더불어 KT&R은 에릭슨의 개인 계좌 두 곳에 총 1만6천 달러를 직접 입금하기도 했다.

누군가에게는 횡재를, 에릭슨에게는 몰락을 안겨 준 원숭이 이야기는, 국제개발처 말라리아 백신 프로젝트의 역사에 숨겨진 또 다른 기묘한 이야기 가운데 하나다. 1983년에서 1984년 사이, 국제개발처는 인간에게 시험 가능한 백신 후보들이 대량으로 준비될 수 있으리라 생각했다. 백신들은 안전을 위해 올빼미원숭이와 다람쥐원숭이(다른 남아메리카 원숭이로 역시 인간 말라리아 기생충에 감염될 수 있었다)에 먼저 접종하도록 했다. 그러나 이는 자기 최면에 불과했다. 당시(지금도) 인간에게 적용할 수 있는 백신은 없었고, 안전성 시험 측면에서 봤을 때도 미국 식품의약국이 인간 시험 이전에 원숭이 시험 내용을 꼭 요구하지도 않았다.

아직 프로젝트 감독 업무를 맡고 있던 미국생물학연구소는 원숭이 구입을 준비하기 시작했고, 에릭슨의 조언대로 조지 디아즈George Diaz라는 '헤드헌터'에게 원숭이 구입 대행을 의뢰했다. 이어 디아즈와 에릭슨은 마이애미에 위치한 월드와이드 프라이메이트 대표인 메튜 블록Metthew Block과 접촉했다. 블록은 올빼미원숭이 2백 마리를 마리당 475달러에, 다람쥐원숭이 4백 마리를 375달러씩에 공급하기로 약속했다. 총 24만5천 달러였다. 하지만 디아즈는 미국생물학연구소에 게릭 인터내셔널이라는 회사를 통해 총 33만6천 달러에(올빼미원숭이는 630달러에, 다람쥐원숭이는 525달러에) 구입한 것으로 보고했다. 국제개발처 프로젝트 책임자인 에릭슨은 구입을 승인했고, 미국생물학연구소가 게릭 인터내셔널에 판매 대금을 지불하는 것도 승인했다.

대체 게릭 인터내셔널은 무엇이며 누구란 말인가? 게릭 인터내셔널이 바로 디아즈와 에릭슨이었다. 기소장을 보면 1985년 8월 26일, 에릭슨이 인쇄소에서 '게릭 인터내셔널'이 찍힌 필기구와 봉투들을 주문했다는 사실이 나타나 있다. 이를 9월 12일 수령했고, 같은 날 조지 디아즈와 부인이 게릭 인터내셔널이라는 이름으로 은행 계좌를 열었다. 미국생물학연구소는 원숭이 구입 대금의 일부로 16만8천 달러를 지불해 이 계좌에 집어넣었다. 게릭 인터내셔널은 월드와이드 프라이메이트에게 12만2,500달러를 지불했다.[149] 그리고 1986년 1월, 디아즈는 게릭 인터내셔널의 계좌에서 그의 처남인 리오넬 로잘리스Leonel Rosales에게 8천5백 달러짜리 수표를 끊어 주었다. 일주일 후, 리오넬 로잘리스는 8천5백 달러짜리 수표를 '제임스 M. 에릭슨' 앞으로 끊어 주었다. 3월, 조지 디아즈는 1만1,886달러를 게릭 인터내셔널 계좌에서 인출해 6,880달러, 5천 달러 두 번에 나눠 'J. 에릭슨' 앞으로 보내 주었다. 대배심은 이 정도면 공모죄와 뇌물 수수로 기소하기에 충분하다는 결정을 내렸다.[150] 수익에 대해서 세금도 내지 않았으므로 세 건의 불법 탈세 혐의도 추가되었다.

일단 에릭슨은 정식 재판에 회부되지 않았다. 오랫동안 자신의 결백을 주장하다가 1990년 2월 2일, 『워싱턴 포스트』에 따르면 뇌물 수수, 불법

149 1985년 10월 4일, 미국생물학연구소는 게릭에게 나머지 16만8천 달러를 지불해 주었다. 여기서도 어느 정도 횡령이 있었을 것이다. 기소장에는 에릭슨과 디아즈가 원숭이를 되팔아 총 5만4,250달러의 차익을 챙겼다고 보고 있다.

150 조지 디아즈 역시 공모 죄목으로 기소 대상에 포함되어 있었다. 하지만 미국을 떠난 지 이미 오래였다.

세금 환급, 공문서 위조에 대한 유죄를 인정했다. 최대 징역 5년에 벌금 25만 달러를 물 수도 있었다. 관대한 법원은 사회봉사 6개월과 2만 달러의 벌금형만을 선고했다.

다시 앞의 이야기로 돌아와서, 원숭이를 구하는 문제가 남아 있었다. 6백 마리의 올빼미원숭이와 다람쥐원숭이를 구하는 일은 '고향' 국가들에서 포획을 허가해 주더라도 쉽지 않았다. 월드와이드 프라이메이트와 게릭 인터내셔널은 돈은 받았지만 주문을 맞추는 데 어려움을 겪고 있었다.

올빼미원숭이와 다람쥐원숭이들은 콜롬비아나 볼리비아, 페루에서 왔다. 국제개발처는 콜롬비아 국립보건연구소에 3년간 말라리아 백신 지원 명목으로 153만 달러를 지원해 주었다. 하지만 연구소는 연구를 할 만한 역량이 없었고, 돈이 사실은 올빼미원숭이를 구하기 위한 '사탕'에 불과하다는 것이 중론이었다.[151] 연구소에는 세 개의 각기 다른 회계 장부가 있었

---

151 기묘하게도 말라리아 백신 연구는 범죄와 연관이 깊다. 여기에는 콜롬비아의 마약 밀매상과 같은 어둠의 세계까지 연계되어 있다. 에릭슨이 콜롬비아를 방문했을 당시 높으신 외교관 한 분이 국제개발처에 이런 문의를 했다고 한다. 베트남전 당시 악명 높았던 에이전트 오렌지, 즉 고엽제를 항말라리아제라고 속여 코카나무[코카인의 원료]에 뿌려 줄 수 없겠느냐는 것이었다. 1990년 7월 10일, 『사이언티스트』(*The Scientist*)에 실린 회고록에 따르면 에릭슨은 이를 비합리적이며 실행 불가능한 방식이라며 거절했다고 한다. http://www.the-scientist.com/?articles.view/articleNo/10482/title/Plague-Of-Mismanagement-Infects-Federal-Agency-s-Malaria-Project 참조.

[역주] 에릭슨은 국제개발처에서 해고된 후 자신을 희생양으로 포장하며 국제개발처 사업에 대한 강력한 반대론자로 활동하기 시작했다. 『사이언티스트』와의 인터뷰에서도 각종 비리를 폭로하며 국제 개발 사업의 현실을 비판했는데, 그의 과거 행적을 생각하면 참으로 뻔뻔한 일이 아닐 수 없다.

는데, 지원된 연구비 가운데 14만7천 달러는 콜롬비아 과학자 중 한 명인 카를로스 에스피날Carlos Espinal의 스위스 은행 개인 계좌에 가 있었다. 에스피날은 미국 연방 지방법원에 사기죄로 기소되었는데, 에스피날을 법정에 세우는 일은 국제개발처가 이제 플로리다의 열악한 사육 시설에서 시름시름 앓고 있는 수백 마리의 남아도는 올빼미원숭이를 재처분할 수 있는 확률만큼도 되지 않았다.[152]

페루에서의 협상은 콜롬비아 원숭이 거래보다도 더 냉소적으로 볼 수밖에 없다. 국제개발처는 페루에 110만 달러를 주었는데, 명목상으로는 야생 올빼미원숭이 보호 프로그램을 지원한다는 것이었다. 그러고는 페루에서 올빼미원숭이 6백 마리를 선적했고, 각각의 원숭이마다 추가금도 물었다.

볼리비아가 국제개발처의 원숭이 약탈 행위에 처음으로 반기를 들었다. 볼리비아 신문에는 볼리비아 정부가 올빼미원숭이 수출 금지 조치를 내려야 한다는 분노의 기사들이 실렸다. 월드와이드 프라이메이트 대표인 메튜 블록은 '밀입국' 올빼미원숭이들을 밀수하려고 했다. 하지만 밀수 도중 발각되어 징역살이를 앞두게 되자 개인 비행기로 도망쳐 버렸다. 콜롬비아와 페루도 볼리비아의 뒤를 따라 올빼미원숭이 수출을 불법화시켰다. 때는 이미 늦어 국제개발처가 1천5백 마리의 동물들을 반출한 후였다. 게

152 이 사기극에 대한 더 자세한 이야기는 『사이언스』에 실린 글, Marshall(1988b, 521-523)에서 찾을 수 있다.

다가 동물들 가운데 대부분은 엉뚱한 아종이라 말라리아 연구에는 쓸모가 없었다. 제대로 도착한 동물들도 실험장으로 보낼 수 없었다. 시험해 볼 말라리아 백신이 없었으니 말이다. 인간 말라리아의 모델로 삼기에 올빼미원숭이-열대열원충 모델은 신뢰도가 떨어진다는 의견이 많아지고 있었다. 그 와중에 원숭이 '보관료'는 2백만 달러를 뛰어넘고 있었다.

이해할 수 없는 국제개발처의 행동이 또 하나 있다. 1987년에 이르자 현장에서 시험해 볼 만한 인간 말라리아 백신 후보가 없다는 것이 명확해졌다. 1986년에서 1987년 사이, 국제개발처는 말라리아 유행 지역에 유령 백신을 시험해 볼 만한 현장 연구소를 세울 필요가 있다는 결정을 내린다. 어떻게 보면 납득할 만한 결정이기도 한데, 본래는 프로젝트가 시작될 즈음에 이런 연구 시설이 세워졌어야 정상이기 때문이다. 원숭이를 대상으로 한 시험은, 부분 면역이 있는 인간에게서 일어날지 모르는 상황을 모호하게 예측해 주는 정도에 불과하다. '면역적으로 순결한' 미국인 자원자들을 대상으로 한 시험도, 실제 마을 환경에서 백신 후보가 어떻게 될지를 예측하기는 힘들었다. 표본 지역에서 '마을 임상 시험'을 수행하려면 적어도 1년에 걸쳐 역학적·인구학적 기준점을 확인하기 위한 예비 연구가 필요했다. 현장 연구 시설을 세우기로 한 것은 국제개발처 말라리아 백신 프로그램이 내렸던 몇 안 되는 논리적인 결정이었다. 하지만 이 결정은 프로젝트가 과학적으로 파탄이 나고 무너지기 일보 직전일 때 내려졌다.

국제개발처 내에서도 현장 연구소에 대해 의문을 제기하는 사람들이 있었다. 국제개발처 정책기획과의 낸시 필마이어Nancy Pielemeyer는 "현재 임상적으로 성공하거나 개발 준비 중인 백신 후보도 없는데 백신을 시험할 현장 연구소를 세우려 한다. 이는 2천3백만 달러짜리 프로젝트를 지원하는 이유로 충분하지 않다."고 발언했다.

독자들은 어쩌면 열대 국가들이 백신으로 이득을 얻는 주요 대상들이며, 따라서 현장 시험을 위한 연구소와 연구 대상자들을 지원하는 데 적극적으로 참여할 것이라 생각할지도 모르겠다. 그러나 적극적인 참여는 없었다. 아프리카와 아시아 국가들은 입을 모아 미국인에게 먼저 시험해 보라고 외쳤다. 시디키는 인간 백신 임상 시험을 진행하기 위해 인도 보건부 차관에게 접근했었다. 인도에서 말라리아는 무시하지 못할 문제였음에도 불구하고 인도 정부는 이런 제안을 단번에 거절했다. 인도인들을 실험동물로 내몰 생각은 없었다. 더군다나 미국 백신에는. 이후 시디키의 명예가 땅에 떨어지고 백신이 실용화되지 않자 (전직) 관료는 자신의 통찰력에 자축을 보냈다.

미국은 마지막으로 파푸아뉴기니에 거절할 수 없는 제안을 했다. 정부 대 정부 협정으로 국제개발처는 5년간 현장 연구에 약 2천만 달러에 달하는 자금을 투자하기로 했다. 이후 예산은 반 토막이 나고 시간은 8년으로 늘어났다. 실제 연구 진행은 현장 및 실험실에서 말라리아에 대한 기초 연구를 진행해 온 유서 깊은 연구소인 파푸아뉴기니 의학연구소가 맡기로 했다.

앞으로 등장할 백신을 시험해 볼 대상은 살라타 근방에 있는 마을 사람들로 정해졌다. 연구소에서 파견된 직원들이 현장에 상주하며 마을 지도를 그리고, 인구조사를 하고, 혈액 필름을 만들고, 비장을 만져 보았다. 곤충학자들은 모기를 잡아 종을 확인하고 포자소체가 존재하는지 검사했다.

의료 유전학자들은 우세라와 동부 세픽 사람들의 면역적 특성을 확인하기 위해 노력했다. 이제나 저제나 오지 않는 말라리아 백신 후보를 기다리며 연구는 계속되었다. 하지만 양키들의 돈으로 마침내 의미 있고 진실된 연구가 진행되고 있었다.

25년이 지난 후, 국제개발처 말라리아 백신 연구 프로그램은 재난으로 판명 났다. 목 빠지게 기다리던 제3세계에 너무 큰 약속을 내걸었고, 이는 독이 되었다. 국제개발처의 입장에서 조금 변명해 주자면, 과거에도 현재도 백신은 정말 필요하다. 토착 말라리아를 관리하는 데 있어 보조 역할에 그친다 하더라도 말이다. 국제개발처는 다른 '신뢰도 있는' 과학 연구 단체들이 세상의 요구를 무시하고 자신의 책임을 저버렸을 때 나서 주었다.

국제개발처가 실패한 이유는 전문가들의 조언에 귀 기울이지 않는 아마추어들이 운영했기 때문이다. 국제개발처가 실패한 이유는 추잡한 부패에 빠져들었기 때문이다. 국제개발처가 실패한 이유는 2류 과학을 조장하고 실험 성과를 부풀렸기 때문이다. 그리고 국제개발처가 실패한 이유는 인간의 면역계 자체가 백신으로 면역을 획득할 수 없도록 되어 있었기 때문이다.

하지만 진짜 악당들은 기소당한 사람들이 아닌, 신망 높고 명성 높은 기존 과학자들일 수도 있다. 이들이 바로 자신의 의견이 조작되고, 무시되고, 위조되었을 때 공식적으로 나서서 반대하지 않은 사람들이다. 이들이 바로 국제개발처가 지원하는 연구의 효과에 의문이 든다고 사적인 자리에서만 이야기하던 사람들이다. 이들이 바로 한 분야를 이끄는 전문가들로서의 책임을 방기한 사람들이다. 이들의 침묵이 바로 말라리아 연구에 돌이킬 수 없는 해를 입힌 원인이다. 말라리아 피해자들은 여전히 우리와 함께 있으며, 우리의 도움을 필요로 하고 있다.

1900년경에 만들어진 키니네 약병.

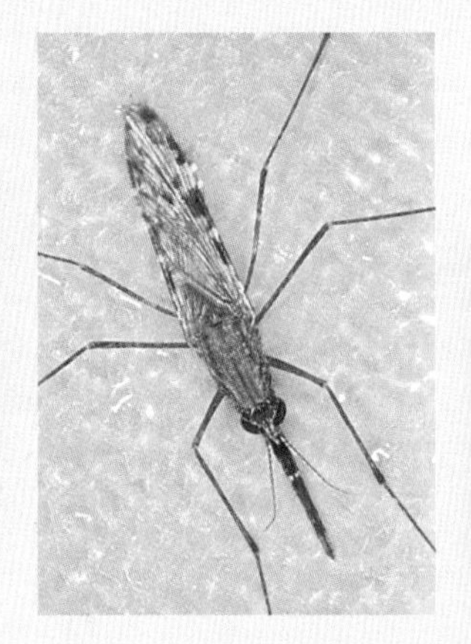

얼룩날개모기. 수많은 모기 종들 중 얼룩날개모기들만이 인간 말라리아를 옮긴다.

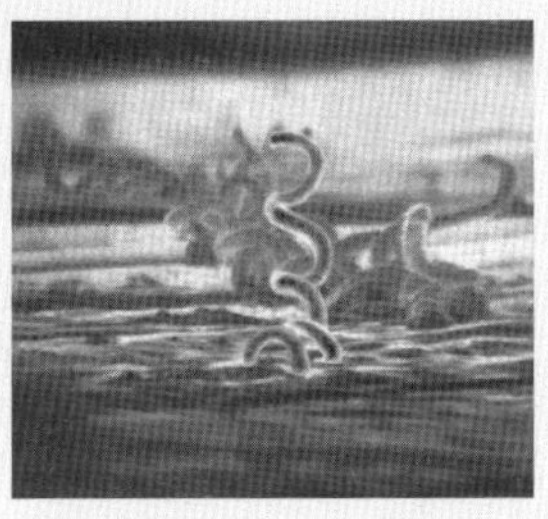

매독균의 전자현미경 사진.

윌리엄 스탠리 하셀타인이 19세기 말엽에 그린 폰타인 습지의 모습.

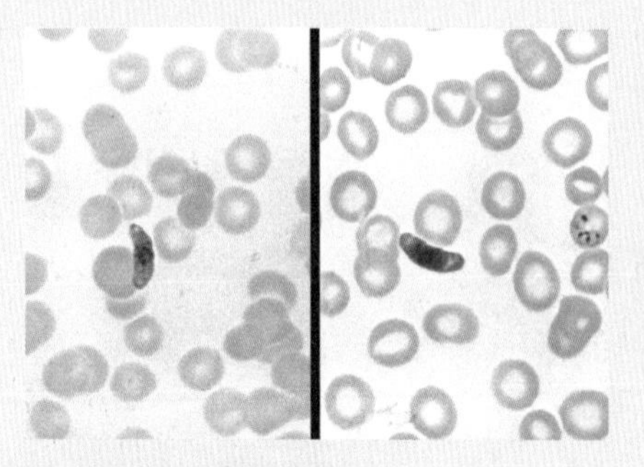

바나나 모양의 생식모세포.

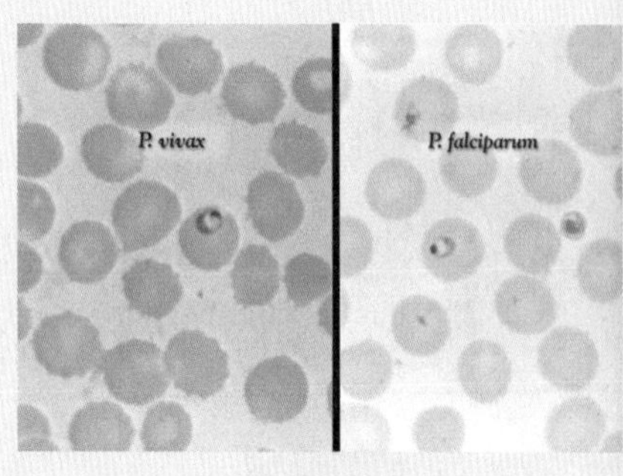

왼쪽은 삼일열원충, 오른쪽이 열대열원충으로 루비가 박혀 있는 듯 선명한 반지 모양이 열원충의 특징이다.

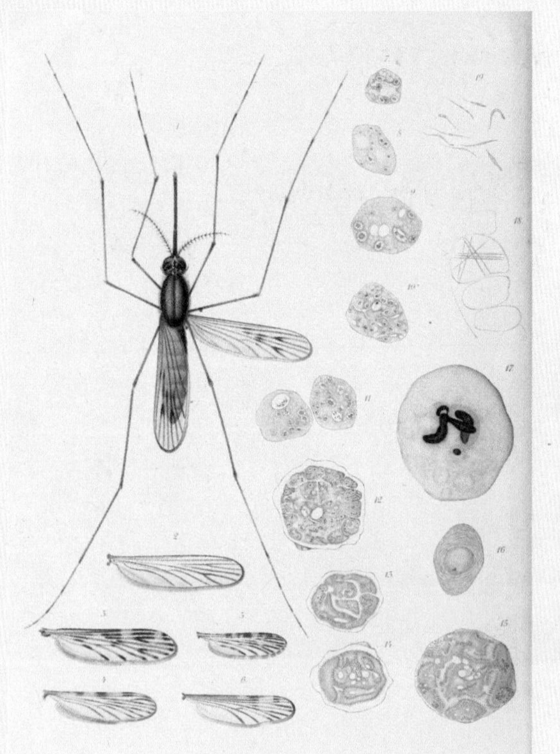

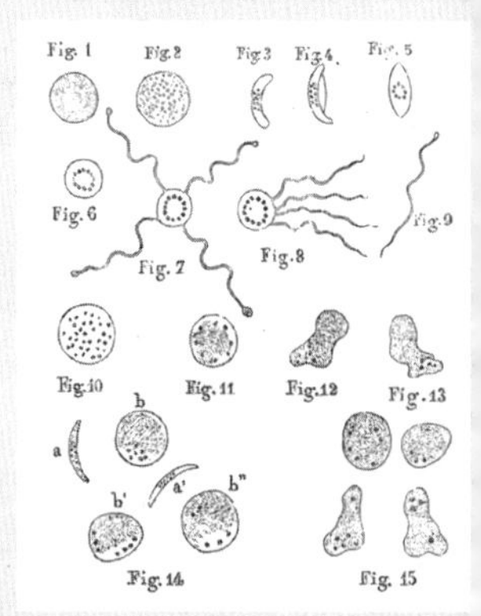

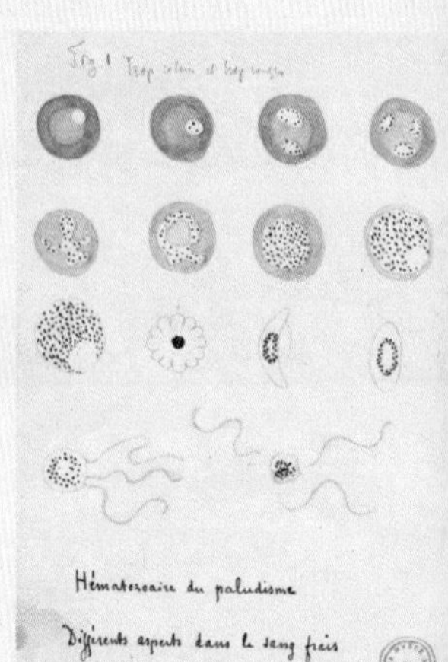

그라시가 그린 말라리아 교과서의 일부. 사진기가 널리 보급되기 전까지 생물학자들에게 그림 실력은 필수였다. (왼쪽)
라브랑이 학회에 보낸 편지의 일부. (오른쪽 위, 아래)

알퐁스 라브랑이 모기를 물리치는 모습을 그린 1909년 과학 잡지 삽화.

조반니 바티스타 그라시. 직접 기생충을 먹어 보는 자가 실험을 가장 많이 시행한 학자 중 한 명이다.

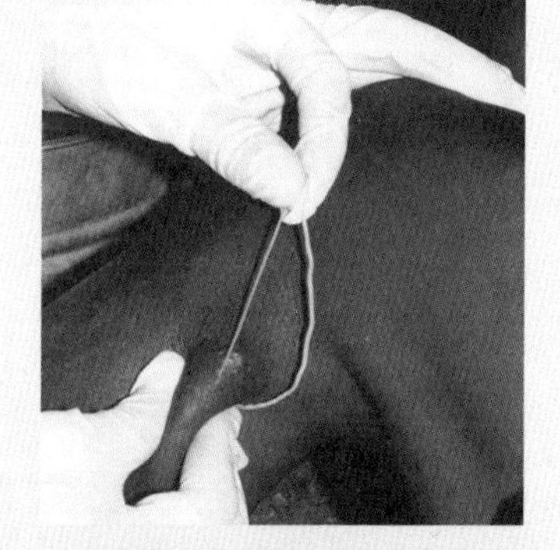

메디나충 치료 모습. 2~3주에 걸쳐 물을 부어 가며 조금씩 빼낸다.

1834년 일본 목판화. 상피병으로 부풀어 오른 음낭을 들것에 실어 나르는 모습.

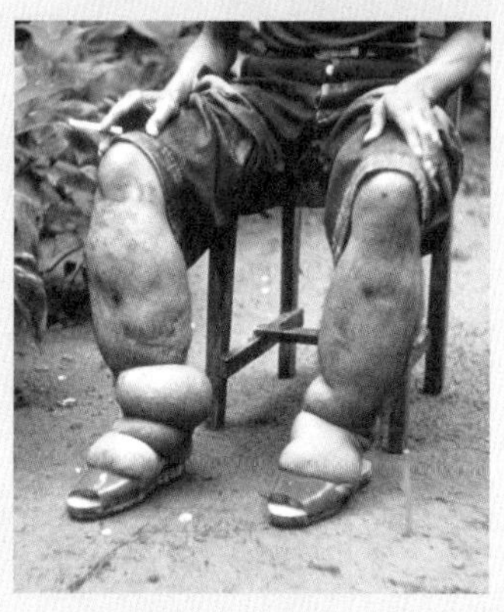

상피병 환자의 모습. 사상충 감염으로 림프액의 흐름이 막히면서 다리나 음낭 부분이 부풀어 오른다.

107

20th August 1897

36). Mosq. of 16th (4th day) dead. Brown with white wings &c.
As usual some cells with yellowish fat granules? (8) (9)
No pseudos. No filariae

37) Mosq. of 16 (4th day) dead. Small, brindled, black
[illegible]

38). Mosq. of 16th (4th day) living. Brown with white wings &c.
The stomach just under at outer surface contained some large cells with pigment (?) & numerous vacuoles

The pigment sometimes oscillates, is quite black like that of haemamoeba; & is not found outside these cells. In 8 it is arranged in a circle. The vacuoles do not change position & the cells do not change shape. The outline of the cell is generally thick, but in the smaller ones sometimes delicate. About 12–16μ in diameter.
This specimen irrigated with 40% formalin & sealed with [illegible] glue.

21st August
Yesterday's sealed specimen. Pigmented bodies still present, but not more visible

All it not moving

No 5 shows signs of a nucleus & Nos 5 & 6 are distinctly more fleshy & bright than yesterday.

39) Mosq. of 16th (5th day) alive. Large, brown, white wings &c.
The same cells in stomach under superficial layer – only a little larger & better defined

Pigment oscillating in some. Largest about 20μ in diam. Outline much thicker. 21 of these in stomach, chiefly toward upper end.

1897년 8월 20일자 로스의 일기장.

찰스 레저. 키니네의 안정적인 보급을 가능하게 해주었다.

3대 관구 병원 북측에 있는 로널드 로스의 추모문. ©somdeb

레코 철도역 옆, 조반니 그라시 로(路)의 표지판.

19세기 말엽 서벵골의 키니네 추출 공장 내부 모습.

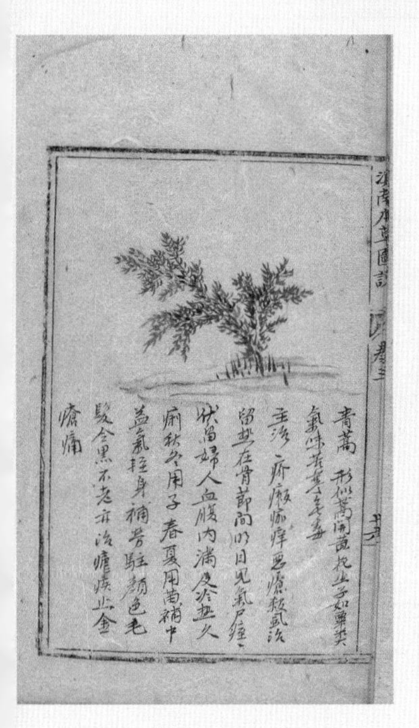

滇南本草圖說 卷三

青蒿 形似蒿開黄花 子如粟米
氣味苦寒
主治 疥瘡癩痒 惡瘡 殺蟲 治
留熱在骨節間 明目 鬼氣 尸疰
伏留 婦人血腹內滿 及冷熱久
痢 秋冬用子 春夏用苗 補中
益氣 輕身 補勞 駐顏色 毛
髮令黑不老 亦治瘧疾 止金
瘡痛

명나라 시대 의술서에 남아 있는 칭하오수 그림과 용법.

제2차 세계대전 당시 태평양 전선에서 아타브린이 널리 사용되었다.

파나마운하 건설 당시 미국 노동자들이 모기 방제를 위해 수로를 건설하던 모습.

에드워드 제너가 천연두 백신을 아이에게 접종해 보고 있는 그림(콘라드 함만 작).

레너드 브루스-슈왓. 1958년부터 세계 말라리아 퇴치 프로그램을 이끌었다.

20세기 초반까지 동남아시아 지역에는 기나나무 플랜테이션들이 다수 존재했다.

말라리아 배양 시 이산화탄소 농도를 높이는 가장 쉬운 방법은 바로 밀폐된 용기 안에 촛불을 켜두는 것이다. 초가 타면서 산소를 소모하고 이산화탄소가 증가하기 때문이다.

■ 이 책의 주인공들

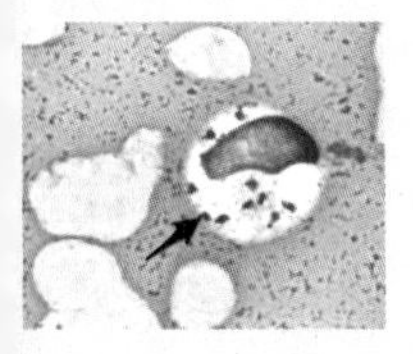

리슈만편모충(1903~현재)
칼라아자르 학자들의 존재 이유. 리슈만과 도노반이 발견했으나, 정작 이름은 로스가 붙였다. 서로 다른 종의 리슈만편모충이 아시아부터 아메리카까지 퍼져 있다. 지금까지 총 35종이 발견되었으며, 인간뿐만 아니라 개과, 너구리과 동물에서도 자주 발견된다. 연간 130만 명의 신규 감염 환자가 발생하고 있으며, 이 가운데 매년 3만 명 이상이 사망하고 있는 것으로 추정된다.

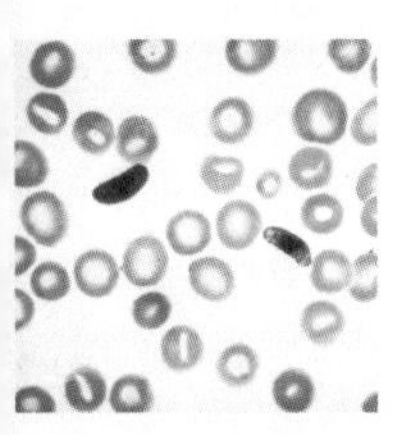

열원충(1880~현재)
말라리아 학자들의 존재 이유. 미국 메이저리그의 전설적인 감독 진 마우치는 "야구공과 말라리아는 항상 되돌아온다."는 말을 남겼다. 한국에서는 학질 · 제구실 · 하루걸이 등의 이름으로 알려져 있다. '학을 떼다' 역시 학질에서 유래한 말이다. 현재까지 약 2백여 종이 알려져 있으며, 인간뿐만 아니라 포유류 · 조류 · 파충류 등 다양한 생물들을 감염시키고 있다. 현재 세계보건기구 추산으로 2012년 기준 연간 62만7천 명이 말라리아로 사망하고 있고, 2억7백만 명이 감염되어 있으며, 12억 명이 감염 위험에 노출되어 있는 것으로 보고 있다.

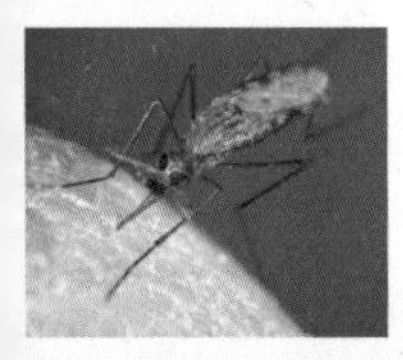

얼룩날개모기(1818~현재)
얼룩날개모기만이 말라리아를 옮길 수 있다. 희고 검은 무늬가 일정하게 배열되어 있는 것이 특징이다. 국내에는 8종이 서식하고 있으나, 지금까지 열원충이 확인된 것은 6종이다. 자동차 바퀴 자국에 고인 물 등 물이 조금만 있는 곳에서도 수질만 깨끗하다면 발생할 수 있다. 벽에 앉았을 때 꼬리 끝을 하늘로 치켜 올리는 습성이 있어 다른 모기들과 구분이 쉽다. 여름밤 방에 들어온 모기 종류를 구분해 보는 것도 재미있다.

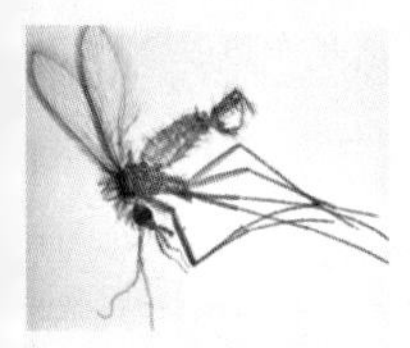

모래파리(1845~현재)
몸길이 1.5~3.0밀리미터의 작은 흡혈 곤충으로 리슈만편모충(칼라아자르)과 여러 바이러스 질환을 옮긴다. 은빛 날개의 작고 연약한 곤충으로, 멀리 날지도 못해 질병의 매개체로는 보이지 않는 기만적인 모습을 하고 있다. 모래파리는 매우 복잡한 생식기를 가지고 있어 종을 분류할 때 외형보다는 생식기의 모양을 바탕으로 분류한다. 따라서 해부 과정에서 매우 섬세한 손놀림이 필요하다.

붉은털원숭이(1780~현재)
현대 과학, 특히 생물학에 가장 많은 기여를 하신 분이다. 붉은털원숭이의 헌신적인 노력이 없었다면 수많은 의약품들이나 백신은 개발될 수 없었을 것이다. 광견병 · 소아마비 · 천연두 백신 개발에 큰 기여를 했다. 그뿐만 아니라 우주여행을 떠났다 살아 돌아온 최초의 생물이기도 하다.

디디티 DDT(1874~현재)
왕년의 슈퍼스타. 지금은 생태계 교란의 주범으로 낙인 찍혀 있다. 1950년대 광범위하게 진행된 말라리아 박멸 사업의 영향으로 널리 사용되었다. 살충 효과가 뛰어났기 때문에, 만병통치약으로 생각한 일부 사람들이 칵테일에 넣어 먹었다는 이야기도 있다. 하지만 무분별하게 사용할 경우 생태계를 교란시킨다는 사실이 확인되어 1972년 미국을 시작으로 전 세계에서 대부분 사용이 금지되었다. 2004년 이후로는 말라리아 관리 분야에서 제한적으로 사용이 가능하다.

로베르트 코흐(1843~1910)

독일의 의사로 현대 미생물학의 아버지라 할 수 있다. 결핵 · 콜레라 · 탄저병 등의 원인 박테리아를 밝혀 질병과 미생물의 연관성을 규명했다. 이 공로로 1905년 노벨 생리의학상을 받았다. 이런 이론적인 기여뿐만 아니라 미생물 실험에 사용되는 다양한 기술과 방법들을 개발하기도 했다. 독일 과학계의 자존심으로서 학계 내에 대단한 정치력을 발휘해 왔다. 이 영향력을 이용해 그라시가 노벨상을 받는 것을 막기도 했다.

패트릭 맨슨(1844~1922)

스코틀랜드 출신 의사로 열대 의학의 아버지이기도 하다. 사상충이 모기에 의해 전파됨을 밝혀 곤충이 기생충 질환을 매개할 수 있음을 알렸다. 이후 영국 식민성에서 일하며 강력한 정치력을 발휘해 홍콩의학대학교와 런던위생열대의학대학원을 설립했으며, 왕립열대의학회의 초대 회장을 역임했다. 그의 사위 역시 열대의학자였으며, 손자도 열대 의학에 기여한 공로로 왕립열대의학회에서 수여하는 맨슨 메달을 수여받았다.

알퐁스 라브랑(1845~1922)

프랑스 출신으로, 말라리아의 원인인 열원충을 발견한 공로로 1907년 노벨 생리의학상을 수상했다. 말라리아뿐만 아니라 수면병 연구에서도 파동편모충이 원인임을 밝혀냈다. 과학에 대한 열정이 대단해, 평생 6백여 편이 넘는 저서와 논문을 남겼다. 노벨상 상금은 파리 파스퇴르 연구소에 기부해 열대의학교실을 설립했을 정도로 기생충과 열대 의학에 헌신한 인물이다.

조반니 바티스타 그라시(1854~1925)

이탈리아 출신으로, 말라리아 연구뿐만 아니라 다양한 분야의 동물학을 선도한 생물학자이다. 선충과 벌들의 초기 발달 단계, 장어의 변태와 이동, 흰개미의 생태 등을 연구했다. 인간 말라리아를 옮길 수 있는 것은 암컷 얼룩날개모기뿐임을 밝히기도 했다. 회충의 한살이를 규명하기 위해 직접 회충에 감염되는 자가 실험을 진행하기도 한 열정적인 기생충 학자였다. 하지만 이 과정에서 다른 학자들의 공적을 가로채는 등 학계 내에서는 많은 논란을 불러일으키기도 했다.

로널드 로스(1857~1932)

영국 출신으로, 모기의 체내에서 말라리아 열원충을 발견하고, 이를 바탕으로 말라리아가 모기에 의해 전파된다는 사실을 밝혔다. 이 공로로 1920년 노벨 생리의학상을 받았다. 이후 그의 공을 기려 국가에서 세워 준 로스 열대의학연구병원의 초대 원장을 맡았다. 1932년 그의 이름이 붙은 병원에서 천식으로 숨을 거두었다.

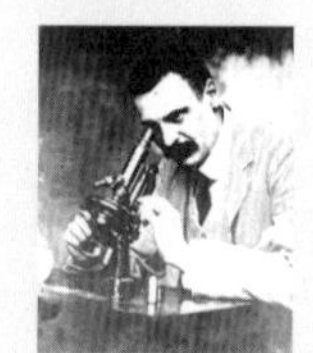

찰스 도노반(1863~1951)

리슈만이 칼라아자르의 원인을 파동편모충으로 지목한 지 3년 후, 도노반이 다른 환자에서 발견한 기생충을 토대로 파동편모충과는 다른 리슈만편모충이 원인임을 정확히 판별해 냈다. 하지만 도노반의 공로보다는 리슈만의 공로가 더 크게 인정되었다. 이후에는 인도 마드라스 대학교에서 의학을 가르치며 여생을 보냈다. 기생충에 대한 그의 열정 덕분에 마드라스 대학에서는 행정부 직원이나 청소 직원까지 혈액 슬라이드 정도는 만들 줄 알았다는 이야기가 전해진다.

윌리엄 부그 리슈만(1865~1926)

스코틀랜드 출신 병리학자이자 군인이다. 칼라아자르로 사망한 환자의 비장에서 리슈만편모충을 발견했다. 처음 리슈만편모충을 발견했을 때는 수면병을 일으키는 종으로 오인했다. 이후 도노반이 칼라아자르의 원인이 리슈만편모충임을 확인하자 로스의 중재로 기생충의 이름에 리슈만과 도노반의 이름이 같이 들어가는 것으로 마무리되었다.

옮긴이 후기

여전히 살라타에는 변한 것이 없었다

『기생충, 우리들의 오래된 동반자』를 쓰는 데 3년이라는 시간이 걸렸다. 그 시간 동안 영국에서 학업을 마치고, 남아프리카에 위치한 스와질란드에서 의료 지원을 한 후, 한국에 다시 돌아와 책을 마무리했다. 초고를 완성해 두었던 책을 방치한 채 스와질란드로 떠났던 데는 데소비츠의 이 책도 한몫 거들었다. 데소비츠는 글에서 항상 현장과 실험실의 균형을 강조해 왔다. 20여 년이 넘는 현장 경험과 그보다 길었던 실험실 경험을 녹여 낸 그의 주장에는 거부할 수 없는 힘이 있었다. 그렇게 나는 학문을 해야 하는 이유들을 배우며 책을 완성할 수 있었다.

스와질란드와 탄자니아에서 1년씩 보내며 자원봉사자로 진료도 도와보고 대형 기생충 관리 사업의 책임자로 일해 보기도 했다. 하지만 그 때마다 든 생각은 여전히 '살라타'에는 변한 것이 없다는 것이었다. 여전히 휘황찬란한 연구들은 연구실 안에만 있을 뿐이었고, 언론에 소개되는 수많은 과학기술들은 현장에서는 구경도 하지 못했다. 안전한 약품으로 간단히 치료할 수 있는 기생충 질환들도 약이 없어 치료하지 못하는 일이 여전히 많았다. 책이 나오고 많은 세월이 흘렀지만 여전히 세상에는 수없이 많은 '수쉴라'와 '암폰'이 있다.

데소비츠는 풍부한 제3세계 현장 경험과 실험실 연구 경험을 바탕으로 실험실 안의 과학과 현실에서의 과학 사이에 얼마나 큰 괴리가 있는지를 적나라하게 보여 준다. 영국과 미국·일본·한국 등 첨단 과학을 주도하고 있는 나라의 연구실에서는 당장이라도 사람들을 괴롭히는 질병을 물리칠 수 있는 놀라운 기술이 개발된 듯 이야기한다. 하지만 그 이면에는 막대한 예산을 바탕으로 보잘것없는 성과밖에 내지 못했음에도 불구하고 과대 포장해 선전용으로 삼는 관료주의 정책가들, 이를 묵인하고 연구비에 탐닉하는 부정직한 연구자들, 그리고 세계 밑바닥의 10억 인구가 어떤 고통을 겪고 있는지를 완전히 무시하고 있는 수많은 사람들이 있다.

이 책이 미국에서 처음 출간된 것은 1990년이다. 그리고 또다시 사반세기가 흘렀다. 효과적인 말라리아 백신은 여전히 먼 미래의 일이다. 2014년 7월, 세계 최대의 제약회사 중 하나인 GSK는 아프리카 11개국에서 진행한 RTS,S라는 이름의 말라리아 백신의 임상 시험이 매우 성공적이었다며 대대적으로 홍보했다. 이제 백신은 곧 승인 단계를 거쳐 상용화에 돌입할 계획이다. 하지만 그 속을 들여다보면 실제 백신의 보호 효과는 30~40퍼센트에 불과하다. 즉 백신을 접종받은 1백 명 가운데 60~70명은 여전히 말라리아에 걸린다는 뜻이다. 따라서 임상 실험 최종 보고 논문의 말미에는 백신만으로는 충분한 보호 효과를 갖기 어려우니 모기장이나 말라리아 치료약과 함께 사용할 필요가 있다고 짧게 적고 있다. 부분적인 성공으로 평가할 수도 있지만, 지금까지 여기에 소모된 사람들의 노력과 자금을 생각하면 초라한 성적표다.

책에서 지속적으로 비판하고 있는 정책적 변화도 그렇다. 디디티의 몰락 이후, 수그러들었던 매개체 억제나 환경 관리는 여전히 되돌아오지 못하고 있다. 세계보건기구를 비롯한 말라리아 지원 단체들은 여전히 치료제를 주요 해법으로 삼고 있다. 특히 1998년 시작해 2010년까지 전 세계 말라리아 발병 건을 절반으로 줄이겠다며 야심 차게 시작되었던 '롤 백 말라리아'Roll Back Malaria 프로젝트는 치료제 투여를 중심으로 한 개입 때문에 제약회사 등의 이권 싸움에 불과한 것 아니냐는 강한 비판을 들어야 했다. 물론 이 프로젝트도 말라리아를 절반으로 줄이는 데 실패했다. 말라리아를 둘러싼 정치경제학은 『열대 의학의 형성 : 말라리아의 역사』에서 자세히 다루고 있다.[153]

치료제에 의존하는 현재의 말라리아 관리 사업이 갖는 명확한 한계는 동남아시아, 즉 '암폰'이 살고 있는 지역에서 더욱 두드러진다. 오랜 세월 국내 분쟁을 겪어 온 타이·캄보디아·미얀마 인근에서는 말라리아 기생충의 약물 저항성이 자주 나타나고 있다. 심지어 말라리아 치료제에 있어 기적의 신약이라 불렸던 아테미시닌에 내성을 갖는 말라리아도 나타나고 있다. '수쉴라'도 마찬가지다. 리슈만편모충증은 여전히 연간 130만 명의 신규 감염 환자와 3만여 명의 사망자를 발생시키고 있다. 특히 인간 면역결핍 바이러스(에이즈) 유행은 리슈만편모충의 증상을 더욱 악화시키고 있다. 이제 인도에서 안티몬 계열 약품들은 효과가 없다. 기생충들이 대부분

---

153 Randall M. Packard, *The Making of a Tropical Disease* (Johns Hopkins University Press, 2011).

저항성을 보이고 있기 때문이다. 최근 완치율이 95퍼센트에 달하는 훌륭한 약품이 개발되었지만(암포테리신B), 완치까지 필요한 비용이 250달러에 달한다. 리슈만편모충증이 유행하고 있는 지역의 주민들에게는 너무 높은 가격이다. 25년 전 수쉴라가 그랬던 것처럼, 여전히 사람들은 약을 구입하지 못해 죽어 간다. '살라타'에도, '수쉴라'와 '암폰'에게도 바뀐 것은 없다.

데소비츠가 마지막에 통렬하게 비판하고 있는 과학계 내부의 문제는 어떤가. 2005년부터 시작된 한국의 '황우석 사태'는 여전히 이런 논란들이 세계 곳곳에서 반복되고 있음을 보여 준다. 황우석 사태는 데소비츠가 그리고 있는 1980년대 미국 말라리아 산학계의 부패를 그대로 재현하는 듯하다. 정부와 경제, 학계가 만든 일종의 동맹은 그들의 이해관계만을 반영하며 이 과학기술을 절실히 필요로 하는 사람들을 기만하고 방관했다.[154]

그의 글을 보면서, 기생충학을 공부하고 있는 나의 모습도 돌아보게 되었다. 어쩌면 그의 저술은 실험실 속 연구가 어떤 의미가 있는지를 고민하던 과정에서 또 다른 방향을 보여 준 글이 아닐까 싶다. 과연 과학자로서, 그리고 이 과학자들의 연구비를 지원하는 납세자로서 우리의 역할은 무엇일까. 언제 나타날지 모르는 놀라운 과학적 성과에만 목을 맨 채 막대한 연구비를 쏟아붓는 것이 과연 이들을 위한 일이라고 말할 수 있을까?

데소비츠의 첫 책, 『뉴기니 촌충과 유대인 할머니』의 마지막은 이렇다.

---

154 황우석 사태와 과학기술동맹에 대한 자세한 이야기는 『침묵과 열광 : 황우석 사태 7년의 기록』(후마니타스, 2006) 참고.

열대 지역을 괴롭히는 여러 감염성 질환들을 (박멸은 아닐지라도) 개선하기 위해서는 비단 감염에 직접적인 영향을 받는 지역 주민들뿐만 아니라 보건 사업 종사자들과 관리들의 행동 역시 바꿀 필요가 있다. 지역 주민들과 보건인들이 함께 질병의 원인을 밝히고 이를 억제하는 데 필요한 방안에 대해 충분히 이해해야 한다. 주민들에게 있어 행동의 변화란 지금까지 소중하게 지켜 온 관습과 전통을 버려야 할 필요가 있다는 것을 의미한다. 그리고 전문적인 지식만을 쌓아 온 보건 종사자들의 경우에는 지식과 현실의 간극을 좁혀야 할 필요가 있음을 의미한다. 이 간극을 의료 인류학자 프레더릭 던Frederick Dunn은 이렇게 말했다. "행동과학과 의학, 생물학은 너무 오랫동안 떨어져 있었다. 학문의 단절이다." 그리고 마지막으로 과학자에게는 이제 현미경에서 눈을 들어 세상을 둘러볼 필요가 있음을 의미한다.

유머 안에 날카로운 비평을 담아내고, 그럼에도 항상 인간에 대한 애정을 잃지 않는 그의 글을 번역하면서, 또다시 많은 가르침을 얻었다. 현장과 실험실의 균형을 잃지 않고 언제나 현미경 밖의 세상을 둘러볼 필요가 있음을 되새겼다. 그의 풍부한 어휘, 유머, 경험을 담아내지 못한 것은 전적으로 부족한 역자의 책임이다. 같은 기생충 학자로서, 또 그의 글을 통해 또 다른 학문의 길을 선택할 수 있었던 후배 학자로서, 온 마음을 담아낼 수 있도록 노력했다.

칼라아자르/말라리아 연표

- 1674 안톤 반 레벤후크, 미생물의 세계를 발견함.
- 1740 호레이스 월폴, '말라리아'라는 단어를 처음으로 기록에 남김.
- 1824 방글라데시 제소르에서 칼라아자르가 유행하기 시작함.
- 1870 파스퇴르와 코흐, 미생물이 질병의 원인이 될 수 있음을 밝힘.
- 1875 표도르 로쉬, 원충이 질병의 원인이 될 수 있음을 밝힘.
- 1876 패트릭 맨슨, 사상충이 모기에 의해 전파됨을 증명해 기생충의 곤충 매개설을 전파함.
- 1880 알퐁스 라브랑, 혈액 내 말라리아 기생충을 발견함.
- 1896 독립신문에 최초의 의약품 광고인 금계랍(키니네) 광고가 실림.
- 1898 로널드 로스, 말라리아는 모기에 의해 전파됨을 증명함.
- 1900 윌리엄 리슈만, 리슈만편모충(칼라아자르)을 발견함.

1917 율리우스 폰 야우레크, 말라리아를 이용한 신경매독 치료법을 개발함.

1935 칼라아자르 치료제인 펜토스탐이 개발됨.

1940 헨리 쇼트와 스와미나스, 리슈만편모충이 모래파리에 의해 전파됨을 증명함.
디디티가 스위스 특허청에 등록됨.

1943 항말라리아제인 클로로퀸이 상용화됨.

1955 세계 말라리아 박멸 프로그램이 시행됨.

1959 한국 정부와 세계보건기구 합동으로 한국 말라리아 박멸 프로그램을 시작함.

1962 레이첼 카슨의 『침묵의 봄』 발간. 디디티 사용 반대 여론이 거세짐.

1965 밥 코트니, 원숭이 말라리아가 사람에 전염될 수 있음을 확인함.
미국국제개발처, 말라리아 백신 개발 사업을 지원하기 시작함.

1967 중국에서 현재 가장 효과가 높은 항말라리아제인 아테미시닌이 개발됨.

1972 세계 말라리아 박멸 프로그램이 종료됨.
인도 바이샬리에서 칼라아자르가 재유행하기 시작함. 이후 인도 아대륙 전체로 확산됨.

1984 한국, 말라리아 박멸에 성공.

1985 대부분의 칼라아자르 연구 및 지원 사업이 중단됨.

1993 한국에 말라리아가 재유입 및 재토착화됨.

1998 세계보건기구, 세계은행, 유니세프 등이 주축이 되어 국제 말라리아 퇴치 연합 프로그램인 '롤 백 말라리아'(Roll Back Malaria)를 시작함.

2000 유엔, 새천년개발목표에서 말라리아 퇴치를 주요 의제로 선정함.

2007 세계보건기구, 매년 4월 25일을 세계 말라리아의 날로 제정함.

2015 RTS,S라는 이름의 첫 번째 상용화 말라리아 백신이 나올 예정이나 효과가 낮다는 비판이 있음.

참고문헌

Beverley, S. M. et al. 1987. "Evolution of the genus Leishmania as revealed by comparisons of nuclear DNA restriction fragment patterns." *Proceedings of the National Academy of Sciences* 84(2).

Bray, R. S. 1976. "Vaccination against Plasmodium falciparum: a negative result." *Transactions of the Royal Society of Tropical Medicine and Hygiene* 70(3).

Bruce-Chwatt, L. J. 1982. "Qinghaosu: a new antimalarial." *British Medical Journal* (Clinical research ed.) 284(6318).

Celli, A. et al. 1933. "The History of Malaria in the Roman Campagna from Ancient Times." *The History of Malaria in the Roman Campagna from Ancient Times*. John Bale, Sons & Danielsson.

Clyde, D. F. et al. 1973. "Immunization of man against sporozite-induced falciparum malaria." *The American Journal of the Medical Sciences* 266(3).

Collins, W. E. et al. 1979. "Effect of sequential infection with Plasmodium vivax and P. falciparum in the Aotus trivirgatus monkey." *The Journal of Parasitology* 65(4).

Danis, K. et al. 2013. "Malaria in Greece: Historical and current reflections on a re-emerging vector borne disease." *Travel Medicine and Infectious Disease* 11(1).

Desowitz, R. S. 1987. *The Thorn in the Starfish: How the Human Immune System Works*. W. W. Norton.

Farwell, B. 1991. *Armies of the Raj: From the Mutiny to Independence, 1858-1947*. W. W. Norton & Company.

Fedchenko, A. P. 1971. "Concerning the structure and reproduction of the guinea worm(Filaria medinensis L.)." *The American Journal of Tropical Medicine and Hygiene* 20(4).

Freund, J. et al. 1945. "Immunization against malaria: vaccination of ducks with killed parasites incorporated with adjuvants." *Science* 102(2643).

Geiman, Q. M. et al. 1969. "Susceptibility of a New World monkey to Plasmodium malariae from man." *The American Journal of Tropical Medicine and Hygiene* 18(3).

Gillett, J. D. 1981. "Increased atmospheric carbon dioxide and the spread of parasitic disease." *Parasitological Topics. Soc. Protozool. Spec.* Publ 1.

_____. 1990. "Forlorn hope for malaria vaccine?" *Nature* 348(6301).

Golgi, Camillo. 1889. *Sul ciclo evolutivo dei parassiti malarici nella febbre terzana: diagnosi differenziale tra i parassiti endoglobulari malarici della terzana e quelli della quartana.* Bona.

Good, M. F. et al. 1988. "The real difficulties for malaria sporozoite vaccine development: nonresponsiveness and antigenic variation." *Immunology today* 9(11).

Grassi, B. et al. 1899. "Ulteriore ricerche sul ciclo dei parassiti malarici umani sul corpo del zanzarone." *Atti Reale Accad Lincei* 8.

Heidelberger, M. et al. 1946. "Studies in human malaria. II. Attempts to influence relapsing vivax malaria by treatment of patients with vaccine(Pl. vivax)." *Journal of immunology* (Baltimore, Md.: 1950) 53.

Joice, R. et al. 2014. "Plasmodium falciparum transmission stages accumulate in the human bone marrow." *Science Translational Medicine* 6(244).

Klebs E. et al. 1888. "Studi Sulla Natura della Malaria. Rome 1879: (Translated by Drummond E On the Nature of Malaria)" *London: Selected Monographs of the New Sydenham Society* 121.

Knowles, R. et al. 1926. *On a herpetomonas found in the gut of the sandfly Phlebotomus argentipes, fed on kala-azar patients: A preliminary note.* Thacker, Spink.

_____. 1930. "Studies in Untreated Malaria. I. A Case of Experimentally Induced Quartan Malaria." *Indian Medical Gazette* 65(6).

Laven, H. 1967. "Eradication of Culex pipiens fatigans through cytoplasmic incompatibility." *Nature* 216.

Laveran, A. 1881. *Un nouveau parasite trouvé dans le sang des malades atteints de fièvre palustre: origine parasitaire des accidents de l'impaludisme.* JB Bailliere.

Leishman, W. B. 1903. "On the possibility of the occurrence of trypanosomiasis in India." *British Medical Journal* 1(2213).

Manson, P. 1878. "On the development of Filaria sanguis hominis and on the mosquito considered as a nurse." *J Linn Soc (Zool)* 14.

Margulis, L. 1970. *Origin of eukaryotic cells: evidence and research implications for a theory of the origin and evolution of microbial, plant, and animal cells on the Precambrian earth.* New Haven. Yale University Press.

Marshall, E. 1988. "Vaccine trials disappoint." *Science* 241(4865).

_____. "Crisis in AID malaria network." *Science* 241(4865)

Mayo, C. W. et al. 1955. "The Eighth World Health Assembly." *Public Health Reports* 70(11).

Nacy, C. A. et al. 1981. "Intracellular replication and lymphokine-induced destruction of Leishmania tropica in C3H/HeN mouse macrophages." *The Journal of Immunology* 127(6).

Nussenzweig, R. S. et al. 1985. "Development of a sporozoite vaccine." *Parasitolo gy Today* 1(6).

Patton, W. S. 1908. "Inoculation of Dogs with the Parasite of Kala Azar (Herpetomonas [Leishmania] donovani) with some Remarks on the Genus Herpetomonas." *Parasitology* 1(04).

Rogers, L. 1904. "Memoirs: On the Development of Flagellated Organisms (Trypanosomes) from the Spleen Protozoic Parasites of Cachexial Fevers and Kala-Azar." *Quarterly Journal of Microscopical Science* 2(191).

Ross, R. 1897. "On some peculiar pigmented cells found in two mosquitos fed on malarial blood." *British Medical Journal* 2(1929).

_____. 1898. "The role of the mosquito in the evolution of the malaria parasite." *Lancet* 152(3912).

Roy, G. C. 1876. *The causes, symptoms and treatment of Burdwan fever, or, The epidemic fever of lower Bengal.* J. & A. Churchill.

Russell, P. F. et al. 1942. "The immunization of fowls against mosquito-borne Plasmodium gallinaceum by injections of serum and of inactivated homologous sporozoites." *The Journal of Experimental Medicine* 76(5).

Shortt, H. E. et al. 1935. "The probable vector of oriental sire in the punjab" *The Indian Journal of Medical Research* 23.

Siddiqui, W. A. 1977. "An effective immunization of experimental monkeys against a human malaria parasite, Plasmodium falciparum." *Science* 197(4301).

Smith, R. D. et al. 1979. "Bovine babesiosis: vaccination against tick-borne challenge exposure with culture-derived Babesia bovis immunogens." *American Journal of Veterinary Research* 40(12).

Smith, R. O. A. et al. 1940. "Further Investigations on the Transmission of Kala-Azar. Part I. The Maintenance of Sandflies P. argentipes on Nutriment other than Blood." *Indian Journal of Medical Research* 28(2).

Smith, T. et al. 1893. *Investigations into the nature, causation, and prevention of Texas or southern cattle fever.*(No. 1). US Government Printing Office.

Tobie, J. E. et al. 1964. "The antibody response in volunteers with cynomolgi malaria infections." *The American Journal of Tropical Medicine and Hygiene* 13(6).

Trager, W. et al. 1976. "Human malaria parasites in continuous culture." *Science* 193 (4254).

Wagner-Jauregg, J. 1965. "The treatment of dementia paralytica by malaria inoculation." *Nobel Lectures, Physiology or Medicine 1922-1941.* Elsevier.

World Health Organization. 2014. "World malaria report 2013." WHO press.

Young, M. D. et al. 1961. "Chloroquine resistance in Plasmodium falciparum." *The American Journal of Tropical Medicine and Hygiene* 10(3).

관련 기관 및 단체

3대 관구 병원Presidency Hospital

가나 원자력발전위원회Atomic Energy Commission

가이 병원 및 의대Guy's Hospital and Medical School

국제곤충연구및개발International Insect Research and Development, IIR&D

뉴멕시코 대학University of New Mexico

뉴욕 보건연구소Public Health Research Institute

런던위생열대의학대학원London School of Hygiene and Tropical Medicine

로마 대학University of Rome

로스 현장실험연구소Ross Field Experimental Station

록빌 생의학연구소Biomedical Research Institute in Rockville

리버풀열대의학대학원Liverpool School of Tropical Medicine

미국국립보건원National Institute of Health

미국 말라리아연구협력위원회Board for the Coordination of Malaria Studies

미국국제개발처U.S. Agency for International Development, AID

미국생물학연구소American Institute of Biological Science

미국위생및열대의학학회American Society of Tropical Medicine and Hygiene

민츠 대학Mintz University

방글라데시 국립예방및사회의료연구소National Institute for Preventive and Social Medicine, NIPSOM

산스피리토 병원San Spirito Hospital

세계 말라리아 퇴치를 위한 계획Global Eradication of Malaria Plan)

세인드 바르톨로뮤 병원 및 의내St. Bartholomew's Hospital and Medical School

스테이츠빌 감옥Statesville prison

스트라스부르 대학University of Strasbourg
아시아 태평양 말라리아 학술회의Asia Pacific Conference on Malaria
알 하사 오아시스 프로그램Al Hassa Oasis Program
알렌 핸버리스Allen Hanbury's
윈스롭 스턴Winthrop Stearns
유엔 식량농업기구Food and Agricultural Organisation
유엔 환경 보호 프로그램UN Environmental Protection Program
인도 국립감염성질환연구소National Institute of Communicable Diseases
인도 의료단Indian Medical Service
인도 중앙연구소Central Research Institute
인도의학연구위원회Indian Medical Research Council
인도칼라아자르위원회Indian Kala Azar Commission
일리노이 대학University of Illinois
임페리얼 칼리지Imperial College
주중 대영제국 관세청Chinese Imperial Custom Service
카렌과 몬 민족해방군Karen and Mon Liberation Armies
캘커타열대의학학교Calcutta School of Tropical Medicine
터프츠 대학Tufts University
파두아 대학University of Padua
파비아 대학University of Pavia
파트리스 루뭄바 대학Patrice Lumumba University
파푸아뉴기니 의학연구소Papua New Guinea Institute of Medical Research
프랑스의학학회French Academy of Medicine
호턴 병원Horton Hospital